U0392832

颗粒分散

KELI FENSAN
KEXUE YU JISHU

科学与技术 第二版

任俊 沈健 卢寿慈 著

化学工业出版社

·北京·

内容提要

本书是一部系统论述颗粒分散基本原理、关键技术及其实际应用的专著。颗粒分散研究及其应用具有跨学科、多行业的特点，涉及诸多交叉学科的研究和系统工程技术的应用。著者从胶体化学、表面（界面）化学理论、材料学及颗粒技术出发，全面阐述了颗粒的性质，颗粒间相互作用，颗粒表面改性，颗粒在不同介质中的分散理论、分散行为、分散助剂、分散设备、评价方法以及分散技术在诸多行业领域中的应用。专著不仅展现了著者的最新研究成果和观点，同时也反映了国内外颗粒分散科学技术的前沿领域和最新进展。

本书既可作为高等院校相关学科师生教学参考书，也可作为化学化工、石油、冶金、材料、医药、食品、能源、建筑、环境保护及农业等涉及粉体（纳米颗粒）行业的科技工作者的参考书。

图书在版编目（CIP）数据

颗粒分散科学与技术/任俊，沈健，卢寿慈著. —2版.
—北京：化学工业出版社，2020.10（2024.1重印）
ISBN 978-7-122-37381-6

Ⅰ.①颗… Ⅱ.①任…②沈…③卢… Ⅲ.①颗粒-化学加工-分散 Ⅳ.①O648

中国版本图书馆 CIP 数据核字（2020）第 125372 号

责任编辑：邢　涛　　　　　　　　　　文字编辑：袁　宁　陈小滔
责任校对：王佳伟　　　　　　　　　　装帧设计：韩　飞

出版发行：化学工业出版社（北京市东城区青年湖南街 13 号　邮政编码 100011）
印　　装：北京盛通数码印刷有限公司
710mm×1000mm　1/16　印张 24¼　字数 435 千字　2024 年 1 月北京第 2 版第 5 次印刷

购书咨询：010-64518888　　　　　　售后服务：010-64518899
网　　址：http://www.cip.com.cn
凡购买本书，如有缺损质量问题，本社销售中心负责调换。

定　　价：138.00 元　　　　　　　　　　　　　　版权所有　违者必究

前 言

    随着科学技术的迅速发展及各学科知识和工程技术的相互渗透，颗粒科学与技术作为一门新兴交叉学科，引起人们的极大兴趣和广泛关注，特别是在发现纳米现象以后，人们更加重视超细颗粒分散，努力揭示分散规律和研发分散技术。分散技术广泛应用于复合材料、化学化工、石油、冶金、建筑、能源、食品、医药、建材、环境、农业等几乎所有涉及颗粒分散的行业领域的工业过程，已成为提高材料乃至产品质量和性能，提高工艺过程效率不可或缺的重要途径。因此，迫切需要有一部系统讨论颗粒分散，充分反映该领域科技进步的专著。

    《颗粒分散科学与技术》从胶体化学、表面（界面）化学理论、材料学及颗粒技术出发，系统论述了颗粒性质，颗粒间相互作用，颗粒表面改性，颗粒在不同介质中的分散理论、分散行为、分散技术、分散助剂、分散的评价方法、典型的分散设备以及分散技术在相关行业领域的实际应用，全面总结了国内外有关颗粒分散科学与技术的最新研究成果和生产实践。

    《颗粒分散科学与技术》是一部系统论述颗粒分散科学与技术的专著。2005年首次出版发行以来，许多读者纷纷来信希望再版，扩大发行。出版社多次建议著者修订再版，以满足读者需求。为此，著者在尊重初版基本内容的基础上，重点增加了液-固及气-液界面研究的最新成果以及颗粒分散技术在环境保护领域及纳米碳酸钙解聚中的最新应用。衷心期望《颗粒分散科学与技术》的再版有助于进一步加深和拓宽读者对颗粒分散这门跨学科、多行业的综合性科学技术的兴趣和研究，并对相关学科师生教学和相关行业的科技工作者研究具有重要的参考价值。

著者
2020 年 3 月于北京

目 录

5　颗粒的表面改性　　　125

6　颗粒在液相中的分散与调控　　　164

9 气-液分散　　261

10 分散设备　　282

11　颗粒分散的应用　292

12 颗粒分散的评价方法 362

1

导　论

1.1　分散体系

　　分散体系是指一种或一种以上物相以颗粒形式离散分布在某种连续相中所构成的多相体系。在分散体系中连续相称为分散介质，而离散分布的颗粒称为分散相或分散体。分散相及分散介质可以是固体、液体或气体。因此，分散体系共有气-气、气-液、气-固、液-气、液-液、液-固、固-气、固-液、固-固九种形式。

　　Rumpf[1]进一步将分散体系的概念扩展到两种连续相互相穿透而形成的混合物，称之为紧密型分散体系或连续型分散体系；与之对应，在连续相中颗粒彼此互不接触而呈离散分布的体系称为离散型分散体系。另外，对于高浓度离散分布的颗粒，颗粒与颗粒之间可能接触，并不形成液桥而连通，有明显的边界，例如粒料堆及浓料浆，它们也是离散型分散体。图 1-1 是 Rumpf 提出的分散体系分类。

　　由图 1-1 可见，按照此种分类，分散体系几乎涵盖了自然界中的大部分物体。考察分散体的粒度大小，可见，除了分子水平的混合物之外，分散颗粒有粗有细。对于液相分散颗粒，粗的可到 1mm，而对于固相分散颗粒，粒度大都在 $10\mu m$ 以下。通常，我们所说的分散体系指的就是离散型分散体系。本书将主要讨论离散型分散体系中的几种，如固-气、固-液、液-液、气-液等分散体系。

　　另一方面，按照胶体科学的界定[2]，胶态分散体系中，分散相的粒度大约在 $10^{-9} \sim 10^{-7}$ m 范围内。小于粒度上限 $10^{-7} \sim 10^{-6}$ m（$0.1 \sim 1\mu m$）的颗粒易于受介质分子热运动的影响，在分散介质中做明显的无序布朗运动；而粒度下限 10^{-9} m 仅比一般分子或离子直径稍大。对于较粗的分散相，其粒度扩展到 10^{-5} m 甚至更大，此种分散体系一般称作粗分散体系。

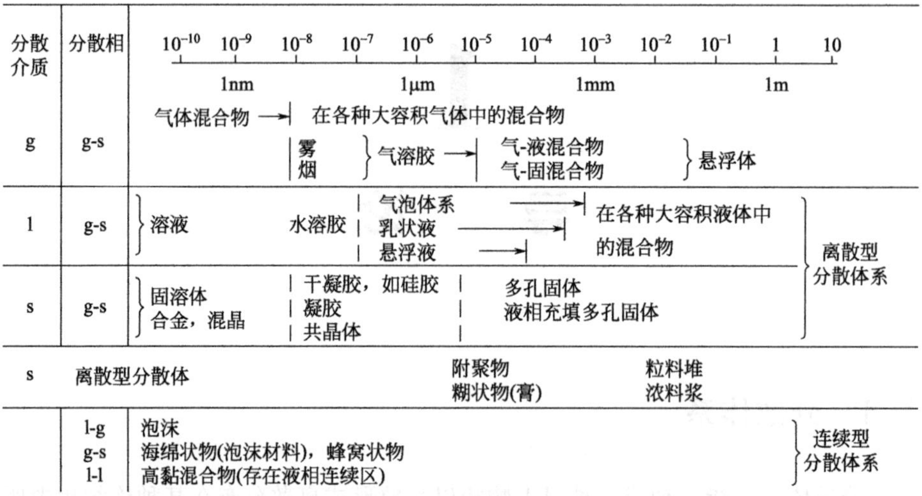

分散介质	分散相	10^{-10}	10^{-9}	10^{-8}	10^{-7}	10^{-6}	10^{-5}	10^{-4}	10^{-3}	10^{-2}	10^{-1}	1	10
				1nm				1μm		1mm			1m

图中内容：

- g | g-s：气体混合物 → 在各种大容积气体中的混合物；雾、烟、气溶胶、气-液混合物、气-固混合物 }悬浮体
- l | g-s：溶液、水溶胶、气泡体系、乳状液、悬浮液 → 在各种大容积液体中的混合物 }离散型分散体系
- s | g-s：固溶体、合金，混晶、干凝胶，如硅胶、凝胶、共晶体、多孔固体、液相充填多孔固体
- s | 离散型分散体：附聚物、糊状物(膏)、粒料堆、浓料浆
- l-g：泡沫
- g-s：海绵状物(泡沫材料)，蜂窝状物
- l-l：高黏混合物(存在液相连续区) }连续型分散体系

图 1-1　分散体系分类

g—气相；l—液相；s—固相

表 1-1 是典型分散介质和分散相[3]。

表 1-1　典型的分散介质与分散相[3]

分散介质		分散相	备注
水		大多数无机盐、氧化物、硅酸盐、无机颗粒等、金属颗粒等	二氧化钛,铅白,氧化锌(锌白),锌钡白,石墨,铁黑,炭黑,苯胺黑,铁黄,铁红,铁黑,铬黄,铬绿,铁蓝,联苯胺黄,耐光黄,镍偶氮黄,酞菁蓝,酞菁绿,大红粉,钡白,碳酸钙,硅酸钙,瓷土,云母,氢氧化铝,滑石粉,硅石,锌粉,铝粉,黄铜粉,二氧化钛包覆的鳞片状云母,鱼鳞,碱式碳酸铅,氧氯化铋,掺杂有活性剂的硫化锌或硫化镉(如ZnS/Cu,ZnS/Ag);掺有铈或钍等放射性元素的硫化物等,红丹,云母片,玻璃鳞片等
有机极性液体	乙二醇、乙醇、环己醇、甘油、丙酮等	无机颗粒等、金属颗粒等	
有机非极性液体	环己烷、二甲苯、苯、四氯化碳、煤油、烷烃类油等	大多数疏水颗粒等	
气体	各种气体	大多数无机盐、氧化物、硅酸盐、无机颗粒等、金属颗粒(大多数疏水颗粒)等	
液体	水、有机极性或有机非极性溶剂	有机极性物质、有机非极性物质或水	

续表

	分散介质	分散相	备注
液体	水、有机极性或有机非极性溶剂	各种气体	
高聚物复合材料基体	聚丙烯、聚苯乙烯、环氧树脂、聚乙烯、聚酯、尼龙、聚氯乙烯、聚氨酯；丁基橡胶、二元乙丙橡胶、环氧氯丙橡胶、氯丁橡胶等	二氧化硅、三氧化铝、白炭黑、硅酸盐、碳化硅、氢氧化铝、滑石、碳酸钙、氢氧化镁、二氧化钛、炭黑、石墨、硅灰石、玻璃纤维、各种金属颗粒等	

图 1-2[4]表示日常所见的各种工业品、日用品及食品等各种颗粒物料的粒度大小及分布范围。图 1-2 中同时给出了对应于较粗粒料、细颗粒及超细颗粒的粒度范围。按照 Arai 的观点，超细颗粒的粒度范围是 1nm～1μm。

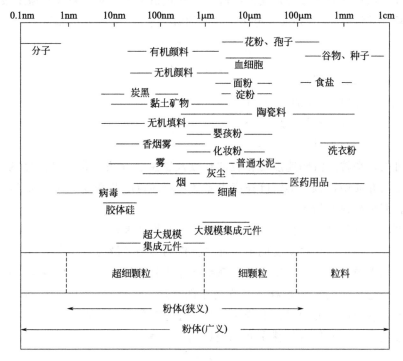

图 1-2 各种常见物体的粒度大小及分布范围[4]

需要指出，图 1-2 发表于 1987 年，此后 20 年，随着科学技术的进步，许多产品的粒度下限已经大为减小，逐渐向微米乃至纳米级扩展。图 1-2 中所列仅供参考。

　　从图 1-2 可见，许多自然界物体或工业产品的颗粒粒度在 $10nm\sim50\mu m$ 之间。而像颜料、填料、炭黑等工业品，黏土矿物等矿物原料，以及烟、雾、病毒等都是小于 $1\mu m$ 的超细颗粒。由这种超细颗粒组成的分散体系，实际上是典型的胶态分散体系。也有许多工业品及生活用品的粒度部分跨越细颗粒与超细颗粒的范畴，属于粗分散体系。

1.2　分散稳定性

　　通常认为，在分散体系中单位体积的颗粒数量在很长一段时间（例如数月或几年）内保持不变，则该分散体系是稳定的[5]。然而，分散体系从本质上讲是热力学不稳定体系，要保证颗粒在介质中稳定分散并非易事。

　　分散体系中的颗粒都受两种力的作用。一种是重力，如果颗粒的密度比介质的大，颗粒就会因重力作用而沉降。在静止情况下，对于粒度在微米级以下的颗粒，其沉降遵循 Stokes 定律。颗粒的沉降速度 v_0 可表示如下：

$$v_0 = 54.5d^2\frac{\delta-\rho}{\mu} \tag{1-1}$$

式中　δ——球形颗粒的密度，g/cm^3；

　　　d——球形颗粒的直径，cm；

　　　ρ——分散介质密度，g/cm^3；

　　　μ——介质黏度，$Pa\cdot s$。

　　可见，颗粒的沉降速度受颗粒的粒度及密度、介质的密度及黏度的影响。在确定的介质中，颗粒的沉降速度主要受颗粒的粒度及密度支配。颗粒的粒度越大，其沉降速度越大。

　　颗粒的沉降是破坏分散体系稳定性的主要物理因素。

　　分散体系中的颗粒所受的第二种主要作用力是扩散力。事实上，分散体系中所有的颗粒，无论其粒度大小，都受到介质分子热运动的无序碰撞，这种无序碰撞引起颗粒的扩散位移，又称为布朗（Brownian）运动[2]。布朗运动是无序的，它们沿各方向运动的概率均等。经过时间 t，沿某一方向，颗粒从原始位置发生的均方扩散位移 $\bar{x}$ 可由爱因斯坦方程得出：

$$\bar{x} = (2Dt)^{\frac{1}{2}} \tag{1-2}$$

或

$$\bar{x} = \left(\frac{RTt}{3\pi\mu dN_A}\right)^{\frac{1}{2}} \tag{1-3}$$

式中　D——扩散系数，$cm^{-2}\cdot s^{-1}$；

μ——介质黏度，Pa・s；

d——颗粒的直径，cm；

N_A——Avogadro 常数，6.022×10^{23} mol^{-1}。

从式(1-2) 和式(1-3) 可以看出，颗粒的均方扩散位移随颗粒粒度的减小而增大。

可见，颗粒粒度对其沉降位移及均方扩散位移有着截然相反的影响。

颗粒的沉降使分散体系中颗粒的数量浓度自上而下逐步增大，最终使颗粒全部集中在容器底部的沉降层中。而颗粒的布朗运动则驱使颗粒在介质中均匀离散分布。可以根据式(1-1)、式(1-2) 及式(1-3) 计算在确定介质中不同粒度颗粒的沉降位移及均方扩散位移，以及沉降位移与均方扩散位移相等的极限粒度。以密度为 2000kg/m^3 的颗粒在介质水中为例，分别计算单位时间 (1s) 内颗粒的重力沉降位移与均方扩散位移及二者的比值与颗粒粒度的关系（介质黏度 8.91×10^{-4} kg・m^{-1}・s^{-1}，$1g=9.18$ m・s^{-2}，热力学温度 298K），计算结果如图 1-3[6] 所示。

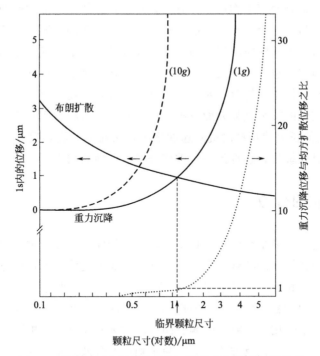

图 1-3　单位时间内颗粒的重力沉降位移与均方扩散位移
及二者的比值与颗粒粒度的关系[6]

图 1-3 中虚线表示颗粒在离心力场（10g）中的重力沉降位移，而点线是

重力沉降位移与均方扩散位移二者的比值。由图 1-3 可见，当颗粒粒度为 $1.2\mu m$ 时，颗粒的重力沉降位移与均方扩散位移相等。随着粒度的增大，重力沉降位移急剧增长，而均方扩散位移反而减小。例如，当颗粒粒度为 $3\mu m$ 时，重力沉降位移是均方扩散位移的 10 倍。

对于以空气为分散介质的体系，例如气溶胶，体系中颗粒的粒度范围约为 $0.001\sim50\mu m$[7]。小于 $0.1\mu m$ 的颗粒具有和气体分子一样的行为，在气体分子的撞击下随机运动。$1\sim20\mu m$ 的颗粒则易为气流所携带，随气体的运动而运动。而大于 $20\mu m$ 的颗粒有明显的沉降运动。

对于颗粒粒度为微米级或更大的粗分散体系，向下沉降是颗粒的主要运动方式，实际上这种体系的分散稳定性是不存在的。为了保持此种颗粒在介质中的弥散分布，只能靠一定强度的物理作用，例如，机械搅拌、振动、超声等使其在分散介质中悬浮。这就是常见的悬浮液。

只有小于微米级的超细颗粒分散体系才有可能具有分散稳定性。然而，不能因此认为，靠布朗运动便一定可以保证超细颗粒分散体系的分散稳定性。事实上，布朗运动有着双重作用。一方面，超细颗粒的无序扩散运动使其在介质中离散分布；另一方面，无序扩散运动导致颗粒之间的碰撞。在适当的物理化学条件下，碰撞引起颗粒团聚。而尺寸变大的颗粒团聚出现明显的沉降行为。

许多其他因素也可能导致分散稳定性的破坏。例如，粒度为几纳米或几十纳米的颗粒在液体中溶解时，颗粒粒度越小，其溶解度越大。溶解物质反过来又在表面能较低的较大颗粒表面析出，使其长大。这种过程称为"Ostwald 熟化"[4]。粒度的长大使颗粒的沉降速度增大，从而也可能导致分散体系的不稳定。虽然该过程缓慢，它也是一种破坏分散稳定性的因素。

1.3 颗粒的分散

如上所述，碰撞是否引起颗粒团聚，取决于体系的综合物理化学条件，归根到底取决于颗粒间的综合表面力，而这些表面力受体系中颗粒与分散介质的作用、颗粒间的相互作用和介质分子间的相互作用三种基本作用的支配。因此，研究体系中颗粒与分散介质的作用、颗粒间的相互作用和介质分子间的相互作用三种基本作用，研究支配颗粒团聚的物理的及化学的机制，研究防止颗粒团聚的各种有效途径及方法，研究超细颗粒的分散技术，开发有针对性的各种分散工艺、设备及药方，便显得格外重要。颗粒分散的科学技术便由此发展起来。

超细颗粒的合成、制备和应用是当今科技界引人注目的研究领域之一。性能不同、形状各异的超细颗粒可以通过物理或化学等方法制备。由于超细颗粒粒度小，表面积大，表面能高，极易产生自发凝并，表现出强烈的团聚特性，不论在空气中还是在液相介质中均容易团聚生成粒径较大的二次颗粒，其结果是导致超细颗粒性能劣化，成为微米级颗粒的性能[8]。在复合材料的制备和生产中，由于颗粒的团聚特性以及颗粒与复合基材的极性差异，颗粒很难均匀地分散在基材中形成均质的复合材料，从而使超细颗粒的优良性能不能充分发挥，失去其存在的价值和意义。可见，颗粒团聚难题严重制约着超细颗粒的广泛而有效的应用。

如何确保超细颗粒在制备、贮存及随后的应用加工过程中分散而不团聚"长大"，以及超细颗粒在复合材料中的充分分散，就成为解决超微技术，特别是纳米复合技术应用过程中的技术关键。随着颗粒分散在科学研究及生产实践中的重要性逐渐被人们所认识和揭示，颗粒分散技术的应用现已几乎遍及化学化工、材料、冶金、建筑、能源、食品、医药、建材、农业等所有工业领域（图 1-4）。同时分散技术已成为提高其产品（材料）质量和性能，提高工艺过程效率十分重要的不可或缺的技术手段。因此，研究颗粒的分散机制和抗团聚

图 1-4　颗粒分散的分类及应用

分散技术对开发高性能功能复合材料、拓展超细颗粒的应用至关重要。

分散技术涉及面很广。颗粒分散受三种基本作用的支配，即颗粒与分散介质的作用、在介质中颗粒间的相互作用和介质分子间的相互作用。目前，在讨论颗粒的分散时，往往把这三种作用孤立起来，而不是将它们有机联系起来。主要原因是缺乏深入系统的理论指导。本书试着在这方面做些尝试和探讨。

作为专门讨论颗粒分散科学技术的著作，本书主要包括颗粒分散科学的理论基础和分散技术两大部分。基础部分着重讨论颗粒的表面性质及介质性质与分散行为的关系、颗粒与颗粒之间的相互作用与分散行为的关系、颗粒表面与介质的界面结构与分散行为的关系、颗粒表面性质的修饰与调控；分散技术部分讨论不同分散体系的分散途径及控制，重点讨论在科学研究和工业技术部门普遍遇到的主要分散体系，如固-液体系、固-气体系、液-液体系和气-液体系，同时对分散技术的应用及分散的评价方法和典型分散设备作一介绍。关于固-固体系（颗粒在高聚物基材中的分散）已有较多有关高聚物复合材料的专著予以讨论，本书不进行专门讨论。

参考文献

[1] Rumpf H. Particle Technology [M]. London: Chapman & Hall, 1990.

[2] 郑忠. 胶体科学导论 [M]. 北京: 高等教育出版社, 1989.

[3] 卢寿慈. 粉体技术手册 [M]. 北京: 化学工业出版社, 2004.

[4] Arai Y. Chemistry of Powder Production [M]. London: Chapman & Hall, 1996.

[5] Kissa E. (ed.) Dispersions: Characterization, Testing and Measurement, Culinary and Hospitality Industry [M]. Publications Services, 1999.

[6] Williams R A. Colloid and Surface Engineering: Applications in the Process Industries [M]. Williams R A. (ed.) Oxford: Butterworth-Heinemann, 1992, 73.

[7] 张国权. 气溶胶力学: 除尘净化理论基础 [M]. 北京: 中国环境科学出版社, 1987.

[8] REN J, LU S, SHEN J, et al. Electrostatic dispersion of particles in the air [J]. Powder Technology, 2001, 120 (3): 187.

2

颗粒的性质

2.1　颗粒的体相性质

颗粒的体相性质主要包括颗粒的大小、形状、表面积以及颗粒的磁性、电性、光学性等。

2.1.1　颗粒的大小

颗粒大小的主要参数是颗粒的粒度及其分布特性。它在很大程度上决定着颗粒加工工艺的性质和效率的高低，是选择和评价制备方法、工艺以及进行过程控制的基本依据。对颗粒的应用而言，粒度和粒径是颗粒几何性质的一维表示，是最基本的几何特征。

颗粒的大小通常用粒径和粒度来表征。粒径是以单一颗粒为对象，表示颗粒的大小，而粒度是以颗粒群为对象表示所有颗粒大小的总体概念。对于颗粒群来说，重要的粒度特征是其粒度分布和平均粒度。

2.1.1.1　单一颗粒的粒径[1-4]

形状规则的颗粒可以用某种特征线段来表示它的大小，如球形颗粒，其粒径就是它的直径。正方体颗粒的棱长代表它的大小。其它一些规则颗粒也可用一个或几个参数来度量，但绝大多数颗粒的形状为不规则形，准确地对其粒径给予描述是很困难的。为此，采用当量直径来表示不规则颗粒的大小。

当量直径就是通过测定某些与颗粒大小有关的性质，推导出与线性量纲相关的参数。如不规则颗粒的体积，计算出与颗粒同体积球的直径，该当量直径称为颗粒的体积直径（也简称为体积径）。又如，不规则颗粒在 $Re<0.2$ 的条件下自由沉降，按斯托克斯公式计算得出的直径称为斯托克斯直径等。因此，对同一颗粒，以不同方法获得的粒径大小是不尽相同的，这与测量方法有关，

在应用时要选择适当的测量方法。下面介绍几种不同情形下常用的粒径表示方法。

（1）球当量径

球当量径是用和不规则颗粒具有相同参量的球体直径来表示，即实际颗粒与球形颗粒的某种性质类比所得到的粒径。这些参量包括体积、面积、比表面积及沉降速度等。其粒径表示公式见表 2-1。

表 2-1　颗粒的球当量径[2,3]

名称	符号	计算式	物理意义或定义
体积直径	d_V	$\sqrt[3]{3V/\pi}$	与颗粒具有相同体积的圆球直径
面积直径	d_S	$\sqrt{S/\pi}$	与颗粒具有相同表面积的圆球直径
体积面积直径（比表面积）	d_{SV}	d_S^2/d_V^2	与颗粒具有相同外表面积和体积比的圆球直径
阻力直径	d_d	阻力 $F_R = \psi v^2 d_d^2 \rho$，当 $Re < 0.5$ 时	在黏度相同的流体中，以同一速度并与颗粒具有相同运动阻力的球径
自由沉降直径	d_f	自由沉降末速度 $v_0 = \sqrt{\dfrac{\pi d_f (\rho_s - \rho_1) g}{6 \psi \rho_1}}$	与颗粒同密度球体，在密度和黏度相同的流体中，与颗粒具有相同沉降速度球体的直径
Stokes 直径	d_{skt}	$\sqrt{18 v \eta / g (\rho_s - \rho_1)}$	层流区（$Re < 0.5$）颗粒的自由沉降直径

注：V—颗粒的体积，cm^3；S—颗粒的比表面积，cm^2/g；v—颗粒在流体中的运动速度，cm/s；v_0—颗粒在介质中的沉降末速度，cm/s；ρ_1—液体的密度，g/cm^3；ρ_s—颗粒的密度，g/cm^3；η—介质黏度，$Pa \cdot s$；g—重力加速度，$9.81 m/s^2$。

（2）圆当量径

圆当量径是用与颗粒具有相同参量（面积、周长）的圆的直径表示，即颗粒的投影图形与圆的某种性质类比所得到的粒径，见表 2-2。对于薄片状颗粒，多用该粒径表示颗粒的大小。

表 2-2　颗粒的圆当量径[3,4]

名称	符号	计算式	物理意义或定义
投影面积直径	d_S	$\sqrt{\dfrac{4A}{\pi}}$	与颗粒在稳定位置投影面积相等的圆直径
随机定向投影面积直径	d_p	$\sqrt{\dfrac{4A_1}{\pi}}$	与任意位置颗粒投影面积相等的圆直径
周长直径	d_π	$\dfrac{L}{\pi}$	与颗粒投影外形周长相等的圆直径

（3）三轴径

以颗粒外接四方体的长 l、宽 b、高 h 定义的粒度平均值为三轴平均径。

其计算式及物理意义见表 2-3。

表 2-3　三轴径计算式及物理意义[5]

序号	计算式	名称	物理意义
1	$\dfrac{l+b}{2}$	三轴平均径	平面图形的算术平均
2	$\dfrac{l+b+h}{3}$	三轴平均径	算术平均
3	$\sqrt{lb}$	三轴几何平均径	平面图形的几何平均
4	$\sqrt[3]{lbh}$	三轴几何平均径	与颗粒外接长方体体积相等的立方体的棱长
5	$\dfrac{3}{1/l+1/b+1/h}$	三轴调和平均径	与颗粒外接长方体比表面积相等的球的直径或立方体棱长

（4）定向径

定向径是显微镜下平行于一定方向测得的颗粒的大小。

① 费雷特径（Feret 径）d_F：沿一定方向测得的颗粒投影轮廓两边界平行线间的距离，如图 2-1(a) 所示。对于一个颗粒，d_F 因所取方向而异，可按若干方向的平均值计算。

② 马丁径（Martin 径）d_M：又称定向等分径，沿一定方向将颗粒投影面积二等分的线段长度，如图 2-1(b) 所示。

③ 最大定向径 d_m：沿一定方向测得的颗粒投影轮廓最大割线的长度，如图 2-1(c) 所示。

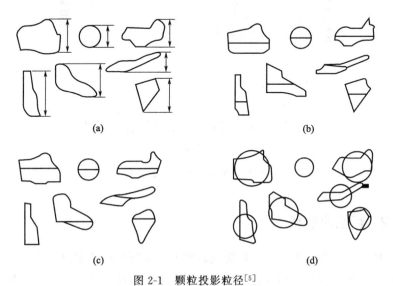

(a)

(b)

(c)

(d)

图 2-1　颗粒投影粒径[5]

同一颗粒，由于常用不同的测量方法，得到的粒径值不尽相同，三种粒径之间存在下面的关系：

$$d_F > d_m > d_M$$

2.1.1.2 颗粒群的平均粒度[1,6-8]

在生产实践中，接触到的并非单一颗粒，而是包含不同粒径的若干颗粒的集合体，即颗粒群。对其大小的描述，通常用平均粒度的概念。平均粒度可用统计数学的方法计算。即将粒群划分为若干窄级别，任意一粒级的粒度为 d，设该粒级的颗粒个数为 n 或占总粒群质量比为 W，再用加权平均法计算得总粒群的平均粒度。

① 峰值直径：是指颗粒在最高频率处对应的粒径，如图 2-2 中的 d_{mod}。

② 中位直径（中值直径）：是对应粒度分布函数曲线 50% 处颗粒的直径。如图 2-2 中，过累积比例 50% 处作平行于横坐标的直线，与分布函数曲线相交于 A 点，过 A 点作横坐标的垂线，垂足的对应值即为中位直径 d_{50}。用图解法可直观表示各种平均粒度的关系。

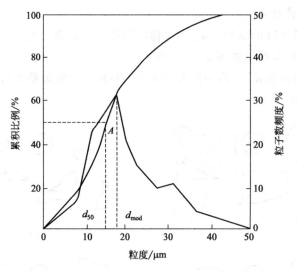

图 2-2　峰值直径和中位直径

2.1.2 颗粒的形状

颗粒形状是指一个颗粒的轮廓或表面上各点所构成的图像。颗粒的性质包括粒度、形状、表面结构和孔结构等。颗粒形状对颗粒群的许多性质都有重要影响，如比表面积、流动性、磁性、固着力、增强性、充填性、研磨特性和化学活性。为了使产品具有优良的性质，工业上在要求颗粒群具有合适的粒度的同时，还希望颗粒具有一定的形状，如硅灰石颗粒粉碎后依然保持其针状结构，即应具有合适的长细比，鳞片石墨要求粉碎后仍然保持它的片状结构等。表 2-4 列举了一些工业产品对颗粒形状的要求。

表 2-4　一些工业产品对颗粒形状的要求

序号	产品种类	对性质的要求	对颗粒形状的要求
1	涂料、墨水、化妆品	固着力强,反光效果好	片状颗粒
2	橡胶填料	增强性和耐磨性	非长形颗粒
3	塑料填料	高冲击强度	长形颗粒
4	炸药引爆物	稳定性	光滑球形颗粒
5	洗涤剂和食品	流动性	球形颗粒
6	磨料	研磨性	多角状

2.1.3　颗粒的表面积

颗粒的表面特性对于颗粒分散具有重要的意义。颗粒越细，比表面积越大，受表面性质所决定的颗粒变得越加重要；相反，受体积性质制约的特征变得越加次要。颗粒的表面积包括内表面和外表面两部分。外表面是指颗粒轮廓所包络的表面积，它由颗粒的尺寸、外部形貌等决定。内表面是指颗粒内部孔隙、裂纹等的表面积。上述两部分表面积并无明显的界限，如颗粒尺寸较大时，其内部孔隙的表面积属内表面，但经充分粉碎后的颗粒内部封闭的空洞被打开，内表面则变成外表面。另外，表面的粗糙程度既可能影响外表面，又可能影响内表面，因为表面积的测量方法不同，外表面、内表面的含义也可能相应发生变化。

2.1.3.1　颗粒的表面积及比表面积[9]

比表面积是指单位颗粒群所具有的表面积，单位质量颗粒群所具有的表面积称为质量比表面积，单位体积颗粒群所具有的表面积称为体积比表面积。它是颗粒最重要的性质之一，颗粒的表面改性及在不同介质中的分散均与其比表面积有着直接的关系。设颗粒的表面积为 S，比表面积为 S_w（m^2/g），d 代表颗粒的平均粒径，则颗粒的几何表面积 S 可用式(2-1) 表示：

$$S = \phi_S d^2 \tag{2-1}$$

1961 年，Bond（邦德）在 Gaudin-Schuhman 分布函数的基础上提出了另一个表面积（单位质量）的计算公式：

$$S_\sigma = \frac{60000m}{\delta(1-m)d_{\max}}\left[\left(\frac{d_{\max}}{L_i}\right)^{1-m}-1\right] \tag{2-2}$$

L_i 是磨碎粒度极限值，估计可达 $0.1\mu m$。式(2-2) 适用于高离散分布的磨碎产物（如湿磨产物，其 m 约为 0.5）。

颗粒的比表面积 S_w 有如下关系：

$$S_w = \frac{\phi_S}{\rho d} \tag{2-3}$$

颗粒的表面积可通过仪器进行测量，也可以利用实际粒度分析数据进行理论计算。

2.1.3.2 表面积的测量

比表面积（单位质量或体积的比表面积）是颗粒大小的一个有用的量度。通过公式计算物料比表面积往往出现明显的误差。首先，颗粒分布函数大多数都有一个适应范围，对表面积影响最大的颗粒分布规律及分布函数不能准确描述；其次，颗粒的形状系数往往不能准确获得，而且形状系数可能随颗粒大小而变化；另外，表面粗糙度和孔隙度等对表面积的影响也无法通过计算得到准确数据。

颗粒表面积数据主要是通过测量分析获得。对表面积的直接测量数据和计算数据比较，反过来又可得到颗粒表面粗糙度和孔隙度的信息。常用的表面积测量方法有吸附法和透过法。

（1）BET 吸附法[10]

吸附法是一种测定已知吸附占有面积的分子（通常是气体分子）在颗粒表面的单分子层吸附量，根据吸附剂的吸附量计算出试样的比表面积，然后再换算成颗粒的平均粒径的方法。目前，多用 BET 方法进行测定。在一定温度下求出气体压力 P 与吸附量 Γ 的关系，即吸附等温线。该关系符合 BET 方程式：

$$\frac{P}{\Gamma(P_0-P)} = \frac{1}{\Gamma_m K + K} - \frac{P}{\Gamma_m K P_0} \tag{2-4}$$

式中 P_0——吸附气体的饱和蒸气压，Pa；

P——吸附气体的压力，Pa；

Γ——吸附量，cm^3；

Γ_{m}——单分子层吸附量，cm^3；

K——与吸附热有关的常数。

以 $P/\Gamma(P_0-P)$ 对 P/P_0 作图为一直线，再由该直线的斜率和截距可求得 Γ_{m} 值，然后再由 Γ_{m} 值及吸附气体的分子截面积 A 计算出试样的比表面积 S_{w}，即

$$S_{\mathrm{w}}=\frac{NA\Gamma_{\mathrm{m}}}{\Gamma_0}\qquad(2\text{-}5)$$

式中　N——Avogadro 常数，$6.022\times10^{23}/mol$；

Γ_0——标准状态下吸附气体的摩尔体积，22410mL。

由于氮吸附的非选择性，低温氮吸附法通常是测定比表面积的标准方法，此时 $A=16.2\text{Å}^2$（$1\text{Å}=0.1nm$）。当测定温度为 $-195.8℃$ 时，式（2-5）可简化为

$$S_{\mathrm{w}}=4.36\Gamma_{\mathrm{m}}\qquad(2\text{-}6)$$

BET 方程式的适用范围是 $P/P_0=0.05\sim0.35$。

吸附法测定颗粒粒度原则上只适用于无孔隙和裂纹的颗粒。如果颗粒中存在孔隙或裂纹，用这种方法测得的比表面积包含了孔隙和裂纹的内表面，因而测得的比表面积比其它方法的测定数值大，由此换算出的颗粒粒径则偏小。

（2）气体透过法[11]

根据流体对粉末状颗粒充填层的透过性求比表面积的方法叫透过法。以空气作为流体的透过法较为常用。对于较粗颗粒，充填层也可以用水作为流体。流体通过充填层时的阻力 ΔP 可以用 Kozeny-Carman 公式求出：

$$\Delta P=\frac{KS_{\mathrm{V}}^2 v\eta L(1-\varepsilon)^2}{g\varepsilon^3}\qquad(2\text{-}7)$$

式中　ΔP——充填层阻力，Pa；

K——Kozeny 常数，$K=5.0$；

ε——孔隙率，%；

η——流体黏度，Pa·s；

v——流体平均流速，cm/s；

L——充填层厚度，cm；

S_{V}——表面积，cm^2。

$$v=\frac{q}{A}\qquad(2\text{-}8)$$

式中　q——流体体积流量，cm^3/s；

A——充填层截面积，cm^2。

只要求出流体流量 q 及孔隙率 ε，就可用式（2-7）求出比表面积。孔隙率按式（2-9）定义：

$$\varepsilon = \frac{充填层容积 - 颗粒实际体积}{充填层容积} = 1 - \frac{w}{V\rho_p} \qquad (2-9)$$

式中　w——试样质量，g；

　　　V——充填层体积，cm^3；

　　　ρ_p——有效颗粒密度，g/cm^3。

所以，颗粒的比表面积为：

$$S_V = \left[\frac{\varepsilon^3}{(1-\varepsilon)^2} \times \frac{g}{K\eta L}\right]^{\frac{1}{2}} \times \sqrt{\frac{\Delta P}{v}} \qquad (2-10)$$

总之，气体吸附法测量的比表面积既包括外表面，又包括颗粒的裂纹、空洞等内表面，以及颗粒与颗粒之间的接触面。而透过法只能测出颗粒的外表面。因此，吸附法测出的比表面积要比透过法大得多。所以，提供和应用比表面积的测定值时，一定要注明测定方法。

2.1.4　颗粒的磁学性质[12]

任何物质的磁性都是带电颗粒运动的结果。不同物质的分子和原子，由于电子壳层中电子的数量、排布及其相互作用的不同，使其具有不同的磁性。原子磁性由原子磁矩表示。电子绕原子核的环形运动所产生的磁矩称为轨道磁矩。此外，每个电子还要自旋，由自旋产生的磁矩称为自旋磁矩。二者的矢量和就是原子的总磁矩。

原子固有磁矩不为 0 的物质，即原子内有未被抵消的电子磁矩，但电子磁矩处于混乱无序状态，不表现出宏观磁性。当施加外磁场时，固有磁矩转向外磁场方向，产生较弱的有序状态，对外显示出弱的磁性，这种物质称为顺磁性物质。

2.1.4.1　颗粒的磁性

铁磁性颗粒具有很强的磁性，可在很低的磁场中获得很强的磁感应，甚至磁饱和，还具有其它一些特殊的磁特性。铁磁性颗粒有一个磁性转变温度——居里点，即只有在居里点以下时才能在结晶状态时出现铁磁性。铁的居里点是 770℃。

元素周期表中只有 Fe、Co、Ni、Gd 四种元素具有铁磁性。它们具有以下特征：①有未填满的内部壳层；②结晶晶格中的原子直径与未被填满的壳层直径的比值大于 1.5。

图 2-3 表示颗粒直径变化对固有矫顽力的影响。随着颗粒变小，其固有矫顽力增加，单磁畴时其矫顽力增至最大值。粒度再减小，矫顽力降低，直至降低为 0。颗粒粒度降到临界直径 d_P 后，由于热效应可使其呈现超顺磁性现象。

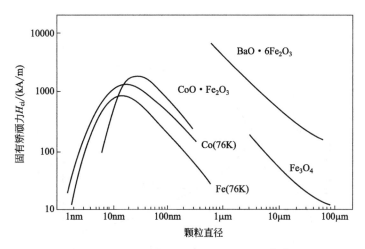

图 2-3　颗粒大小与固有矫顽力的关系[13]

固体颗粒呈现有逆磁性、顺磁性、铁磁性、反铁磁性和亚铁磁性五种。固体颗粒的磁性分类归纳如图 2-4 所示。

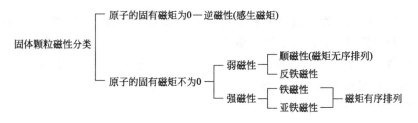

图 2-4　固体颗粒磁性分类

已知元素周期表中的 100 多种元素中，有 55 种元素具有顺磁性（反铁磁性），46 种元素具有逆磁性。

2.1.4.2　颗粒的磁化

Fe_3O_4 是强磁性颗粒的典型代表。它属立方晶系，具有反尖晶石型结构。单个晶胞内含 8 个 Fe_3O_4 分子，是一个典型的铁氧体，属亚铁磁质。Fe_3O_4

的晶格常数 $a = 8.39\text{Å}$[❶]，居里点 578℃，易磁化的方向为 {111} 方向，个向异性常数 $K_1 = -12$。

图 2-5 给出了 Fe_3O_4 的比磁化率、矫顽力和其粒度的关系。由图 2-5 可见，随着颗粒粒度的减小，其比磁化率随之减小，而矫顽力随之增加，这种关系在粒度小于 0.02~0.03m 时表现很明显。

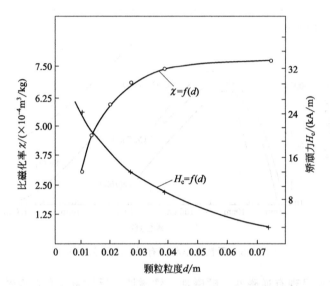

图 2-5 Fe_3O_4 的比磁化率、矫顽力与粒度的关系

磁化场强 160kA/m

$\alpha\text{-}Fe_2O_3$ 的磁性与温度和粒度的关系如图 2-6 所示。可以看出，温度越低，颗粒越细时，比磁化系数 χ 值越大。

此外，$FeTiO_3$ 与 $\alpha\text{-}Fe_2O_3$ 类似，它也是反铁磁性的，但表现出有寄生铁磁性，即自旋磁矩有微小倾斜。和 $FeTiO_3$ 具有同样磁结构的氧化物还有 $NiTiO_3$、$MnTiO_3$ 和 Cr_2O_3 等。

2.1.5 颗粒的光学性质

颗粒分散于介质（气体或液体）中，即处于单粒状态时，光与颗粒的物理作用以散射作用为主；如果颗粒处于集合状态时，则其作用以表面的反射作用为主。

---

❶ 1Å=0.1nm。下同。

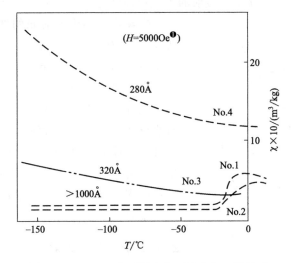

图 2-6　α-Fe$_2$O$_3$ 在不同温度下粒度与 χ 的关系

2.1.5.1　光在分散体系中的传播[14]

当光束通过分散体系时，一部分被吸收，另一部分则被散射，如图 2-7 所示。

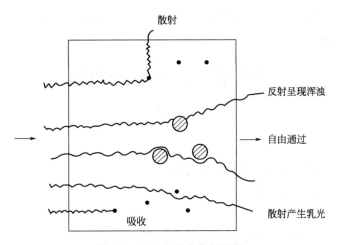

图 2-7　光在介质中传播示意

在真空和均匀介质中，光是沿着直线的方向传播的，不会发生散射现象，但是，当均匀介质中掺入微细颗粒时，介质的均匀性受到了破坏，光就朝各个

---

❶　1 Oe=79.5775A/m。下同。

方向散射，如图 2-8 所示。散射的类型和强度与颗粒大小密切相关。

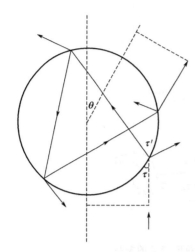

当颗粒大小比入射光的波长长很多时，则以反射为主。由于颗粒的形状不规则、表面不均匀性以及在介质中分布的混乱性，使入射光从各个方向被反射，因此悬浮体系呈现浑浊现象。如果颗粒大小和入射光的波长相似，则主要存在由于衍射引起的散射，使体系产生乳光现象。分散体系中光的散射具有重要意义。从光散射测量可得到许多有价值的信息，如颗粒的大小及其分布等。

2.1.5.2 光的散射

如上所述，散射光强度及方向随着分散颗粒大小的变化而变化。根据颗粒大小的不同，光散射有三种不同规律。

图 2-8 颗粒的光散射

（1）Rayleigh 散射[15-17]

颗粒的粒径小于光的波长或粒径小于 $0.05\mu m$ 时，光散射符合 Rayleigh 散射理论，即：

$$I_\theta = \frac{\alpha^4 d^2}{8R^2} \times \frac{m^2-1}{m^2+1}(1+\cos^2\theta)I_0 \qquad (2-11)$$

$$\alpha = \frac{\pi d}{\lambda}$$

$$m = n_1/n_2$$

式中　I_θ——散射角为 θ 时的散射光强度；

　　　I_0——入射光强度；

　　　d——颗粒直径，cm；

　　　R——颗粒至观察散射光点间的距离，cm；

　　　λ——入射光波长，cm；

　n_1、n_2——分散相和分散介质的折射率；

　　　m——相对折射率；

　　　θ——散射角，即观察方向与入射光传播方向间的夹角。

非导电性球形颗粒的散射光强度 I_θ 与入射光强度 I_0 之间有如下关系：

$$I_\theta = \frac{24\pi^3}{\lambda^4} \times \frac{n_2{}^2 - n_1{}^2}{n_2{}^2 + n_1{}^2} c V^2 I_0 \qquad (2\text{-}12)$$

式中 c——单位体积中的质点数，个/cm³；

         V——单位颗粒的体积，cm³；

         λ——入射光波长；

  n_1、n_2——分散相和分散介质的折射率。

（2）Mie 理论[18]

随着颗粒粒径增大，光散射逐渐偏离 Rayleigh 方程而服从 Mie 光散射方程。Mie 方程的典型形式为：

$$S = \frac{\lambda^2}{2\pi} \sum_{r=1}^{\infty} \frac{\alpha_r{}^2 + p_r{}^2}{2r+1} \qquad (2\text{-}13)$$

式中，S 为一个球形颗粒全散射光强度；α_r、p_r 分别是 $\frac{2\pi r}{\lambda}$ 和 $\frac{2\pi rm}{\lambda}$ 的函数，其中 r 是球形颗粒的半径，m 是相对折射率。

理论分析和计算都表明，颗粒大小与光散射之间存在着一一对应关系。也就是说，当颗粒粒径一定时，其散射光的空间分布规律也就完全确定，这就是利用散射技术测量颗粒大小的理论基础。

（3）Fraunhoffer 衍射散射[19]

当颗粒粒径比光的波长大很多时，特别是衍射光占的比重很大，而反射和折射所占的比重很小。衍射散射光强度表达式为：

$$I_w = \frac{1}{4} E\alpha^2 d^2 \times \left(\frac{J_1 \alpha\omega}{\alpha\omega}\right)^2 \qquad (2\text{-}14)$$

$$\omega = \sin\theta$$

式中 I_w——衍射光强度；

         E——单位面积入射光强度；

         θ——衍射角，（°）；

         J_1——一阶 Beseel 函数。

由于颗粒尺寸比光的波长大几个数量级时，按 Fraunhoffer 规律发生衍射散射，该粒度区间正好是粉体加工中多数产品的粒度范围。该理论的重要实用价值在于粒度测量。

2.1.5.3   光的反射[20]

在颗粒体系中，光的反射现象主要发生在分散状态的粗颗粒和颗粒的团聚体中，它服从物理光学中的规律。颗粒体的光反射比较复杂，实际处理时，将颗粒体分成薄层，再将薄层的反射和吸收叠加起来，求得表面的全反射率。有两种方法。

（1）平行板法

将颗粒层按粒径大小分成若干层，再叠加各单层对光的吸收和反射，求得全反射率，其表达式为：

$$R = \mu \frac{1+(1-\mu)^2}{\gamma d - \ln(1-\mu)} \times e^{-2\gamma d} \tag{2-15}$$

式中　μ——单层的反射系数；

　　　γ——单层的吸收系数；

　　　d——颗粒粒径，cm；

（2）微分法

将颗粒体分成薄层，该薄层的反射和吸收与薄层的厚度成正比，在给定的边界条件下，全反射率的表达式为：

$$R = \frac{K}{\gamma sh(\gamma d)} \times \frac{1}{ch(\gamma d) + \dfrac{\alpha}{\gamma sh(\gamma d)}} \tag{2-16}$$

式中　K——薄层的反射系数；

　　　α——薄层的吸收系数。

2.1.5.4　光的吸收

颗粒间的光学性质的变化表现在对光的吸收特性上。金属都具有光泽，但随其粒度变细，逐渐失去原有的光泽而变成所谓的金属黑（马特伦 metal black）。黄金超细化可使其变成金黑（gold black）。这些现象都是由于固体物质粒度越细，吸光能力越强的缘故。

颗粒对电磁波、光波高吸收能力的特性应用很广，如电镜、核磁共振和波谱仪。还可作防红外线、防雷达的隐身材料，如用钨钴颗粒、铁氧体颗粒制成吸收材料。在生产农用聚乙烯薄膜时，添加高岭土颗粒填料，可大大提高红外线的吸收能力，以保持温室的温度，增加可见光的吸收，加速植物的光合作用，从而促进农作物生长。

2.1.5.5　光的衰减

光束穿过悬浮体系时，透射光的强度比入射光强度减弱的现象称为光的衰减。衰减的原因是悬浮体系中颗粒对光的散射和吸收。表征入射光强度 I_0 和透射光强度 I 的关系表达式为：

$$\ln \frac{I_0}{I} = \frac{3}{2} \times \frac{CLK_e}{d} \tag{2-17}$$

式中　C——单位体积悬浮体系中的颗粒数，个/cm³；

　　　d——颗粒的直径，cm；

　　　L——光通过的路径或容器厚度，cm；

　　　K_e——光的衰减系数。

如果测量出入射光强度和透射光强度，根据式(2-17)求出颗粒大小或浓度。全散射粒度测量方法就是基于此原理。

2.1.6　颗粒的带电

在自然界中，人们都能感觉到颗粒的带电现象。例如，粉碎高阻材料时，破碎面上正、负电荷被分开，使颗粒带电，严重时会引起放电打火。颗粒荷电（异性电荷）也是颗粒团聚的原因之一。颗粒和其它物质相互摩擦带电，也可使颗粒黏附在其它物质的表面上。

颗粒一般是多组分、多形态、多分散度的颗粒群，即使不带电，彼此之间电性（如介电常数、电导率等）也不同。

2.1.6.1　颗粒带电机理

（1）碰撞带电

颗粒和随机热运动的离子发生碰撞时，可以接收电荷，该过程可以用式(2-18)表示：

$$q_p = \frac{d_p kT}{2e^2} \ln \left(1 + \frac{d_p c \pi e^2 Nt}{2kT}\right) \tag{2-18}$$

式中　q_p——颗粒的带电量，C；

　　　d_p——颗粒直径，m；

　　　k——玻尔兹曼常数，1.38×10^{-23} J/K；

　　　T——温度，K；

　　　e——电子的电荷，1.6×10^{-19} C；

　　　c——离子的平均速度，m/s；

　　　N——单极离子浓度，个/m³；

　　　t——时间，s。

（2）接触电位差带电

颗粒与其它物体接触时，颗粒表面电荷等电量地吸引对方的异号电荷，使物体表面出现剩余电荷，从而产生接触电位差，其值可大于 0.5V。带电机理如图 2-9 所示。其中图 2-9(a) 表示两个不带电的金属球；图 2-9(b) 表示当二者相接触时，B 球的充满带的电子进入 A 球，使 A 球带负电，B 球带正电；图 2-9(c) 表示 A、B 球的电位达到平衡的状态，则各自都带电，其等电量可由式(2-19) 表示：

$$Q = \frac{(\varphi_1 - \varphi_2)R_1 R_2}{300(R_1 + R_2)}\left[1.151\lg\frac{R_1 R_2}{R_1 + R_2} + \xi\frac{\varphi\eta a^{1/2}}{M}\right] \tag{2-19}$$

$$\xi = 10.13 - 1.151\lg\left[\sqrt{\varphi}\left(28.9 + \frac{12.2}{\sqrt{\varphi}} - 2.51\lg\frac{\eta\sqrt{u}}{M}\right)\right]$$

式中，φ_1、φ_2 为接触电位；η、u、M 为参数，η 在 1～100 范围内，M 是最终电位和接触电位比，u 是与接触加速度有关的变量。

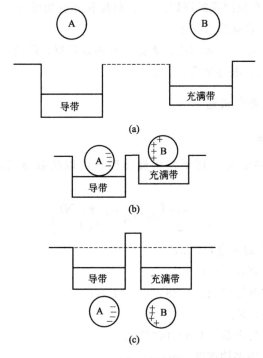

图 2-9　接触电位差带电

（3）粉碎带电

材料粉碎时，呈现带电量不等、符号相反的断裂面。同时在粉碎过程中还存在颗粒间、颗粒与设备壁间的相互摩擦而引起摩擦带电。粒度较小的颗粒趋向于带负电。表 2-5 列出了不同粒径的氧化铝的比电荷。从表 2-5 可以看出，颗粒粒径越小，比电荷就越大，同时越趋向于带负电。

表 2-5 氧化铝的比电荷

颗粒直径/μm		324	163	97	81	68	47	35
比电荷 /V	V_1	+0.11	+0.12	-1.18	-0.41	-0.42	-0.86	-1.58
	V_2	+0.11	-0.07	-1.38	+1.07	-1.62	-0.62	-1.39
	$(V_1+V_2)/2$	+0.11	+0.03	-1.28	+0.66	-1.01	-0.74	-1.49

（4）电场带电[21]

在两个电位相差很大的电极之间，空气被电离并形成电晕电流。大量的空间电荷——负离子和电子的有序运动和颗粒的碰撞，失去本身的速度，吸附在颗粒表面上，使颗粒带电，这就是电场带电。其带电量的表达式为：

$$q_p=\left[1+\frac{2(\varepsilon-1)}{\varepsilon+1}\right]\times\frac{E\pi Knet}{1+\pi Knet}r^2 \tag{2-20}$$

式中　q_p——颗粒在 t 时间内的带电量，C；

　　　ε——颗粒的介电常数，F/m；

　　　r——颗粒半径，m；

　　　E——电场强度，V/m；

　　　K——离子迁移率，m/(s·V)；

　　　n——电场中离子浓度，个/m³；

　　　e——电子的电荷，1.6×10^{-19}C；

　　　t——颗粒在电场中的停留时间，s。

2.1.6.2 颗粒分散体的电性

颗粒分散体的电性主要用电导率和介电常数来表征。

（1）颗粒分散体系的电导率

颗粒体电导率在很大程度上与它在介质中的分散程度有关。

① 低浓度分散体系的电导率。设介质的电导率为 σ_0，导体颗粒的电导率为 σ，因为 $\sigma_0>\sigma$，可认为 $\sigma/\sigma_0\to\infty$。当颗粒的体积分数 $\phi\ll1$ 时，颗粒分散体系的电导率低于介质的电导率。颗粒分散体系的电导率可表示为：

$$\sigma=\frac{\sigma_0}{1-\phi}\qquad(\phi\ll1) \tag{2-21}$$

② 随着分散体系中颗粒的浓度提高，颗粒间相接近时（$\frac{\pi}{6}-\phi\ll1$），电导

率为：

$$\sigma = \frac{\pi \sigma_0}{2} \lg\left(\frac{\pi}{6} - \phi\right) \tag{2-22}$$

③当浓度增大到颗粒间相互接触时（$\frac{\pi}{4} - \phi \ll 1$），电导率为：

$$\sigma = \sigma_0 \frac{2}{\pi^{3/2}} \sqrt{\frac{\pi}{4} - \phi} \tag{2-23}$$

颗粒分散体系电导率的对数值与压力成正比关系，如图 2-10 所示。

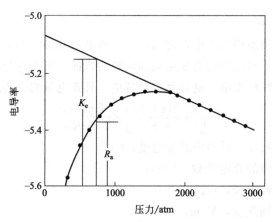

图 2-10　溴化银颗粒体的电导率与压力的关系

1atm=101325Pa

（2）颗粒体的介电常数

颗粒体的介电常数也称为表观介电常数，相同粒径的球形颗粒的立方充填的介电常数可由 Rayleigh 理论方程表示：

$$\frac{\varepsilon_a}{\varepsilon_0} = 1 + \frac{3\phi}{\dfrac{\varepsilon_p + 2}{\varepsilon_p - 1} - \phi - 1.65 \dfrac{\varepsilon_p - 1}{\varepsilon_p + 4/3} \phi^{\frac{10}{13}}} \tag{2-24}$$

式中，ε_a 为颗粒体的介电常数，称为表观介电常数；ϕ 为颗粒的容积浓度。如果 $\phi \ll 1$，颗粒的介电常数足够大时，则可简化为：

$$\varepsilon_a = 1 + 3\phi \tag{2-25}$$

2.2　颗粒的表面（界面）性质

颗粒的最大特点是具有大的比表面积和表面能。对于某一物质来说，粒度越小，比表面积越大，表面能就越高。

2.2.1 颗粒表面的不饱和性

物质粉碎时总是沿着结合力最弱的方向断裂，形成断裂面。断裂面一般平行于晶格密度最大的面网、阴阳离子电性中和的面网、两层同号离子相邻的面网或者平行于化学键力最强的方向。

对离子型晶体 $BaSO_4$ 等晶体颗粒而言，其断键虽然有强弱之分，但是从本质上看均属于强不饱和键的范畴。表面上断键属于弱分子键，如石墨，它主要是沿着层面平行方向 {001} 断裂，尽管层内为共价键键合，可是层面却为分子键键合，所以暴露出弱的不饱和分子键。金刚石和石墨是碳元素的两个同质多相变体。石墨的断裂面为分子不饱和键，而金刚石沿着 {111} 或 {100} 断裂面断裂却为强共价键。因此，颗粒表面上不饱和键的强弱直接取决于颗粒的晶体化学特征，如晶格类型、断裂面的方向等。

由于在表面层的分布和位置的不同，离子的饱和程度不同，加之表面离子的遮盖作用等，即使都是离子键，可以表现出不同的强弱程度。另外，某些离子-共价键断裂后，颗粒表面可能发生相互补偿作用。表面上相邻的原子（离子）相互作用使断键获得一定程度的补偿[22]。补偿现象的发生往往导致表面疏水性的相对增加，硫化物的表面均发生这种现象。

2.2.2 颗粒表面的非均质性

2.2.2.1 颗粒的表面缺陷

绝大多数情况下，颗粒表面是不规则的。像云母的解理面看起来很平滑，通过高分辨能力的观察手段，也可看到表面有各种解理台阶，其高度约在 $2 \sim 200nm$ 之间[23]。颗粒表面的宏观非均质性，与颗粒表面的形状（如凸部、凹部、角和边缘等）有关，也与颗粒表面是否存在孔隙、裂纹有关。出现非均质性的主要原因是原子（离子）处于顶角上、边缘上和凸凹部及处于相等面的边缘上，其能量状态显著不同。因此，这些原子与晶格中其它原子相比，其吸附活性必然是最大的。另一方面，晶格本身的缺陷也十分重要（图 2-11）。

除此之外，还有其它一些缺陷。例如，异常原子取代晶格中的本类原子，此时晶格中的离子在正常位置，但其电荷异常。

金属离子与空的类金属结点间是电正性缺陷，而结点间类金属离子和空的金属结点是电负性缺陷。电负性缺陷居多时，是类金属过量，而金属过量时，则电正性缺陷居多。

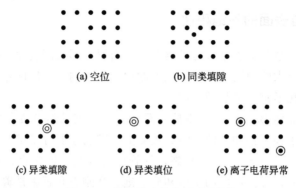

(a) 空位　　　　　(b) 同类填隙

(c) 异类填隙　　　(d) 异类填位　　　(e) 离子电荷异常

图 2-11　晶格缺陷的主要形式[24]

电正性缺陷是电子引力的中心，而电负性缺陷是电子斥力的中心。PbS 表面电化学非均质性的程度和特点如图 2-12 所示。

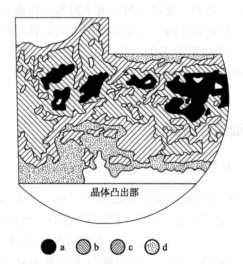

晶体凸出部

●a ◨b ◨c ◫d

图 2-12　不同极化电压时 PbS 表面的电化学非均质性[24]

a—200mV；b—300mV；c—400mV；d—600mV

2.2.2.2　表面原子的位移[25,26]

许多研究证明，新生成的颗粒表面上，原子不会一成不变地保持其原来的位置，表面原子将发生一定的位移。垂直于颗粒表面的位移叫"弛豫"，平行于颗粒表面的位移叫"重建"。表面原子的"弛豫"和"重建"现象可显著提高它们与晶格的结合能，使它们暴露出来的不饱和度得到一些补偿，从而使体系总自由能有所降低。图 2-13 给出了食盐的〈100〉破碎面上 Na^+ 和 Cl^- 的

"弛豫"现象。图 2-13(a) 为理想晶面，图 2-13(b) 是表面上的 Na^+ 和 Cl^- 受晶格中反号离子作用而产生的极化现象。图 2-13(c) 表示极化度小的 Na^+ 向晶格内部位移，反之极化度大的 Cl^- 受到较强排斥作用而向晶格外部位移。其结果是使表面 Na^+ 与晶格距离缩短（由 2.81Å 减小至 2.66Å），而表面 Cl^- 与晶格距离增大（2.86Å）。

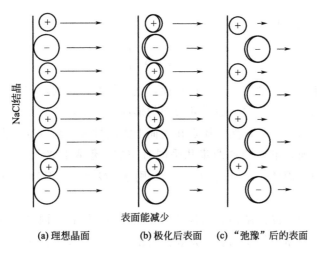

(a) 理想晶面　　(b) 极化后表面　(c) "弛豫"后的表面

图 2-13　食盐表面的"弛豫"现象

2.2.3　颗粒的表面能和表面自由能[27,28]

由于物质表面质点各方向作用力处于不平衡状态，使表面质点比体内质点具有额外的势能，这种能量只是表面层的质点才能具有，所以称为表面能，热力学称为表面自由能。

Shuttleworth[29] 在研究颗粒表面能和表面张力的关系时，假设颗粒被一个垂直于它的切面分开，在两个新的表面上质点保持平衡，则所需的单位长度上的力称为表面张力 γ。沿两个新表面的表面张力之和的一半等于表面张力 σ，即

$$\sigma = \frac{\gamma_1 + \gamma_2}{2} \tag{2-26}$$

它也可被理解为颗粒表面张力的力学定义。

设颗粒表面二维方向各增加 dA_1 和 dA_2 面积，则总的自由能 G_s 可以用抵抗表面张力所作的可逆功来表征，即

$$d(A_1 G_s) = \gamma_1 dA_1 \tag{2-27}$$

$$\mathrm{d}(A_2 G_s) = \gamma_2 \mathrm{d}A_2 \qquad (2\text{-}28)$$

式(2-27)、式(2-28)可改写为

$$\gamma_1 = G_s + A_1 \frac{\mathrm{d}G_s}{\mathrm{d}A_1} \qquad (2\text{-}29)$$

$$\gamma_2 = G_s + A_2 \frac{\mathrm{d}G_s}{\mathrm{d}A_2} \qquad (2\text{-}30)$$

如果是各向同性的颗粒，则有

$$\gamma = G_s + A \frac{\mathrm{d}G_s}{\mathrm{d}A} \qquad (2\text{-}31)$$

对液体来说，在液体中取任何切面，其上的原子排列均相同，故液体的比表面能在任何方向都一样。假设新表面的形成分两步，首先因断裂而出现新表面，但质点仍留在原处，然后质点在表面上重新排成平衡位置。由于颗粒的质点难以运动，所以液体的这两步几乎同时完成，但颗粒的第二步骤却延迟发生。因此，对于液体，$A(\mathrm{d}G_s/\mathrm{d}A)=0$，则 $\gamma = G_s = \sigma$；但对于颗粒，γ 与 G_s 不能等同。

大多数颗粒是晶体结构，而且各向异性，晶态颗粒不同界面有不同的表面自由能。原子最紧密堆积的表面是表面自由能最低、稳定性最好的表面。

影响颗粒比表面能的因素很多，除了颗粒自身的晶体结构和原子之间的键合类型之外，其他如空气中的湿度、蒸气压、表面吸附水、表面污染、表面吸附物等。所以，颗粒的比表面能不像液体的表面张力那样容易测定。表2-6给出了部分无机颗粒的比表面能。

表2-6　一些无机颗粒的比表面能[30]

颗粒名称	比表面能 /(erg❶/cm²)	颗粒名称	比表面能 /(erg/cm²)	颗粒名称	比表面能 /(erg/cm²)
石膏	40	方解石	80	石灰石	120
高岭土	500~600	氧化铝	1900	云母	2400~2500
二氧化钛	650	滑石	60~70	石英	780
长石	360	氧化镁	1000	碳酸钙	65~70
石墨	110	磷灰石	190	玻璃	1200

图2-14所示为几种标准颗粒的表面能数据的比较，其中金刚石最大，石膏最小。由此可见，越是坚固和难碎的颗粒，表面能越大。

---

❶　$1\mathrm{erg} = 1 \times 10^{-7}\mathrm{J}$。下同。

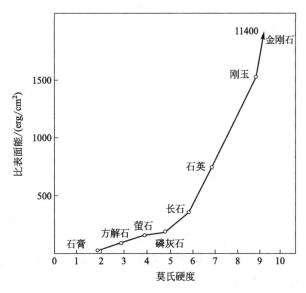

图 2-14 几种标准颗粒比表面能的比较

2.2.4 颗粒的表面活性[31,32]

　　随着颗粒的变细，完整晶面在颗粒总表面上所占的比例减少，键力不饱和的质点（原子、分子）占全部质点数的比例增多，从而大大提高颗粒的表面活性，如图 2-15 所示。断裂的立方晶格角上的配位数比饱和时少三个，在棱边上少两个，面上少一个。因此在颗粒表面上的台阶、弯折、空位等处质点具有的表面能一定大于平面质点的表面能。

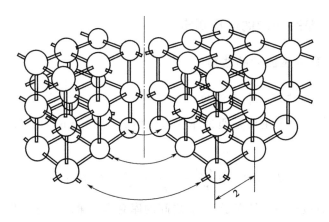

图 2-15 立方晶格的断裂

如果相邻原子的结合力为 F，配位数为 K，晶态的原子数为 n，则总的结合能 G 为：

$$G = \frac{FKn}{2} \tag{2-32}$$

如果原子间的键被断开，形成两个新表面，相邻原子的间距为 a，则颗粒单位表面能为：

$$\sigma = \frac{F}{2a^2} = \frac{G}{Kna^2} \tag{2-33}$$

可见颗粒表面能的数值不仅取决于比表面积的大小，还取决于断裂面的几何形状、性质和所处的位置。

颗粒的粒度变细后，颗粒的表面积与表面能将大大增加，表 2-7 说明氯化钠颗粒的表面积、表面能等性质与其粒度的变化情况。可见，将 1g 立方体连续地分为较小的立方体时，表面积、表面能迅速增大，而且颗粒细分到小于 $1\mu m$ 时，棱边能也变得较大。

表 2-7　氯化钠颗粒大小对其表面积表面能等的影响

边长/cm	立方体数目	总表面积/cm²	表面能/(10^{-4}J/kg)	棱边能/(10^{-4}J/kg)
0.77	1	3.6	540	2.8×10^{-5}
0.1	460	28	4.2×10^3	1.7×10^{-3}
0.01	4.6×10^5	280	4.2×10^4	0.17
0.001	4.6×10^8	2.8×10^3	4.2×10^5	17
10^{-4}	4.6×10^{11}	2.8×10^4	4.2×10^6	1.7×10^3
10^{-6}	4.6×10^{17}	2.8×10^6	4.2×10^8	1.7×10^7

2.2.5　颗粒表面能估算及测定

2.2.5.1　颗粒表面能的估算

（1）离子晶格颗粒表面能的估算[33,34]

离子晶体的离子主要是通过库仑力作用的。Huggins 和 Mayer 提出了势函数模型：

$$E_{ij}(r) = \frac{Z_i Z_j e^2}{r} - \frac{C_{ij}}{r^6} - \frac{d_{ij}}{r^8} + bb_i b_j \mathrm{e}^{-\frac{r}{\rho}} \tag{2-34}$$

式中，右边第一项是离子 i、j 之间的库仑力，第二、三项是偶极子相互作用引起的范德华力，第四项是电子斥力。第一项是表面势能的主要贡献，第

二项约占 $20\%\sim30\%$。

几种离子晶体颗粒不同晶面表面能的估算值见表 2-8。

表 2-8 几种离子晶体颗粒不同晶面的表面能[27]　　　单位：J/m^2

晶体		LiF	LiCl	NaF	NaCl	NaBr	NaI	KCl	RbCl
表面能	{100}	142	107	216	158	138	118	141	138
	{110}	568	340	555	354	304	252	298	277

（2）共价晶体颗粒表面能的估算

共价晶体表面能的估算较为简单。例如金刚石表面能 E_s 等于把 $1cm^2$ 面积上的共价键全部断裂所需的能量 E_I 的一半，即

$$E_s = \frac{1}{2} E_I \tag{2-35}$$

通过计算，金刚石在 {111} 晶面的表面能为 $5.72 J/m^2$。

2.2.5.2 颗粒表面能的测定

颗粒表面能直接用实验测定是较为困难的，多数都是通过间接测量某种参数，然后再进行计算求得。

（1）接触角法[15,35]

测量固-液两相润湿平衡接触角和液体的表面张力，可求出颗粒表面自由能，这是在 Fowkes 界面张力理论的基础上通常用的一种方法。Fowkes 认为，界面张力是各种力的贡献之和，即

$$\gamma = \gamma^d + \gamma^h + \gamma^m + \gamma^\pi + \gamma^i \tag{2-36}$$

式中　γ——界面张力；

　　　γ^d——色散力；

　　　γ^h——氢键；

　　　γ^m——金属键；

　　　γ^π——电子相互作用力；

　　　γ^i——离子间相互作用力。

A、B 两相界面张力为：

$$\gamma^{AB} = \gamma^A + \gamma^B - 2\sqrt{\gamma_d^A \gamma_d^B} \tag{2-37}$$

式中　γ^A、γ^B——A、B 两液体表面张力；

　　　γ_d^A、γ_d^B——各自表面张力的色散力。

若其中有一项是固体，并有一项纯的非极性液体，则固-液界面之间也仅

有色散力相互作用。因此可得

$$\gamma^{sl}=\gamma^l+\gamma^s-2\sqrt{\gamma_d^s\gamma_d^l} \tag{2-38}$$

结合 Young 方程可得

$$\gamma^l(1+\cos\theta)=2\sqrt{\gamma_d^s\gamma_d^l} \tag{2-39}$$

变形得

$$\cos\theta=\frac{2\sqrt{\gamma_d^s\gamma_d^l}}{\gamma^l}-1 \tag{2-40}$$

由式(2-40)可知，$\cos\theta$ 和 $2\sqrt{\gamma_d^l}/\gamma^l$ 是以 $\sqrt{\gamma_d^l}$ 为斜率，以 -1 为截距的线性关系。因此只要测量出液体和该液体与颗粒表面的润湿接触角，作图就可求得直线的斜率，最终即可得到颗粒的表面能 γ_d^s。

对高能颗粒的表面能，研究者提出了高能颗粒表面张力计算方法[36]，即

$$(1+\cos\theta)\gamma^l=2[\sqrt{\gamma_f^s\cdot\gamma_f^l}+\sqrt{\gamma_+^s\cdot\gamma_-^l}+\sqrt{\gamma_-^s\cdot\gamma_+^l}] \tag{2-41}$$

式中，θ 为固-液界面润湿接触角，γ^l、γ_f^l 分别为液体表面能及表面能的非极性分量，γ_+^l、γ_-^l 分别为液体表面能极性分量中电子接受体部分和电子给予体部分，γ_f^s 为颗粒表面自由能非极性分量，γ_+^s、γ_-^s 分别为颗粒表面自由能极性分量中电子接受体部分和电子给予体部分。因此，利用式(2-41)，只要测量和求出三种极性不同的液体的表面张力（γ^l、γ_f^l、γ_+^l、γ_-^l）和在颗粒表面上的润湿接触角 θ，代入式(2-43)，求解三元一次方程组可求得颗粒表面的 γ_+^s、γ_-^s 和 γ_f^s。

由 γ_+^s 和 γ_-^s 可求得颗粒表面自由能极性分量 γ_{AB}^s：

$$\gamma_{AB}^s=2\sqrt{\gamma_+^s\cdot\gamma_-^s} \tag{2-42}$$

颗粒表面自由能为：

$$\gamma^s=\gamma_f^s+\gamma_{AB}^s \tag{2-43}$$

常用的水、丙三醇及正己烷等几种液体的参数见表 2-9。

表 2-9　水、丙三醇及正己烷等几种液体的参数[37,38]　　单位：J/m²

液体介质	γ^l	γ_f^l	γ_{AB}^l	γ_+^l	γ_-^l
水	72.8	21.8	51.0	25.5	25.0
丙三醇	64.0	34.0	30.0	3.9	57.5
正己烷	18.4	18.4	0	0	0
甲酰胺	50.8	39.0	19.0	2.3	39.6
二甲亚胺	48.0	29.0	19.0	1.9	47.0
α-溴代萘	44.4	44.4	0	0	0
二碘甲烷	50.8	50.8	0	0	0

（2） **直接测定法**[34]

晶体劈裂功法是直接测量晶体表面能的一种方法。云母具有典型的解理面，通过解理技术，Orowan 提出了如下的计算公式：

$$2\gamma = \frac{T^2 x}{2E} \tag{2-44}$$

式中　T——云母片所需拉力；

　　　E——弹性模量；

　　　γ——所测的固体颗粒的表面能。

Lazerew 用该原理测量云母的新生成表面能为 $2.4\mathrm{J/m^2}$。

2.3　颗粒表面的润湿性[39]

润湿是一种常见的界面现象，在科学研究、生产过程和人类生活中随处可见。同时研究润湿现象也是研究颗粒表面物理化学性质的有效手段。

2.3.1　润湿的物理意义

润湿源于固体表面对液体分子的吸附作用，润湿过程实际上是液相与气相争夺表面的过程，即可以看作固-气界面的消失和固-液界面的形成过程。

将一滴液体置于固体表面，便形成固、液、气三相界面，如图 2-16 所示。当三相界面张力达到平衡状态时，则界面张力与润湿平衡接触角的关系如下。

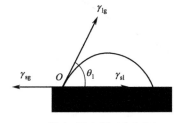
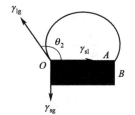

(a) 无限表面液-固界面张力分布　　　(b) 有限表面液-固界面张力分布

图 2-16　液相在固体表面的润湿示意

（1） **无限表面液-固界面系统**

图 2-16(a) 是液体在无限固相表面上的润湿状况。在一定温度和压力条件下，液滴的形状处于稳定状态时，根据固相、液相和液-固界面在 O 点的表面张力平衡可以得到：

$$\gamma_{sg} = \gamma_{sl} + \gamma_{lg}\cos\theta , 0°<\theta \leqslant 180° \tag{2-45}$$

式中，γ_{sg}、γ_{sl} 和 γ_{lg} 分别为固-气、固-液和液-气界面（表面）的界面（表面）张力；θ 为润湿平衡接触角，即自固-液界面经液体到气液表面的夹角。该式就是著名的 Young 方程。

（2）有限表面液-固界面系统[40]

图 2-16(b) 的液体在有限表面液-固界面的润湿系统中，平衡状态是液滴能够保持最大接触角 θ_i 时的状态。在这种情况下，O 点液相原子在任一平面方向上的张力合力均为 0，即 $\sum\gamma_i=0$。

在平行于液-固界面的 A 面上，张力存在式(2-46) 平衡：

$$\gamma_{sl} = -\gamma_{lg}\cos\theta_i , 90°<\theta_i \leqslant 180° \tag{2-46}$$

可得：$0 \leqslant \gamma_{sl} \leqslant \gamma_{lg}$。

在垂直于液-固界面的 B 面上，张力存在式(2-47) 平衡：

$$\gamma_{sg} = \gamma_{lg}\sin\theta_i , 90°<\theta_i \leqslant 180° \tag{2-47}$$

可得：$0 \leqslant \gamma_{sg} \leqslant \gamma_{lg}$。

根据式(2-45)、式(2-46) 和式(2-47)，可以得到在平衡润湿状态下，θ 与 θ_i 之间有式(2-48) 函数关系：

$$\cos\theta = \sin\theta_i + \cos\theta_i , 0°<\theta \leqslant 180°, 90°<\theta_i \leqslant 180° \tag{2-48}$$

图 2-17 是 θ 与 θ_i 之间的函数关系曲线。

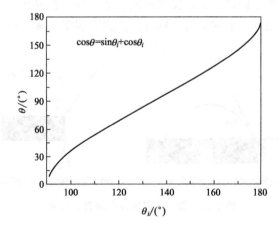

图 2-17　θ 与 θ_i 之间的函数关系曲线[40]

润湿过程的初始阶段牵涉到颗粒的外表面和颗粒的内表面，因而润湿的特性取决于液相的性质、颗粒表面的性质、颗粒内空隙的尺寸以及用来使体系中各组分相互接触的机械过程的特性。早在 20 世纪 30 年代，Harkins 等人将润湿分为黏附（adhesion）、浸湿（immersion）和铺展（spreading）三个步骤。

2.3.1.1　黏附[41]

液体和固体接触使液-气界面和固-气界面变为固-液界面的过程如图 2-18 所示。在恒温恒压条件下，体系单位面积自由能的变化如下。

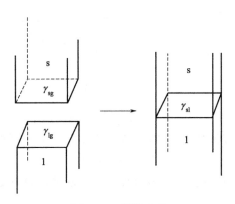

图 2-18　黏附过程

s—固相；l—液相；g—气相

液相与固相之间的黏附功定义为将液相从固相表面分离所需要做的单位面积功。

$$-\Delta G = \gamma_{sg} + \gamma_{lg} - \gamma_{sl} = W_a \tag{2-49}$$

（1）在无限液-固界面系统

在无限液-固界面，液相与固相之间的黏附功：

$$W_a = \gamma_{lg}(1+\cos\theta), 0° < \theta \leqslant 180° \tag{2-50}$$

得到：$0 \leqslant W_a < 2\gamma_{lg}$。

（2）在有限液-固界面系统[40]

在有限液-固界面，液相与固相之间的黏附功：

$$W_a = \gamma_{lg}(1+\sin\theta_i+\cos\theta_i), 90° < \theta_i \leqslant 180° \tag{2-51}$$

同样得到：$0 \leqslant W_a < 2\gamma_{lg}$。

式（2-50）和式（2-51）的结果与 Dupre 方程一致。说明黏附功 W_a 也仅是液相表面能 γ_{lg} 和接触角 θ 的函数，随着接触角 θ 减小，液相在固相表面的黏附功增大，$W_a = 2\gamma_{lg}$ 是液相在固相表面完全润湿条件下黏附功的临界值。

根据热力学第二定律，$W_a \geqslant 0$ 时，过程能自发进行，即该过程可以自发进行的必要条件是 $\theta \leqslant 180°$。

2.3.1.2 浸湿

固体浸入液体中，固-气界面被固-液界面所代替，而液-气界面不变的过程，如图 2-19 所示。该过程体系单位面积自由能的变化如下。

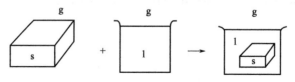

图 2-19　浸湿过程

$$-\Delta G = \gamma_{sg} - \gamma_{sl} = W_i \tag{2-52}$$

式中，W_i 称为浸湿功。将式(2-45) 代入式(2-52) 可得

$$W_i = \gamma_{lg}\cos\theta \tag{2-53}$$

同理，在恒温恒压条件下，该过程可以自发进行的必要条件是 $W_i \geqslant 0$，即 $\theta \leqslant 90°$。

2.3.1.3 铺展

实际上在固-液界面代替固-气界面的同时，液体表面也扩展，如图 2-20 所示。该过程体系单位面积自由能的变化为：

$$-\Delta G = \gamma_{sg} - (\gamma_{sl} + \gamma_{lg}) = W_s \tag{2-54}$$

式中，W_s 称为铺展功。同理，按上述处理可知，只有当 $W_s \geqslant 0$，即 $\theta \leqslant 0°$时，液体才可能在固体表面自发铺展。

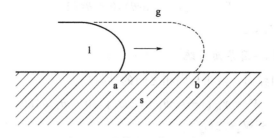

图 2-20　液体在固体上的铺展

综上所述，三种润湿类型及能量变化与对应所做功之间的关系：

$$W_a = \gamma_{lg}(1+\cos\theta) \geqslant 0 \tag{2-55}$$

$$W_i = \gamma_{lg}\cos\theta \geqslant 0 \tag{2-56}$$

$$W_s = \gamma_{lg}(\cos\theta - 1) \geqslant 0 \tag{2-57}$$

式中，W_a 为黏附功；W_i 为浸湿功；W_s 为铺展功。

由此可见，只要测量出三相接触角，就可以判断固体的润湿性质。所以，接触角 θ 是润湿性宏观评判指标。总之，θ 越小，润湿性能就越好，反之则疏水性越好。

润湿现象是与 γ_{lg} 和 θ 直接相关的。一般来说，较低的 θ 和较高的 γ_{lg} 有助于整个润湿过程自发进行。γ_{sl} 的显著降低，要求表面活性剂被牢固吸附在固-液界面上。如果表面活性剂不能显著降低液-气面的张力，降低 γ_{sl} 也将有利于润湿过程。

Harkins[42]将这种方法推广到一种不溶的液体沿另一液相的扩展，提出了扩展系数并定义为：

$$S = \gamma_a - \gamma_b - \gamma_{ab} \tag{2-58}$$

当 $S<0$ 时，液体 b 不扩展，而形成一个透镜体浮在 a 上（假如 b 的密度小于 a），构成所谓的表面力 Neumann 三角，如图 2-21 所示。对这一系统内的平衡态，必须满足下面包括两组方程的关系式：

$$\frac{\gamma_a}{\sin\alpha} = \frac{\gamma_b}{\sin\beta} = \frac{\gamma_{ab}}{\sin[360 - (\alpha + \beta)]} \tag{2-59}$$

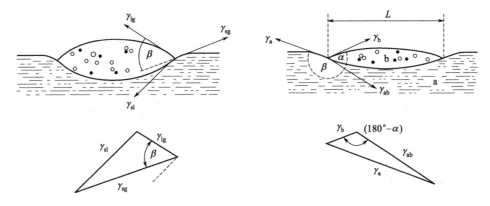

图 2-21　不扩展的液体在另一不相溶液体上的接触角——不扩展的油
透镜体在水上的表面张力矢量平衡状态

2.3.2　表面接触角与临界表面张力的关系

在比较不同固体表面润湿性时，使用临界表面张力值是比较方便的。聚四氟乙烯表面与各种液体的界面张力对用这种液体作用测得的润湿接触角 $\cos\theta$ 作图，结果如图 2-22 和图 2-23 所示。

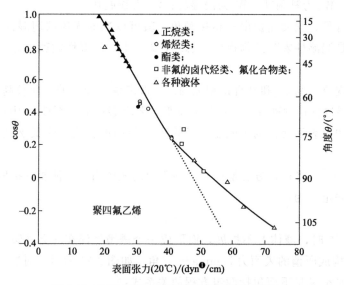

图 2-22　不同液体对聚四氟乙烯的润湿性[43]

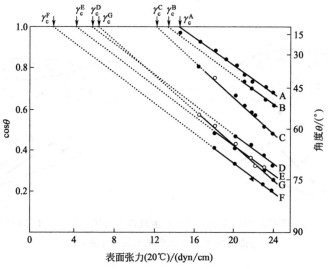

图 2-23　n-链烷类在各种氟化表面上的接触角[43]

A—聚四氟乙烯；B—F. E. P. 特氟隆；C—聚过氟丙烯；D—过氟丁酸单层；
E—过氟辛酸单层；F—过氟月桂酸的单层；G—辛醇的聚甲基丙烯酸酯

---

❶　1dyn＝1×10⁻⁵N。下同。

此直线与 $\cos\theta=1$ 的交点所对应的表面张力称为此固体表面的临界表面张力 γ_c。即表面张力为 γ_c 以下的液体，在表面上扩散而润湿的接触角为 0°。另一方面，表面张力大于 γ_c 的液体，不能在该表面扩展润湿，所以表示出有限的接触角。Eisman 认为 γ_c 是表面的固有值，可根据 γ_c 的大小评价表面的润湿程度。

聚四氟乙烯（PTFE）、聚丙烯（PP）、聚乙烯（PE）、聚苯乙烯（PS）四种聚合物以及表面张力较小的固体石蜡和有机玻璃共 6 种固体作为基板材料，液体为去离子水、分析纯的 30％过氧化氢、乳酸、丙三醇、甲酰胺、乙二醇、二碘甲烷和二甲基亚砜。表 2-10 为几种液体表面张力和固体表面张力，表 2-11 为几种液体在各固体表面的接触角的平均值，图 2-24 为液滴表面张力与接触角 θ 的关系。由表 2-11 数据以及图 2-24 可以看出，对于同一测试液体，接触角随着固体表面张力的增大而减小；在同一基板材料表面上，接触角随着测试液体表面张力的增大而增大。

表 2-10　几种液体表面张力和固体表面张力[44]

液体	γ_{lg}	固体	γ_{sg}
30％ H_2O_2	74.08	PTFE	18.50
去离子水	72.88	PP	29.00
乳酸	68.70	PE	31.00
丙三醇	64.00	PS	33.00
甲酰胺	58.40	固体石蜡	23.00
乙二醇	47.50	合成玻璃	39.00
二碘甲烷	50.80		
二甲基亚砜(DMSO)	44.00		

表 2-11　几种液体在固体表面的平均接触角[44]

	PTFE	PP	PE	PS	固体石蜡	合成玻璃
30％ H_2O_2	106.62	94.49	94.37	91.87	100.20	80.06
去离子水	105.96	92.67	92.14	91.64	99.13	78.22
乳酸	101.08	88.40	84.56	84.00	93.78	70.73
丙三醇	98.41	86.52	80.62	80.84	88.65	64.13
甲酰胺	89.94	75.65	73.72	67.00	80.36	48.65
乙二醇	77.50	71.56			61.13	34.30
二碘甲烷	76.46	71.53	64.41	65.74	57.40	36.26
二甲基亚砜(DMSO)	59.76	54.24	48.88	50.89	42.02	34.49

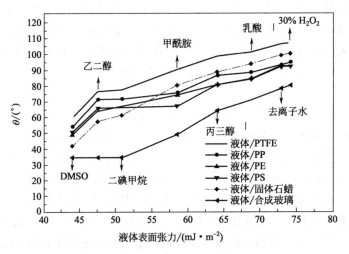

图 2-24 液体表面张力与接触角 θ 的关系[44]

图 2-25(a) 为在 1473~1573K 温度范围内 Ni-45％Si/C 体系的接触角变化曲线。根据接触角的变化趋势，将润湿过程大致分为两个阶段：Ⅰ）界面反应控制阶段；Ⅱ）界面扩散控制阶段。图中 t_N 为第Ⅰ阶段和第Ⅱ阶段的转折点，θ_N 为转折点处的接触角。第Ⅰ阶段中，接触角随时间呈现快速下降的趋势，而Ⅱ阶段中接触角随时间变化的幅度很小。可见随着实验温度的提高，接触角的变化速率加快，反应速率加快，临界转变温度 t_N 逐渐提前。图 2-25(b) 为 Ni-45％Si/C 在 1473K、1523K、1573K 温度下，γ_{sl} 随时间的变化关系。根据曲线也可将其大致分为两个阶段，其阶段的划分与接触角随时间变化关系中的阶段划分保持一致。由图 2-25(b) 所示，Ni-45％Si/C 初始固-液界面能为 922~

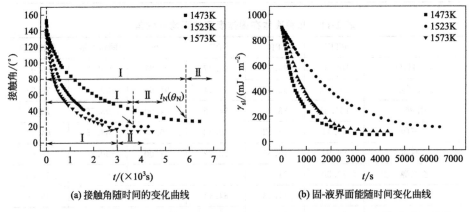

(a) 接触角随时间的变化曲线   (b) 固-液界面能随时间变化曲线

图 2-25 Ni-45％Si/C 体系接触角及固液界面能随时间变化关系[45]

$924\mathrm{mJ/m^2}$，终态固-液界面能为 $27\sim90\mathrm{mJ/m^2}$，这表明温度升高，Ni-45％Si/C 体系初始固-液界面能变化不大，终态固-液界面能逐渐减小。

2.3.3　颗粒的亲液性与疏液性

2.3.3.1　颗粒的亲水与疏水特性

通常，衡量颗粒表面润湿性采用润湿平衡接触角表示。另外，也有用浸湿热、渗透速度等来表示。

根据表面接触角大小，颗粒大致可分为亲水性和疏水性两大类。

如果液相为水，接触角的大小主要取决于颗粒的内部结构、表面不饱和力场的性质和颗粒表面形状，其关系和分类见表 2-12。

表 2-12　颗粒表面润湿性的分类和结构特征的关系[1,9]

颗粒润湿性	接触角范围	表面不饱和键特性	内部结构	实例
强亲水性颗粒	$\theta=0°$	金属键，离子键	由离子键、共价键或金属键等连接内部质点，晶体结构多样化	SiO_2、高岭土、SnO_2、$CaCO_3$、$FeCO_3$、Al_2O_3
弱亲水性颗粒	$\theta<40°$	表面离子键或共价键	由离子键、共价键连接晶体内部晶体质点成配位体，断裂面相邻质点能互相补偿	PbS、FeS、ZnS、煤等
疏水性颗粒	$\theta=40°\sim90°$	以分子键为主，局部区域为强键	层状结构晶体，层内质点由强键连接，层间为分子链	MoS、滑石、叶蜡石、石墨等
强疏水性颗粒	$\theta>90°$	完全是分子键力	靠分子键力结合，表面不含或少含极性官能团	自然硫、石蜡等

颗粒表面润湿性对颗粒分散具有重要意义，是许多工艺，如颗粒分散、固液分离、造粒、表面改性和浮选的理论基础。然而，表面润湿性主要是块状固体的描述，其接触角大小也是磨光、平滑表面的测定值，显然这不适合颗粒及其集合体。

图 2-26 给出了表面处理的黏土的吸油量与疏水性表面的关系。可以看出，吸油量与疏水性表面具有很好的线性关系。

颗粒细化后其润湿性也会随之变化。例如氯化铬（$CrCl_3$）本来是溶于水的，但其粉末可在水面漂浮数小时，此时只有将水变成酸性溶液后，它才能溶解。这是因为粉碎后打乱了其表面的离子排列，静电场减弱了，使之难以进行水合作用。

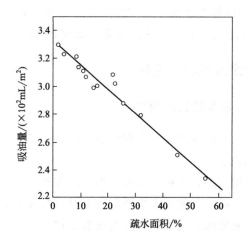

图 2-26   表面处理的黏土的吸油量与疏水性表面的关系[6]

2.3.3.2   固体表面亲液性与疏液性的新界限

液体在固体表面上的亲疏界限，是表面浸润性领域最基本的科学问题之一，也是超浸润界面材料实现应用的重要基础。传统的热力学观点认为，在理想的平滑表面，根据 Young 方程，将接触角 90°定义为所有液体的亲疏界限，即当液体在表面的接触角 $\theta < 90°$ 时，定义为亲液；当液体在表面的接触角 $\theta > 90°$ 时，定义为疏液[46]。对于非平滑表面，根据 Wenzel 和 Cassie 方程，表面的粗糙度即表面的微纳米结构对浸润性有增强的效果，即本征亲液表面（$\theta < 90°$）在非平滑表面更亲液甚至可以达到超亲液，本征疏液表面（$\theta > 90°$）在非平滑表面更疏液甚至可以达到超疏液[47,48]。近年来，研究中发现，通过对比平滑表面和粗糙表面的浸润性，对于液体在平滑表面接触角 $\theta < 90°$ 的情况下，在粗糙表面也可以实现超疏液。McCarthy 等人发现，正十六烷在平滑表面的接触角 $\theta < 90°$，但是在具有微米结构的表面接触角却高达 140°[49]；江雷等人发现，水在平滑表面的接触角 θ 为 65°左右时，在粗糙表面出现了从超亲水到超疏水的转变[50]。

R. H. Yoon 等[51]的研究结果表明，水中局部化学势的变化（例如，当它与固体表面相接触时）所导致的结构中几十个纳米的变化可以通过表面张力装置及相关的辅助技术测量。与应用 DLVO 理论所预测的结果相一致，测量结果显示了反相的表面浸入水中时的吸引力或排斥力，它归因于结构或多或少次序的变化导致密度的不同，取决于水接触表面时的浸润性（用表面张力衡量）。由于边界水和体相水在自交联方面的不同，至少存在两种截然不同的水的结构和相互作用：一种是相对密度较小的水区域，通过开放的氢键网络形成疏水表面；一种是相对密度较大的水区域，通过倒塌的氢键网络形成亲水表面。

图 2-27 是通过改进的原子力显微镜测得的数据结果，揭示了表面张力与水的黏附力之间的关系。这里用纯水的黏附力 τ^0 来定义疏水表面，$\tau^0 = \gamma^0 \cos\theta < 30\text{dyn/cm}$，其中 γ^0 是水的表面张力（72.8dyn/cm）。

$$D_0 = (-0.554 \pm 0.027)\tau^0 + 18.12 \pm 0.41。$$

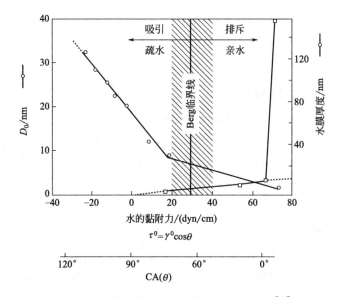

图 2-27　水膜厚度与水的黏附力之间的关系[52]

可以看出，当 $-40\text{dyn/cm} < \tau^0 < 30\text{dyn/cm}$ 时，D_0 线性减小；当 $20\text{dyn/cm} < \tau^0 < 40\text{dyn/cm}$ 时，吸引力（疏水力）逐渐向排斥力（亲水力）转变。将这条直线延伸至 $D_0 = 0$，显示当超过 $\tau^0 = 33.7\text{dyn/cm}$（即 $\theta = 62.4°$）时，疏水力不再支持表面润湿。E. A. Vogler 利用表面力仪在水中进行了实验分析和理论模拟，并对前人所测定的数据进行了总结[53]。研究发现，在相同的两个疏水表面间测量到长程引力，此时接触角 $\theta > 65°$；在相同的两个亲水表面间测量到斥力，接触角 $\theta > 65°$，表面呈现疏水状态，接触角 $\theta < 65°$，表面呈现亲水状态。这一结果与 J. M. Berg 等[54]提出的 65°的临界状态接近。

江雷和田野研究团队提出亲疏水的界限约为 65°[55]；根据粗糙度对浸润性增强的原理，通过在平滑硅片表面和粗糙的纳米硅线阵列表面分别做具有不同表面能分子的表面修饰，形成具有不同表面能梯度（不同接触角）的表面，在纳米硅线阵列表面，本征亲液的表面将更亲液达到超亲液，本征疏液的表面将更疏液达到超疏液，如图 2-28(a) 所示；图中平滑表面表面能与接触角的关系曲线（Ⅰ）与纳米硅线阵列表面表面能与接触角的关系曲线（Ⅱ）的交点为亲液和疏液的转变点，即液体的亲疏界限。研究发现，在接触角为 65°时，在纳米硅线阵列表面从超亲水到超疏水发生突变；利用该方法进一步对其他液体进行了系统的研究，图 2-28(b) 是该方法测定的几种液体的亲疏液界限。从图 2-28(b) 可以看出，随着液体表面张力的降低，液体在表面的亲疏界限也随之降低，不同液体存在不同的亲疏界限，而这一界限与 Young 方程所定义的 90°没有直接的关联性[56]。

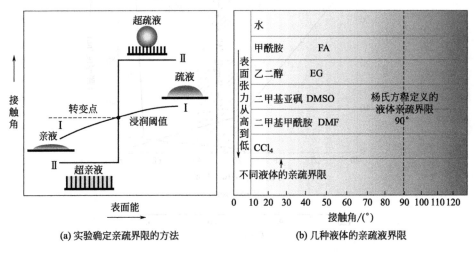

(a) 实验确定亲疏界限的方法　　　　(b) 几种液体的亲疏液界限

图 2-28　液体亲疏液界限确定方法及几种液体的亲疏液界限[56]

2.3.4　表面润湿性的测定

2.3.4.1　润湿接触角法

接触角是润湿性的主要判据，颗粒在液体中的润湿接触角越大，疏液性就越好。测定润湿接触角的方法很多，下面主要介绍角度测量法、长度测量法和渗透速度法[10]。

（1）角度测量法

该方法就是观察液滴或气泡外形，如图 2-29 所示。可以通过将影像放大或用低倍显微镜观察，也可以进行摄影。然后作切线，并测量其角度。这个方法比较简单，缺点是切线不容易作得标准。

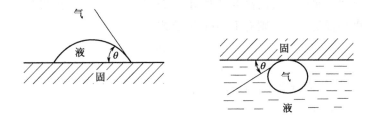

图 2-29 摄影或放大后作切线测量接触角

（2）长度测量法

在准备好的水平固体表面上滴放一个小水滴，如图 2-30 所示。用读数显微镜测量液滴的高度 h 与底宽 $2r$，当液滴很小时，可以忽略重力作用。若设液滴表面是球的一部分，则可以根据式（2-60）或式（2-61）计算接触角。

$$\sin\theta=\frac{2hr}{h^2+r^2} \tag{2-60}$$

或

$$\sin\frac{\theta}{2}=\frac{h}{r} \tag{2-61}$$

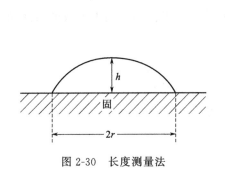

图 2-30 长度测量法

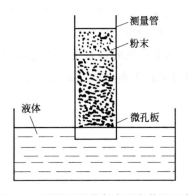

图 2-31 颗粒润湿接触角测定装置示意

（3）渗透速度法

前面介绍的方法适用于液体对大块固体润湿接触角的测定，对于颗粒的润湿问题，直接测量润湿接触角很困难，这时就得采用渗透速度法（又称动态法）。该法系称一定量颗粒（样品），装入下端用微孔板封闭的玻璃管内，并压紧到固定刻度，然后将测量管垂直放置，并使下端与液体接触，如图 2-31 所示。

测定液体浸润颗粒层的高度与时间。将玻璃管内粉体的孔隙视为平均直径为 r 的一束平行毛细管，则有 Poiseulle 公式：

$$\frac{h^2}{t} = \frac{cr\gamma_1\cos\theta}{2\eta} \tag{2-62}$$

式中　h——液体润湿高度，cm；

　　　t——润湿时间，s；

　　　c——常数；

　　　γ_1——液体的表面张力，$\times 10^{-3}$ N/m；

　　　θ——颗粒的润湿接触角，(°)；

　　　η——液体的黏度，Pa·s。

令

$$k = \frac{cr\gamma_1}{2\eta}\cos\theta$$

对于一定颗粒及液体来说，在一定温度下，Poiseulle 公式可简化为：

$$h^2 = kt \tag{2-63}$$

只要测量出不同时间的浸湿高度，以 h^2 对 t 作图，即可得到一条直线。由该直线的斜率可求出颗粒表面润湿接触角 θ。

润湿接触角难以准确测定，这主要是因为难以得到完全干净的颗粒表面以及润湿接触角有滞后现象。实验证明，由于三相润湿周边移动受阻，在液滴前进方向上形成的接触角（前进接触角 θ_1）总是大于流出方向上形成的接触角（后退接触角 θ_2）[9]，如图 2-32 所示。

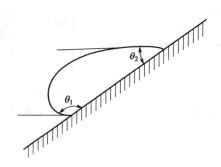

图 2-32　前进与滞后接触角

产生润湿滞后现象的主要原因是表面污染、表面粗糙或多相性。所以在测定接触角时，既要防止污染，又要模拟实际体系的真实性，否则不可能得到正确的结果。在实际使用中，通常采用前进接触角 θ_1。

表 2-13 列出了一些颗粒的接触角测定值。

表 2-13　一些颗粒的接触角[57]　　　　单位：(°)

物质	θ_1	θ	θ_2	物质	θ_1	θ	θ_2
Au	85±3		46±2	BaSO$_4$			0
CuFeS$_2$ 多晶	47		42	CaCO$_3$	0~10		0
CuFeS$_2$ 单晶	46		46	CuCO$_3$	17		0
HgS	113		47	SiO$_2$		0	
MoS$_2$	63		13	SnO$_2$		0	
Sb$_2$S$_3$	80		0	TiO$_2$		0	
Sb$_2$S$_3$		38~84		ZnCO$_3$	47		0
ZnS	81		47	滑石	69~77		52
FeS$_2$\{100\}		69		滑石		88	
FeS$_2$\{010\}		74		碳(无定形)		40	
PbS	47	0	0	石墨		60~86	

2.3.4.2　浸湿热法[9,58,59]

浸湿热是颗粒被液体浸湿时放出的热量。若浸湿时颗粒表面不发生变化，浸湿前的表面焓为 H_{sg}，浸湿后的表面焓为 H_{sl}，于是浸湿热 Q 为两者之差，即

$$-Q = H_{sl} - H_{sg} \tag{2-64}$$

根据吉布斯-核姆兹（Gibbs-Helmholtz）公式可得

$$H_{sg} = \gamma_{sg} - T\left(\frac{\partial \gamma_{sg}}{\partial T}\right)_P \tag{2-65}$$

$$H_{sl} = \gamma_{sl} - T\left(\frac{\partial \gamma_{sl}}{\partial T}\right)_P \tag{2-66}$$

所以

$$Q = \gamma_{sg} - \gamma_{sl} - T\left(\frac{\partial \gamma_{sg}}{\partial T} - \frac{\partial \gamma_{sl}}{\partial T}\right)_P \tag{2-67}$$

将 Young 方程 $\gamma_{lg}\cos\theta = \gamma_{sg} - \gamma_{sl}$ 代入得

$$Q = \left[\gamma_{lg} - T\left(\frac{\partial \gamma_{lg}}{\partial T}\right)_P\right]\cos\theta \tag{2-68}$$

式(2-68)表示浸湿热与浸湿自由能之间的关系。若测得浸湿热，即可得到颗粒表面的润湿性。颗粒表面的浸湿热可用精密微量热量计测量，测量比表面积后也可求得颗粒的单位面积的浸湿热。但由于颗粒表面的不均一性，各种微缺陷及颗粒在制备、加工、贮存过程中的各种影响，测得的单位面积的浸湿热通常有一定波动。

表 2-14 和表 2-15 给出了不同颗粒的浸湿热。从表中可获得颗粒表面润湿性的重要信息，特别是对完全润湿颗粒，浸湿热的差异是它们表面润湿性差异的主要表现。例如，石英的浸湿热为 $0.3J/m^2$ 左右，而蒙脱石则为 $1.015J/m^2$。

表 2-14　一些颜料与几种液体的浸湿热　　　　单位：erg/cm^2

颜料	水	乙烯甘油	n-丁醇	MIBK	乙酸丁酯	甲苯
TiO_2（R,Cl 法）	-730		-395			-180
SiO_2	-610		-320	-270	(-280)	-165
TiO_2（R 法）	-480		-290	-280		-170
铁黄	-465		-115			-135
铬黄	-465					
氧化铬	-400		-215	-205	-200	-170
铅丹	-390		-255	-185		-130
镉黄	-290		-205	-185		-130
铁红	-280	-185	-140	-165	-140	-100
酞菁蓝	-50	-75	-95			-110

表 2-15　几种颗粒的浸湿热

颗粒名称	处理温度 /℃	浸湿热 /($\times 10^{-3} J/m^2$)	颗粒名称	处理温度 /℃	浸湿热 /($\times 10^{-3} J/m^2$)
α-Al_2O_3	100	581	TiO_2	100	$293\sim498$
	250	901		200	$376\sim542$
	300	$773\sim1011$	金红石	300	$409\sim640$
γ-Al_2O_3	100	423		400	$398\sim645$
	300	648	活性炭	25	130
	500	600	石墨	300	$48\sim56$
α-Fe_2O_3	110	391	炭黑	25	$28\sim56$
	470	931	$BaSO_4$	$400\sim600$	490
α-SiO_2	$160\sim200$	$280\sim359$	CaF_2	300	1050
β-SiO_2	$110\sim260$	$811\sim892$	白云母	150	627
SnO_2	200	407	蒙脱石	150	1015
	$200\sim600$	$214\sim269$	聚四氟乙烯		6
	$800\sim1000$	318			

2.4 颗粒表面的动电学

2.4.1 颗粒表面电荷的起源

任何颗粒表面总带有电荷，有的带正电，有的带负电。颗粒表面电荷主要来源于晶格同名离子或带电离子的吸附或解离、晶格取代及颗粒表面的离子优先溶解。

2.4.1.1 晶格同名离子或带电离子的吸附或解离

一些氧化物和盐类颗粒表面与水分子作用生成羟基化表面，吸附或解离出 H^+ 而荷电。

例如石英表面：

$$SiOH_{表面} + H^+ \rightleftharpoons SiOH_2^+{}_{表面} \tag{2-69}$$

$$SiOH_{表面} \rightleftharpoons SiO^-{}_{表面} + H^+ \tag{2-70}$$

又如在含 Ba^{2+} 的水溶液中，盐类颗粒 $BaSO_4$ 表面优先吸附 Ba^{2+} 的趋势，引起颗粒表面荷电状态的变化。

2.4.1.2 晶格取代

颗粒晶格中非等电量类质同象替换、间隙原子、空位等均可引起表面荷电。

黏土、云母等硅酸盐颗粒是由铝氧八面体和硅氧四面体的晶格组成，铝氧八面体中的 Al^{3+} 或硅氧四面体中的 Si^{4+} 往往被一部分低价的 Mg^{2+}、Ca^{2+} 等所取代，使黏土晶格带负电，为了维持电中性，这些颗粒表面就吸附了一些阳离子，如 K^+、Na^+ 等。当颗粒置于水溶液中时，这些阳离子因水化作用而进入溶液，使这些颗粒表面带负电。

2.4.1.3 颗粒表面的离子优先溶解

构成颗粒晶格的阳离子和阴离子的溶解是不等量的，使颗粒表面荷电。颗粒表面晶格离子的溶解，一方面取决于晶格离子之间的吸引力，即取决于晶格能的大小，有时又叫表面离子结合能 ΔU_s，为正值；另一方面取决于气态离子水化能 ΔF_h，为负值。对于 MA 型颗粒，ΔU_s 和 ΔF_h 分别是下列过程的自由能变化：

$$M_s^+ \rightarrow M_g^+ \qquad \Delta U_s^+ \text{——表面阳离子结合能}$$

$$M_g^+ \rightarrow M_{aq}^+ \qquad \Delta F_h^+ \text{——气态阳离子结合能}$$

颗粒表面阳离子的水合自由能为：

$$\Delta G_h^+ = \Delta U_s^+ + \Delta F_h^+ \qquad (2\text{-}71)$$

同理，颗粒表面阴离子的水合自由能为：

$$\Delta G_h^- = \Delta U_s^- + \Delta F_h^- \qquad (2\text{-}72)$$

由此根据 ΔG_h^+、ΔG_h^- 的相对大小，可以确定颗粒表面何种离子优先溶解进入溶液，从而确定颗粒表面电荷的符号。如果 $\Delta G_h^+ > \Delta G_h^-$，则阴离子优先溶解进入溶液，颗粒表面带正电；反之，$\Delta G_h^+ < \Delta G_h^-$，则阳离子优先溶解进入溶液，颗粒表面带负电。

（1）1-1 价型离子型颗粒

对于简单的 1-1 价型离子型颗粒来说，阳离子和阴离子的表面结合能相等，即 $\Delta U_s^+ = \Delta U_s^-$。由水合自由能公式可知，相应表面离子的水合自由能的差异由其气态离子水合自由能的差异确定。因此，对于简单的 1-1 价型离子型颗粒，若 $\Delta F_h^+ > \Delta F_h^-$，则颗粒表面带正电，若 $\Delta F_h^+ < \Delta F_h^-$，颗粒表面带负电。部分气态离子水合自由能的数据列于表 2-16。根据表 2-16 中 ΔF_h^+ 与 ΔF_h^- 的相对大小，可预测一些 1-1 价型可溶性盐类与半可溶性盐类颗粒表面电荷符号与实验结果，见表 2-17。

表 2-16 部分气态离子的水合自由能[58-61]

离子	$-\Delta F_h^0/(kJ/mol)$	离子	$-\Delta F_h^0/(kJ/mol)$	离子	$-\Delta F_h^0/(kJ/mol)$
H^+	1047.3	Ca^{2+}	1515	Cu^{2+}	2014.6
Li^+	470.7	Sr^{2+}	1369.8	Zn^{2+}	1949.3
Na^+	371.5	Ba^{2+}	1241.4	Al^{3+}	4501.6
K^+	298.3	Pb^{2+}	1418.4	F^-	461.1
Rb^+	276.6	Cd^{2+}	1722.1	Cl^-	347.3
Cs^+	244.3	Mn^{2+}	170.2	Br^-	318.4
Ag^+	441	Fe^{2+}	1826.7	I^-	279.1
Fe^{3+}	4243.4	Co^{2+}	1955.6	S^-	1342.2
Mg^{2+}	1828	Ni^{2+}	1996.2	WO_4^{2-}	845.2

表 2-17　由 ΔF_h 预测的可溶盐与钨酸盐颗粒表面电荷符号[58-61]

可溶盐	$-\Delta F_h^-$ /(kJ/mol)	$-\Delta F_h^+$ /(kJ/mol)	电荷符号	
			预测	文献
KCl	347.3	298.3	＋	＋
NaF	461.1	371.5	＋	＋
NaBr	318.4	371.5	－	－
NaI	279.1	371.5	－	－

钨酸盐	$-\Delta F_h^-$ /(kJ/mol)	$-\Delta F_h^+$ /(kJ/mol)	电荷符号	
			预测	文献
$CaWO_4$	845.2	1515	－	－
$MnWO_4$	845.2	1760.2	－	－
$FeWO_4$	845.2	1826.7	－	－

（2）复杂离子型颗粒

Ca^{2+} 比 F^- 的水合自由能更负，因此萤石颗粒表面应带负电，然而，许多研究表明，用气态离子水合自由能来判断颗粒表面电荷符号是不完全符合的。对于复杂离子型颗粒，$\Delta U_s^+ \neq \Delta U_s^-$。因此，计算 ΔG_h^+ 与 ΔG_h^- 时，应知道 ΔU_s 的值。ΔU_s 的计算比较复杂，下面是常用的关系表达式[62]：

$$\Delta U_s = 329.7 \frac{Z^+ Z^-}{R_{MA}} a_M \left(1 - \frac{1}{n_B}\right) \tag{2-73}$$

式中　a_M——马德隆常数；

　Z^+、Z^-——颗粒阳离子与阴离子的价数；

　R_{MA}——阳离子和阴离子之间的距离；

　n_B——Born 系数，其中具有 Ar 壳层的组态离子 $n_B = 9$，具有 Ne、He、Kr、Xe 壳层的组态离子，n_B 分别为 7、5、10、12。

2.4.2　颗粒表面双电层模型

颗粒表面上，离子的优先溶解、吸附或解离，同时颗粒表面对液相中的反号离子进行静电吸附，对同号离子进行静电排斥，其结果在固-液相界面两侧出现电荷符号相反、数量相等的电荷分布的双电层。

通常，固相的电荷主要集中分布在其表面，而液相中的反号离子由于同时受静电作用和复杂热运动的影响，总是从固相表面开始在液相中呈扩散分布，并延伸一定距离。

2.4.2.1 扩散双电层理论 Gouy-Chapman 模型

颗粒表面电荷分布可用 Poisson 方程来描述：

$$\frac{\partial^2 \varphi}{\partial x^2}+\frac{\partial^2 \varphi}{\partial y^2}+\frac{\partial^2 \varphi}{\partial z^2}=-\frac{\rho}{\varepsilon} \tag{2-74}$$

式中　ρ——单位体积内的电荷密度，C/cm^3；

ε——介电常数，F/m；

φ——某一点的电位，V。

若颗粒表面带正电荷，电位为 φ_0。同号离子与异号离子分布如图 2-33(a) 所示，这两种离子的浓度分布如图 2-33(b) 所示。在相距颗粒表面一定距离，由于同号离子与异号离子的含量不同得到的净电位差如图 2-33(c) 所示，用 φ 表示。

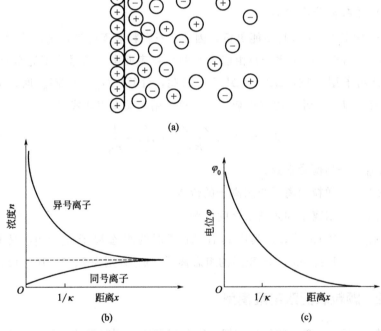

图 2-33　扩散双电层结构 (a)、电荷浓度分布 (b) 及电位图 (c)

则颗粒表面双电层内电位变化的 Gouy-Chapman 方程为：

$$\frac{\exp\left(\dfrac{z\,e\varphi}{2kT}\right)-1}{\exp\left(\dfrac{z\,e\varphi}{2kT}\right)+1}=\frac{\exp\left(\dfrac{z\,e\varphi_0}{2kT}\right)-1}{\exp\left(\dfrac{z\,e\varphi_0}{2kT}\right)+1}\times\exp(-\kappa x) \tag{2-75}$$

$$\kappa=\sqrt{\frac{2\mathrm{e}^2 N_\mathrm{A}\sum z_i^2 C_i}{\varepsilon_\mathrm{a}kT}}=\sqrt{\frac{4\mathrm{e}^2 N_\mathrm{A}I}{\varepsilon_\mathrm{a}kT}}$$

$$\varepsilon_\mathrm{a}=\varepsilon_0\varepsilon_\mathrm{r}$$

式中　φ_0——颗粒表面电位，V；

z——离子价数；

e——电子电荷，1.6×10^{-19}C；

k——Boltzmann 常数，1.38×10^{-23}J/K；

T——热力学温度，K；

κ^{-1}——Debye 长度，为双电层厚度；

N_A——Avogadro 常数，$6.022\times10^{23}\mathrm{mol}^{-1}$；

I——离子强度；

C_i——离子体积物质的量浓度，mol/L；

ε_a——分散介质的绝对介电常数；

ε_0——真空中绝对介电常数，$8.854\times10^{-12}\mathrm{C}^2/(\mathrm{J}\cdot\mathrm{m})$；

ε_r——分散介质的介电常数，水的 $\varepsilon_\mathrm{r}=78.5$。

当只有一种离子时：

$$\kappa=\sqrt{\frac{2\mathrm{e}^2 N_\mathrm{A}Cz^2}{\varepsilon_\mathrm{a}kT}} \tag{2-76}$$

在 298K 时，对 1∶1 型电解质：

$$\kappa^{-1}=0.304/C^{1/2} \tag{2-77}$$

令 $\gamma=\dfrac{\exp\left(\dfrac{z\mathrm{e}\varphi}{2kT}\right)-1}{\exp\left(\dfrac{z\mathrm{e}\varphi}{2kT}\right)+1}$

式(2-75) 变为：

$$\gamma=\gamma_0\exp(-\kappa x) \tag{2-78}$$

对于低电位表面，$z\mathrm{e}\varphi_0/kT\ll1$，Debye-Huckel 近似公式为：

$$\varphi=\varphi_0\exp(-\kappa x) \tag{2-79}$$

在 x 较大时，不管起始值 φ_0 大小如何，φ 降到很小的数值。式(2-78) 左边仍可看作是 $z\mathrm{e}\varphi/kT\ll1$，指数项展开后得：

$$\frac{z\mathrm{e}\varphi}{4kT}=\gamma_0\exp(-\kappa x) \tag{2-80}$$

或

$$\varphi=\frac{4kT}{\mathrm{e}z}\gamma_0\exp(-\kappa x) \tag{2-81}$$

φ_0很高时，$\gamma_0 \to 1$，式(2-81) 变为：

$$\varphi = \frac{4kT}{ez}\exp(-\kappa x) \tag{2-82}$$

2.4.2.2 Stern-Gouy 双电层模型

Stern 认为固体颗粒表面上静电引力和 Van der Waals 力对离子有一定吸附作用，形成紧密吸附层，它的厚度将取决于离子水化半径和被吸附离子的大小，这一吸附层称为 Stern 层。

颗粒表面 Stern-Gouy 双电层结构如图 2-34 所示。决定颗粒表面电位的离子叫定位离子。吸附的离子为配衡离子。颗粒表面双电层由定位离子层（内层）和配衡离子层（外层）组成，配衡离子层又分为两层：Stern 层（紧密层）和 Gouy 层（扩散层）。Stern 层的电位为 φ_δ，由于 Stern 层的存在，离子扩散层的处理，应从 Stern 层开始，即在 Gouy-Chapman 的扩散层处理上，应当用 φ_δ 代替 φ_0 比较恰当。

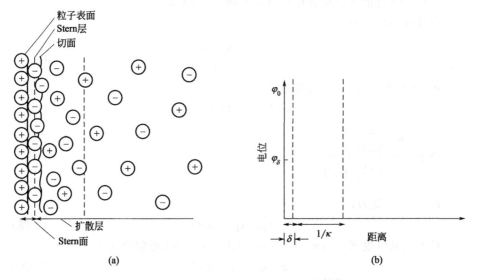

图 2-34　颗粒表面 Stern-Gouy 双电层结构

2.4.3 双电层中的电位

2.4.3.1 表面热力学电位 φ_0

颗粒表面与溶液之间的总电位差，由定位离子活度（浓度）决定。

$$\varphi_0 = \frac{RT}{zF}\ln\frac{a^+}{a_0^+} \tag{2-83}$$

或

$$\varphi_0 = \frac{RT}{zF}\ln\frac{a^-}{a_0^-} \tag{2-84}$$

式中　a^+、a^-——颗粒阳离子、阴离子活度；

　　　a_0^+、a_0^-——零电点时阳离子、阴离子活度。

当颗粒表面电位为零时，定位离子浓度的负对数叫"零电点"，用 PZC 表示，此时溶液的 pH 值称为零电点，用 pH_{PZC} 表示。

大多数氧化物颗粒与硅酸盐颗粒的定位离子为 H^+、OH^-，则这些颗粒的表面电位为：

$$\varphi_0 = \frac{RT}{F}\ln\frac{a^{H^+}}{a_0^{H^+}} = \frac{2.303RT}{F}(pH_{PZC}-pH) \tag{2-85}$$

在 25℃时，

$$\varphi_0 = 0.059(pH_{PZC}-pH) \tag{2-86}$$

许多氧化物和硅酸盐颗粒的 pH_{PZC} 已有文献报道。式(2-85)提供了计算这些颗粒在不同 pH 条件下表面电位的方法。

2.4.3.2　动电位 ξ

动电位是颗粒沿滑移面做相对运动时，颗粒与溶液之间的电位差。动电位为零时的定位离子浓度的负对数叫"等电点"，用 IEP 表示。此时溶液的 pH 值称为等电点，用 pH_{IEP} 表示。由于 Stern 电位 φ_δ 难以测量，当溶液浓度不大时，常用 ξ 代替 φ_δ。

ξ 电位与表面电位的关系可用式(2-87)确定[63,64]：

$$\varphi_0 = \zeta\left(1+\frac{x}{r_s}\right)\exp(\kappa x) \tag{2-87}$$

式中　x——带电颗粒表面到滑移面的距离，一般取为 5×10^{-10} m；

　　　r_s——颗粒的 Stokes 半径，m。

颗粒表面零电点与等电点及 ξ 电位值是研究颗粒分散与团聚行为的重要参数。一些颗粒零电点及等电点 pH 值见表 2-18。一些金属氧化物颗粒的等电点与构成氧化物的金属离子的电负性的关系如图 2-35 所示。

表 2-18 一些颗粒表面零电点及等电点 pH 值[65-66]

颗粒	pH_{PZC} 或 pH_{IEP}	颗粒	pH_{PZC} 或 pH_{IEP}
Al_2O_3	9.0,9.4	Fe_3O_4	6.5
$AlPO_4 \cdot 2H_2O$	4.0	$FeCO_3$	11.2
Al_2SiO_5	7.2,5.2	$MgCO_3$	6~6.5
$Al(OH)_3$	5.0~5.2	$MnCO_3$	10.5
$\alpha\text{-}Al_2O_3$	9.2,8.8,8.1	MnO_2	5.6,7.4
$\gamma\text{-}Al_2O_3$	7.4~8.6	$(Mn,Fe)WO_4$	2~2.8
BeO	10.2	$MnSiO_3$	2.8
CuO	9.5	Mg_2SiO_4	4.1
Cu_2O	9.5	MgO	12.5±0.5
$CaCO_3$	8.2,9.5,5.5~6.0	$Ni(OH)_2$	11.1
$CuCO_3 \cdot Cu(OH)_2$	7.9	$ZnSiO_3$	5.8
$CaWO_4$	1.8	ZnO	9.3
Cr_2O_3	7.0	$Zn(OH)_2$	7.8
Ce_2O_3	6.8	$ZnCO_3$	7.4,7.8
$Co(OH)_2$	11.4	La_2O_3	10.4
$CaMg(SiO_3)_2$	2.8	$t\text{-}ZrO_2$	6.5
$\alpha\text{-}Fe_2O_3$	9.1	$t\text{-}ZrO_2+3\%(mol)Y_2O_3$	6,7.7
$\gamma\text{-}FeO(OH)$	7.4	ZrO_2	6.5
$\alpha\text{-}FeO(OH)$	6.7	$m\text{-}ZrO_2$	5
Fe_2SiO_4	5.7	TiO_2	6.2,6.0,6.7
Fe_2O_3	8.0,6.7,8.4	SiO_2	1.8,2.2
FeOOH	7.4,6.7	$\alpha\text{-}SiC$	2.5,3
$FePO_4 \cdot 2H_2O$	2.8	$\beta\text{-}SiC$	3
$FeTiO_2$	8.5	Si_3N_4	7.5
$FeCr_2O_4$	5.6,7.2	Si_3N_4	6.5
Y_2O_3	9,10.6,8.8	Si_3N_4	4.2~7.6
WO_3	0.5	高岭土	3.4
		滑石	3.6

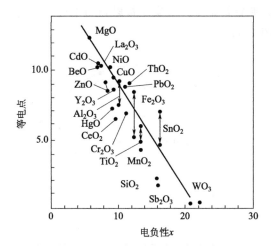

图 2-35 等电点与金属离子电负性的关系

2.4.4 颗粒表面电位与润湿性的关系

2.4.4.1 接触角与表面电位的关系

对于半导体颗粒及导体颗粒，可以通过颗粒表面电极极化研究其表面性质及与各种物质的作用。

将李普曼公式 $d\gamma = -q\,dE$ 从零电荷电位 E_0 到任意电位 E 积分，得：

$$\gamma_{sl} - \gamma_{sl}^0 = -\int_{E_0}^{E} q\,dE \tag{2-88}$$

将杨氏方程代入式(2-88)中，得：

$$(\gamma_{sg} - \gamma_{lg}\cos\theta) - (\gamma_{sg}^0 - \gamma_{lg}^0\cos\theta^0) = -\int_{E_0}^{E} q\,dE \tag{2-89}$$

因 γ_{sg}、γ_{gl} 不随 E 变化，可以看作定值，可得

$$\cos\theta - \cos\theta^0 = \frac{1}{\gamma_{lg}}\int_{E_0}^{E} q\,dE \tag{2-90}$$

式(2-90)避免了无法测得的固-液界面张力 γ_{sl}，用易于测量的接触角代替，从而把固体电极表面润湿性的变化同表面电位的变化联系起来。

对金属电极的测定表明，θ-E 曲线与汞电极的电极毛细管曲线相似，当 $E = E_0$ 时，$\theta \rightarrow \theta_{max}$。

早在 1908 年，莫勒已研究了贵金属-溶液晶面的润湿性，证明了电位对表

面接触角的影响。弗鲁姆金等人证实了接触角与电位曲线的抛物线特性，类似于电毛细曲线（图 2-36）。

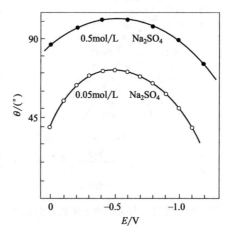

图 2-36　在汞上的接触角与电位的函数关系[70]

对于氧化物颗粒，可以认为表面上的零电荷状态就在它的 PZC 处。根据对镜铁矿晶粒的疏水化表面的测定表明，在 pH 接近 PZC 处（pH＝5.3），该晶面有最大接触角 71°±3.5°，增大或减少 pH，均引起接触角 θ 的显著下降，如图 2-37 所示。结果表明，毛细管现象对于氧化物颗粒也适用。

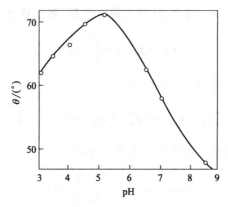

图 2-37　镜铁矿接触角与 pH 的关系[9]

（n 型半导体）

2.4.4.2　浸湿热与零电点的关系

颗粒被润湿时，自由能变化 ΔG_i^0 包括两部分：ΔG_r^0——颗粒表面被固-液界面取代时自由能的变化；ΔG_{el}——固-液界面形成双电层的自由能变化。

$$\Delta G_i^0 = \Delta G_r^0 + \Delta G_{el} \tag{2-91}$$

$$\Delta G_r^0 = \gamma_{sl} - \gamma_{sg}$$

根据

$$W_A = \gamma_{lg} + \gamma_{sg} - \gamma_{sl} \tag{2-92}$$

则

$$\Delta G_r^0 = \gamma_{lg} - W_A \tag{2-93}$$

金属氧化物与水溶液接触产生表面双电层，最终达到平衡状态时，其表面反应通式可用下式表示：

$$MO^- + 2H^+ \Longleftrightarrow MOH_2^+ \tag{2-94}$$

$$K = \frac{a_{MOH_2^+}}{(a_{MO^-})(a_{H^+})^2} \tag{2-95}$$

在 PZC 时，$a_{MOH_2^+} = a_{MO^-}$，此时的 a_{H^+} 可表示为 $a_{H^+}^0$，则

$$K = [a_{H^+}]^{-2} \tag{2-96}$$

因此，固-液表面产生双电层的自由能变化 ΔG_{el}^0 为：

$$\Delta G_e^0 = RT\ln K = -2RT\ln a_{H^+} = -4.606RT(pH)_{PZC} \tag{2-97}$$

$$\Delta G_i^0 = -4.606RT(pH)_{PZC} + \gamma_{lg} - W_A \tag{2-98}$$

而浸湿热 $\Delta H_i = \Delta G_i + T\Delta S$，则

$$\Delta H_i = -4.606RT(pH)_{PZC} + \gamma_{lg} - W_A + T\Delta S \tag{2-99}$$

结构类似的氧化物被水润湿时，γ_{lg}、W_A、ΔS 之值一定，令

$$\Delta H_e = \gamma_{lg} - W_A + T\Delta S \tag{2-100}$$

则

$$\Delta H_i = -4.606RT(pH)_{PZC} + \Delta H_e \tag{2-101}$$

ΔH_i 即为水溶液的 pH 在 PZC 时该氧化物的浸湿热。

图 2-38 是 ΔH_i 的测定值（点）和计算值（实线）。

2.4.4.3 浸湿热与偶极矩的关系

假定颗粒表面与液体单位面积焓为 H_{sl} 和 H_l 时，有：

$$H_{sl} + H_l = N_A(E_w + E_a) - N_A F\mu \tag{2-102}$$

式中 N_A——单位颗粒表面吸附的液体分子数；

E_w——由伦敦力引起的能量；

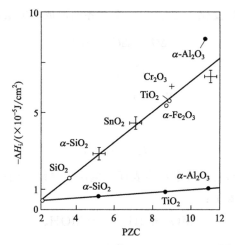

图 2-38　浸湿热 ΔH_i 与氧化物 PZC 的关系[9]

E_a——吸附分子感应偶极力引起的能量；

F——颗粒表面静电场力；

μ——吸附的偶极子引起的排斥能。

由式(2-102)可知，浸湿过程中的焓变是由于吸附作用引起液体分子内部能量的变化，是上述各项分子作用能综合贡献的结果。

图 2-39 给出了几种颗粒的浸湿热和偶极矩的关系。聚四氟乙烯是非极性

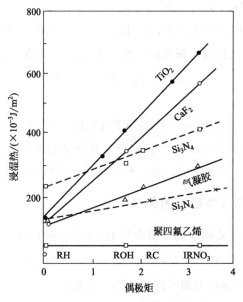

图 2-39　颗粒浸湿热与偶极矩的关系

固体，其浸湿热与液体的偶极矩无关。

由此可见，颗粒浸湿热的测量是很重要的，它是研究颗粒界面性质的重要途径。

2.4.5 颗粒表面的化学反应

2.4.5.1 颗粒表面的水解反应

颗粒破碎形成的新鲜表面上暴露出具有不同程度不饱和度的金属离子，这些表面阳离子有与液体介质分子补偿它在晶格中原来的配位数的趋向。对于大多数金属氧化物，表面水解反应均已被红外光谱研究所证实。但是，表面羟基化的程度及速度与颗粒晶体结构、解理面状况等有关。例如，SiO_2 的羟基化速度比 $\gamma\text{-}Al_2O_3$、$\alpha\text{-}Fe_2O_3$、ThO_2 等慢。

表 2-19 给出了部分氧化物的表面羟基密度。

表 2-19 部分氧化物的表面羟基密度[71]

氧化物	表面羟基密度/(OH 数/nm²)	氧化物	表面羟基密度/(OH 数/nm²)
SiO_2（无定形）	4.8	$\eta\text{-}Al_2O_3$	4.8
	5.1	$\gamma\text{-}Al_2O_3$	10
TiO_2	4.5	$\alpha\text{-}Fe_2O_3$	5.5
	4.9		9.1
	2.8	ZnO	6.8~7.5
CeO_2	4.3	SnO_2	2.0

2.4.5.2 溶解组分与颗粒表面的化学反应及表面转化

不同颗粒在同一介质中，其中一种颗粒的溶解组分在另一种颗粒表面的化学反应，将导致表面转化的发生。

$CaWO_3$ 与 $CaCO_3$ 颗粒的表面作用可表示为：

$$CaCO_3(s) + WO_4^{2-} \Longrightarrow CaWO_3(s) + CO_3^{2-} \tag{2-103}$$

反应的平衡常数为：

$$K = \lg[CO_3^{2-}]/\lg[WO_4^{2-}] = 10^{-8.35}/10^{-9.3} = 10^{0.95} \tag{2-104}$$

反应的自由能变化为：

$$\begin{aligned} \Delta G &= \Delta G^0 + RT\ln\{[CO_3^{2-}]/[WO_4^{2-}]\} \\ &= -RT\ln K + RT\ln\{[CO_3^{2-}]/[WO_4^{2-}]\} \end{aligned} \tag{2-105}$$

若 $\Delta G < 0$，反应向右自发进行，$CaCO_3$ 表面将形成 $CaWO_4(s)$，条件为：

$$lg[WO_4^{2-}] > -22.59 + 2pH \tag{2-106}$$

同理，$CaWO_3$ 表面生成 $CaCO_3$ 的条件为：

$$lg[WO_4^{2-}] > -3.7 + 1/2lg\alpha_{Ca}\alpha_W \tag{2-107}$$

图 2-40 表示出了 $CaWO_3$ 与 $CaCO_3$ 颗粒表面相互转化的条件。由图 2-40 可见，$pH > 8.8$，$CaCO_3$ 溶解产生的 CO_3^{2-} 在 $CaWO_3$ 表面发生化学反应，生成 $CaCO_3$ 沉淀。$pH < 8.8$，$CaWO_3$ 溶解产生的 WO_4^{2-} 在 $CaCO_3$ 表面发生化学反应生成 $CaWO_4(s)$ 沉淀。因此，$pH = 8.8$ 称为 $CaWO_3/CaCO_3$ 体系表面转化的临界 pH 值。

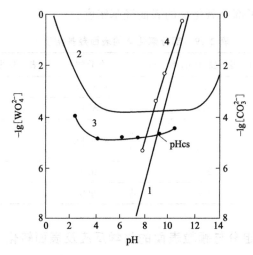

图 2-40 $CaWO_3$ 与 $CaCO_3$ 颗粒表面相互转化的条件[62]

1—$CaCO_3$ 向 $CaWO_3$ 转化条件；2—$CaWO_3$ 向 $CaCO_3$ 转化条件；3—$CaWO_3$ 溶解 WO_4^{2-}
浓度与 pH 关系；4—$CaCO_3$ 开放体系中溶解的 CO_3^{2-} 与 pH 关系

表面转化现象可用俄歇电子能谱检测，图 2-41 是 $CaWO_3$、$CaCO_3$ 在水溶液和在二者混合液体中表面的俄歇电子能谱分析。可见，$CaCO_3$ 在蒸馏水中，其表面出现元素 C、Ca、O 的特征峰，$CaWO_3$ 在蒸馏水中，表面只有 W、Ca、O 的特征峰。而 $CaCO_3$ 在 $CaWO_3$ 澄清液中，表面出现了元素 W 的特征峰，而且元素 C、Ca、O 的特征峰发生化学位移。同样，$CaWO_3$ 在 $CaCO_3$ 澄清液中出现了元素 C 的特征峰，而且元素 W、Ca、O 的特征峰发生了化学位移。

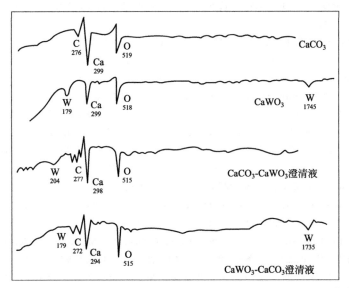

图 2-41　CaWO₃/CaCO₃ 在蒸馏水中和在澄清液中的俄歇电子能谱[62]

参考文献

[1]　卢寿慈. 矿物颗粒分选工程 [M]. 北京: 冶金工业出版社, 1990.

[2]　KellyE G, Spottiswood D J. Introduction of Mineral Processing [M]. A wiley-Interscience Publication, 1982: 22-28.

[3]　Allen T. Particles Size Measurement [M]. 4th ed. London: Chapman & Hall, 1990: 124-142.

[4]　L. 斯瓦洛夫斯基, 等. 固液分离 [M]. 北京: 原子能出版社, 1982: 7-15.

[5]　盖国胜. 超细粉碎分级技术 [M]. 北京: 中国轻工业出版社, 2000: 40.

[6]　川北公夫, 等. 粉体工程学 [M]. 罗秉江, 等译. 武汉: 武汉工业大学出版社, 1991: 28-32.

[7]　Rhoces M J. Principles of Powder Technology [M]. John Wiley and Sons Ltd., 1991: 15-18.

[8]　Kousaka Y. Powder Technology Handbook [M]. Marcel Dekker Inc., 1991: 3-15.

[9]　卢寿慈, 翁达. 界面分选原理及应用 [M]. 北京: 冶金工业出版社, 1992: 16-18.

[10]　陈宗淇, 等. 胶体化学 [M]. 北京: 高等教育出版社, 1984.

[11]　童祜嵩. 颗粒粒度与比表面测量原理 [M]. 上海: 上海科技文献出版社, 1989.

[12]　曾凡, 胡永平. 矿物加工颗粒学 [M]. 徐州: 中国矿业大学出版社, 1995.

[13]　Becldow J K. Particulate Science and Technology [M]. Chemical Publishing Co. Inc., 1980: 167.

[14]　永田武. 岩石磁学 [M]. 北京: 地质出版社, 1959.

[15]　周祖康, 顾惕人, 马季铭. 胶体化学基础 [M]. 北京: 北京大学出版社, 1987: 191-198.

[16]　Beddow. Particulate Science and Technology [M]. Chemical Publishing Co. Inc., 1980: 554-557.

[17]　崔志武. 超细粒子 [M]. 沈阳: 东北大学出版社, 1989.

[18]　Alleu T. 颗粒大小测定 [M]. 北京: 中国建筑工业出版社, 1984.

[19] Okuyama K, et al. Powder Technology Handbook [M]. New York: Marcel Dekker Inc., 1991: 278.

[20] 久保辉一郎. 粉体理论及应用 [M]. 丸善株式会社, 1962: 267.

[21] 袁楚雄. 特殊选矿 [M]. 北京: 中国建筑工业出版社, 1982: 138-139.

[22] Справочник по обогащению руд. Том2, часть1, М, Недра, 1974. с т р. 269.

[23] Cregg S J. The Surface Chemistry of Solids [M]. 2nd ed. London: Chapman & Hall, Ltd., 1961.

[24] 格列姆博茨基 B A. 浮选过程物理化学基础 [M]. 郑飞, 译. 北京: 冶金工业出版社, 1985: 86.

[25] Morrison G R. 表面物理化学 [M]. 北京: 北京大学出版社, 1984: 22-23.

[26] 化学工学协会. 最近的化学工学: 特殊粉体技术 [M]. 丸善株式会社, 1975: 36-41.

[27] 崔国文. 表面与界面 [M]. 北京: 清华大学出版社, 1990.

[28] 亚当森 A W. 表面物理化学 [M]. 北京: 科学出版社, 1984.

[29] Shuttleworth R. The Surface Tension of Solids [J]. Proc. Phys. Soc., 1950, 63 (365): 444.

[30] 郑水林. 粉体表面改性 [M]. 北京: 中国建材工业出版社, 2003.

[31] Noboru, Ichinose, et al. Superfine Particles Technology [M]. Springer-Verlag, 1992: 47.

[32] 李云鹏, 等. 超细粒子制备与应用技术 [M]. 北京: 北京学苑出版社, 1989.

[33] Leia J. Surface Chemistry of Froth Flotation [M]. Plenum Publishing Co., 1982: 348.

[34] 谈慕华, 等. 表面物理化学 [M]. 北京: 中国建筑工业出版社, 1985.

[35] Fowkes F M. Calculation of Work of Adhesion by Pair Potential Summation [J]. J. Colloid Iterf. Sci., 1968, 28 (3-4): 493-505.

[36] REN J, LU SC, SHEN J, et al. Research on the Composite Dispersion of Ultra Fine Powder in the Air [J]. Materials Chemistry and Physics, 2001, 69: 204-209.

[37] Van oss C J, Dood R J. Monopolar Surface [J]. Advan. Colliod Interf. Sci., 1987, 28: 35-64.

[38] LI Z, Diese R F, Van oss C J. The Surface Thermodynamic Properties of Tale Treated with Octadecylamine [J]. J. Colliod Interf. Sci., 1993, 156: 279.

[39] 赵国玺. 表面活性剂物理化学 [M]. 北京: 北京大学出版社, 1984: 119.

[40] 朱定一, 戴品强, 罗晓斌, 等. 润湿性表征体系及液固界面张力计算的新方法 (I) [J]. 科学技术与工程, 2007, 7 (13): 3057-3062.

[41] 卢寿慈. 浮选原理 [M]. 北京: 冶金工业出版社, 1986.

[42] Harkins D W. The Physical Chemistry of Surface Fime [M]. New York: Reinhold, 1952.

[43] 赖亚 J. 泡沫浮选表面化学 [M]. 何伯泉, 陈祥涌, 译. 北京: 冶金工业出版社, 1987: 122.

[44] 张远超, 朱定一, 许少妮. 高聚物表面的润湿性实验及表面张力的计算 [J]. 2009, 9 (13): 3595-3606.

[45] 林长顺, 顾逸乔, 王婷婷, 等. 固液界面反应润湿动力学的表征与计算 [J]. 2019, 48 (8): 177-184.

[46] Young T. III An Essay on the Cohesion of Fluids [J]. TransRoy Soc., London, 1805, 95: 65-87.

[47] Wenzel R N. Resistance of Solid Surfaces to Wetting by Water [J]. Ind. Eng. Chem, 1936, 28: 988.

[48] Cassie A B D, Baxter S. Wettability of Porous Surfaces [J]. Trans Faraday Soc, 1944, 40: 545.

[49] CHEN W, Fadeev A Y, Hsieh M C, et al. Ultrahydrophobic and Ultralyophobic Surfaces

Some Comments and Examples [J]. Langmuir, 1999, 15: 3395.

[50] GUO C W, WANG S T, JIANG L, et al. Wettability Alteration of Polymer Surfaces Produced by Scraping [J]. J. Adhes Sci. Techn. , 2008, 22: 395.

[51] Yoon R H, Flinn D H, Rabinovich Y I. Hydrophobic Interactions Between Dissimilar Surfaces [J]. J Colloid Interface Sci. , 1997, 185: 363.

[52] 江雷, 冯琳. 仿生智能纳米界面材料 [M]. 北京: 化学工业出版社, 2007.

[53] Vogler E A. Structure and Reactivity of Water at Biomaterial Surfaces [J]. Adv. Colloid. Interface Sci. , 1998, 74: 69.

[54] Berg J M, Tomas Eriksson L G, Claesson P M, et al. Tree-component Langmuir-blodgett Films with a Controllable Degree of Polarity [J]. Langmuir, 1994, 10: 1225.

[55] TIAN Y, JIANG L. Wetting: Intrinsically Robust Hydrophobicity [J]. Nat. Mater. , 2013, 12: 291.

[56] WANG L, ZHAO Y, TIAN Y, et al. A General Strategy for the Separation of Immiscible Organic Liquids by Manipulating the Surface Tensions of Nanofibrous Membranes [J]. Angew. Chem. Int. Ed. , 2015, 54: 14732-14737.

[57] 日本化学会. 化学便览: 基础编 II [M]. 丸善株式会社, 1952.

[58] Burgess J. Metal Ions in Solution [M]. England: Ellis Horwood Limited ~ Market Cross House, 1978: 481.

[59] Hunt J P, et al. Metal Ions in Aqueous Solution [M]. New York: W. A. Benjanmin, Inc. , 1963.

[60] 邱冠周, 胡岳华, 王淀佐. 颗粒间相互作用与细粒浮选 [M]. 长沙: 中南工业大学出版社, 1993.

[61] Miller J D, et al. In: Fuerstenau M C. Flotation. A. M. Gaudin Memorial Volume 1, AIME, 1976, Chapt 2.

[62] 王裕光. 矿物物理学 [M]. 北京: 地质出版社, 1985: 310.

[63] Van Oss C J, Giese R F, Costanzo P M. DIVO and Non-DLVO Interactions in Hectorite [J]. Clays clay Miner. , 1990, 38 (2): 151-159.

[64] Van Oss C J, Chaudhury M K, Good R J. Interfacial Lishitz-vanderwaals and Polar Interactions in Macroscopic Systems [J]. Chem. Rev. , 1988, 88 (6): 927-941.

[65] 川北公夫, 等. 粉体工程学 [M]. 罗秉江, 等译. 武汉: 武汉工业大学出版社, 1991: 150-152.

[66] Zimmermann R, Wolf G, Schneider H A. Calorimetric Measurments of the Heat of Solution and Immersion of Minerals in Water Using a New Calorimetric Vessel [J]. Colloid and Surface, 1987, 22 (1): 1-7.

[67] Ney P. Zeta-potential and Flotierbarkeit von Mineralen [M]. Vienna, Springer-Verlag, 1973.

[68] Fuerstenau D W, et al. The Principles of Flotation. R. P. King, SAIMM, Johannesburg, 1982, chept 9.

[69] 王淀佐, 胡岳华. 浮选溶液化学 [M]. 长沙: 湖南科技出版社, 1989.

[70] Smolders C A, et al. Contact Angles, Wetting and De-wetting of Mercury. Part 1. A Critical Examination of Surface Tension Measurement by the Sessile Drop Method, Rec. Trav. Chem. Pays-Bas 80: 635.

[71] Schindler P W. In: Anderson M A, Rubin A J, Ann Arbor. Adsorption of Inorganics at Soild-Liquid Interfaces. 1981: 1-49.

3

颗粒间的相互作用

    颗粒在自然界中常常分散于液相、气相、固相等介质中。下面主要讨论颗粒之间在液相和气相两种介质中的相互作用。

3.1　颗粒在液相中的相互作用

    通常，颗粒在液相介质中表现为分散和团聚两种基本的行为。而颗粒间的分散与团聚行为的根源是颗粒间的相互作用力。下面详细分析颗粒间的几种重要作用。

3.1.1　范德华作用

3.1.1.1　范德华作用力

    范德华作用力是宏观物体间相互作用时最重要的一种力，它总是存在的。

    颗粒间的范德华作用力是多个原子（分子）之间的集合作用，所以，其表达式同单个原子相比有很大不同。

    假定颗粒中所有原子间的作用具有加和性，那么就可以求出不同几何形状的颗粒间的范德华作用力。图 3-1 所示的各种条件下，颗粒间范德华作用力可由以下表达式给出[1,2]。

    ① 厚度为 δ 的两厚板（two surfaces），如图 3-1(a) 所示。

$$V_{w} = -\frac{A}{12\pi}\left[\frac{1}{H^{2}} + \frac{1}{(H+2\delta)^{2}} - \frac{2}{(H+\delta)^{2}}\right] \tag{3-1}$$

式中　V_{w}——单位面积相互作用的范德华作用能，J/m^{2}；

       H——两板之间的距离，m；

       A——颗粒在真空中的 Hamaker 常数，J。

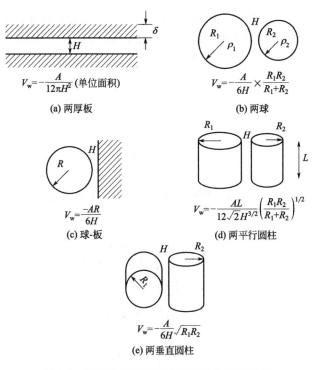

$$V_w = -\frac{A}{12\pi H^2} \text{（单位面积）}$$

(a) 两厚板

$$V_w = -\frac{A}{6H} \times \frac{R_1 R_2}{R_1 + R_2}$$

(b) 两球

$$V_w = \frac{-AR}{6H}$$

(c) 球-板

$$V_w = -\frac{AL}{12\sqrt{2}H^{3/2}}\left(\frac{R_1 R_2}{R_1 + R_2}\right)^{1/2}$$

(d) 两平行圆柱

$$V_w = -\frac{A}{6H}\sqrt{R_1 R_2}$$

(e) 两垂直圆柱

图 3-1　不同几何形状颗粒间范德华相互作用

当 $\delta \to \infty$ 时，颗粒之间的范德华作用为：

$$V_w = -\frac{A}{12\pi H^2} \tag{3-2}$$

$$F_w = \frac{AR}{6\pi H^3} \tag{3-3}$$

式中　F_w 为单位面积范德华作用力，N/m^2。

② 半径分别为 R_1 和 R_2 的两球（two spheres），如图 3-1(b) 所示。

$$V_w = -\frac{AR_1 R_2}{6H(R_1 + R_2)} \tag{3-4}$$

$$F_w = \frac{AR_1 R_2}{6H^2(R_1 + R_2)} \tag{3-5}$$

如果 $R_1 = R_2 = R$ 时，则

$$V_w = -\frac{AR}{12H} \tag{3-6}$$

$$F_w = \frac{AR}{12H^2} \tag{3-7}$$

式中，V_w 为范德华相互作用能，J/m²；F_w 为范德华相互作用力，N/m²。

③ 半径为 R 的球和无限厚的厚板（sphere-surface），如图 3-1(c) 所示。

$$V_w = -\frac{A}{6}\left[\frac{2R}{H} + \frac{2R}{H+4R} + \ln\frac{H}{H+4R}\right] \tag{3-8}$$

近似表达式为：

$$V_w = -\frac{AR}{6H} \tag{3-9}$$

$$F_w = \frac{AR}{6H^2} \tag{3-10}$$

④ 半径分别为 R_1 和 R_2 的圆柱体 [图 3-1(d) 和图 3-1(e)]。

平行位置（two cylinders）：

$$V_w = -\frac{AL}{12\sqrt{2}\,H^{\frac{3}{2}}}\left(\frac{R_1R_2}{R_1+R_2}\right)^{\frac{1}{2}} \tag{3-11}$$

垂直相交位置（two crossed cylinders）：

$$V_w = -\frac{A}{6H}(R_1R_2)^{\frac{1}{2}} \tag{3-12}$$

$$F_w = -\frac{A}{6H^2}(R_1R_2)^{\frac{1}{2}} \tag{3-13}$$

以上各式中的 Hamaker 常数 A 可用式(3-14) 表示：

$$A = \pi^2 C\rho^2 = \pi^2\rho^2\frac{3a_0^2h_0\nu}{4(4\pi\varepsilon_0)^2} \tag{3-14}$$

式中　C——色散作用能系数；

ρ——密度（个数密度或质量密度），kg/m³；

a_0——原子极化率；

h_0——普朗克常数，6.626×10^{-34}J·s；

ν——电子旋转频率，对于原子 $\nu = 3.3\times10^{15}$s⁻¹；

ε_0——真空介电常数，$\varepsilon_0 = 8.854\times10^{-12}$C²/(J·m)。

在计算颗粒间的范德华相互作用力时，关键要已知 Hamaker 常数。

3.1.1.2　Hamaker 常数与表面自由能

（1）Hamaker 常数与表面自由能的关系

根据 Hamaker 常数的物理意义及其与表面自由能的关系，可计算出不同颗粒的 Hamaker 常数 A_{11}。色散作用居支配地位的 A_{11} 表达式为[3-5]：

$$A_{11} = \frac{4\pi}{1.2}\gamma^{LW}d^2 \tag{3-15}$$

式中 A_{11}——固体颗粒在真空中的 Hamaker 常数；

γ^{LW}——固体颗粒表面自由能非极性分量；

d——大块颗粒的分子间间距。

由式(3-15)可见，只要测量出固体颗粒表面自由能的非极性分量 γ^{LW}，就可求出颗粒在真空中的 Hamaker 常数。表 3-1 给出的是一些颗粒在真空和水中的 Hamaker 常数。实际体系通常还涉及其它介质。如颗粒在有机极性介质和有机非水介质中的相互作用。

表 3-1　一些颗粒的 Hamaker 常数[6] 　　　　单位：$\times 10^{-20}$ J

物质	A_{11}	A_{131}	物质	A_{11}	A_{131}
Fe_2O_3	23.2(26)	3.4(15)	SiO_2(石英)	8.86	1.02
$Fe(OH)_3$	18.0	17.7~20	α-Al_2O_3	15.2	3.67
Al_2O_3	15.5~34	4.17	$CaCO_3$(平均值)	10.1	1.44
SnO_2	25.6	4.3	MgO	10.6	1.76
TiO_2(金红石)	11~31	3.9~10	Y_2O_3	13.3	3.03
BeO	14.5	3.35	ZnO	9.21	1.89
β-SiC	24.6	10.7	$Al(OH)_3$		12.6
β-Si_3N_4	18.0	5.47	6H-SiC	24.6	10.9
Si_3N_4(无定形)	16.7	4.85	CdS	11.4	3.40
TiO_2(锐钛矿)	19.7	2.5	PbS	8.17	4.98
$BaTiO_3$	18.0	8.0	$SrTiO_3$	14.8	4.77
CaF_2	6.96	0.49	ZnS	15.2	4.80
SiO_2	6.5	0.46	3Y-ZrO_2	20.3	7.23
TiO_2(平均值)	15.3	5.35	KCl	6.2	0.31
ZnO(六方)	17.2	5.74	CaO	12.4	
KBr	5.8~6.7	0.54	PbS	8.17	4.98
$BaSO_4$	16.4	1.7	AgI	15.8	3~4
ZnS(六方)	9.21	1.89	金刚石	27.6~59	8.2~38
SiO_2(氧化硅)	6.50	0.46		35.0	17.0
Au	29.6~45.5	0.6~41(35)	PET	6.2~16.8	0.55~4.78
Cu	28.4	17.5(17)	烷烃	4.6~10	0.08~0.37
Pb	21.4	30.0	聚四氟乙烯	(3.8)	(0.35)
Hg	43.4	10.5~12	聚苯乙烯	6.2~16.8	0.55~4.78
石墨	31~47	3.7(17)	有机高分子	6.15~8.84	0.35~0.54
云母	9.5	1.34	煤	6.07	
炭黑	99	60	水	3.28~6.4	
硫	(23)	(12)	滑石	9.1	1.8

注：1 表示固体；3 表示水。

（2）Hamaker 常数

① 正 Hamaker 常数。设 A_{11}、A_{22} 分别表示颗粒 1 和 2 在真空中相互作用的 Hamaker 常数，A_{33} 表示介质在真空中相互作用的 Hamaker 常数。则颗粒 1 在介质 3 中相互作用的 Hamaker 常数可用式(3-16) 表示：

$$A_{131} \approx A_{11} + A_{33} - 2A_{13} \approx (A_{11}^{\frac{1}{2}} - A_{33}^{\frac{1}{2}})^2 \tag{3-16}$$

其中：

$$A_{ij} = (A_{ii}A_{jj})^{\frac{1}{2}}$$

A_{ij} 是颗粒 i 和 j 在真空中相互作用的 Hamaker 常数。

由式(3-16) 可知，同质颗粒 1 在介质 3 中相互作用的 Hamaker 常数总是正值。因此，这种情况下的范德华作用能为负值，相互作用力为吸引力。

② 负 Hamaker 常数。颗粒 1 和 2 在介质 3 中相互作用的 Hamaker 常数 A_{132} 可用式(3-17) 表示：

$$A_{132} = A_{12} + A_{33} - A_{13} - A_{23} \approx (A_{11}^{\frac{1}{2}} - A_{33}^{\frac{1}{2}})(A_{22}^{\frac{1}{2}} - A_{33}^{\frac{1}{2}}) \tag{3-17}$$

由上式可知，当 $A_{11} > A_{33} > A_{22}$ 或 $A_{11} < A_{33} < A_{22}$ 时，则 $A_{132} < 0$，表示颗粒 1 和 2 在介质 3 中范德华作用能为正值，范德华作用力为排斥力。

颗粒 1 和 2 在介质 3 中范德华作用力为吸引力的条件是 $A_{132} > 0$，即条件为：$A_{11} > A_{33}$、$A_{22} > A_{33}$ 或 $A_{11} < A_{33}$、$A_{22} < A_{33}$。

表 3-2 列出一些颗粒 1 和 2 在介质 3 中相互作用的 Hamaker 常数。可以看出，同质颗粒在介质 3 中的相互作用的 Hamaker 常数为正值，范德华作用力总为引力；对异质颗粒来说，在介质 3 中相互作用的 Hamaker 常数可以是正值，也可以是负值，取决于它们相对 Hamaker 常数的大小。

表 3-2　颗粒 1 和 2 在介质 3 中相互作用的 **Hamaker** 常数[7]

物质			Hamaker 常数/($\times 10^{-20}$J)		
1	2	3	公式(3-16)	公式(3-17)	实验值
辛烷	水	辛烷	0.04		
十二烷	水	十二烷	0.10		0.5
PS	水	PS	0.39		
石英	辛烷	石英	0.15		
石英	水	石英	0.34		
云母	水	云母	1.53		2.2
PMMA	MEK	CLA		0.43	
PVC	MEK	PMMA		0.27	
PIB	BNZ	PMMA		−0.22	

物质			Hamaker 常数/(×10⁻²⁰ J)		
1	2	3	公式(3-16)	公式(3-17)	实验值
辛烷	水	空气		-0.38	
石英	十四烷	空气		-0.61	-0.5
刚玉	水	空气		-3.87	
石英	水	空气		-1.13	

3.1.1.3 颗粒表面吸附层对范德华作用的影响

颗粒间范德华作用力的计算比较简单，但是，在实际的分散体系中，当颗粒表面有吸附层时，除了颗粒本身的作用外，还必须考虑吸附层分子（原子）之间的吸附作用及吸附层对颗粒作用的影响。两个吸附有表面活性剂的平板形颗粒间相互作用如图 3-2(a) 所示，相互作用的范德华作用能为[8-10]：

$$V_{\mathrm{w}} = -\frac{1}{12\pi}\left[\frac{A_{232}}{H^2} - \frac{2A_{123}}{(H+\delta)^2} + \frac{A_{121}}{(H+2\delta)^2}\right] \tag{3-18}$$

式中，A_{232}、A_{123} 和 A_{121} 均为有效 Hamaker 常数。

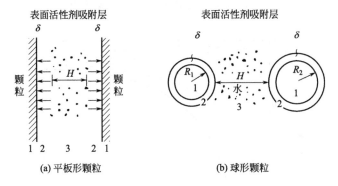

(a) 平板形颗粒　　　　　(b) 球形颗粒

图 3-2　吸附有表面活性剂的颗粒

对于半径分别为 R_1 和 R_2 的两球形颗粒 [图 3-2(b)]，范德华作用能为：

$$V_{\mathrm{w}} = -\frac{R_1 R_2}{6(R_1+R_2)}\left[\frac{A_{232}}{H} - \frac{2A_{123}}{H+\delta} + \frac{A_{121}}{H+2\delta}\right] \tag{3-19}$$

若 $R_1 = R_2 = R$，则：

$$V_{\mathrm{w}} = -\frac{R}{12}\left[\frac{A_{232}}{H} - \frac{2A_{123}}{H+\delta} + \frac{A_{121}}{H+2\delta}\right] \tag{3-20}$$

在多数情况下，吸附层的存在导致颗粒间范德华吸引作用减弱。原因有二，其一是吸附层增大了颗粒间的间距，其二是吸附物质的 Hamaker 常数通常比固体颗粒小。吸附层对范德华作用能的影响如图 3-3、图 3-4 和图 3-5 所示。

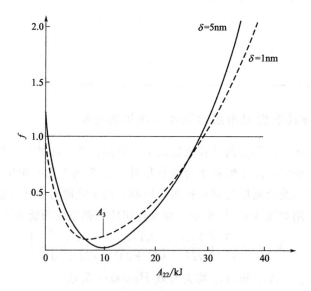

图 3-3　吸附层对范德华作用能的影响[11]

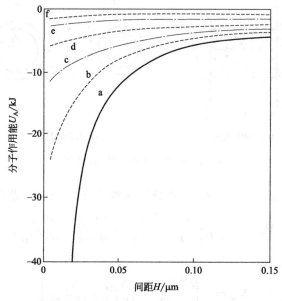

图 3-4　不同吸附层厚度对两个半径为 22.5nm 的球形颗粒相互作用能的影响[11]

$a(\delta)=0$；$b(\delta)=0.25nm$；$c(\delta)=0.5nm$；$d(\delta)=1nm$；$e(\delta)=2nm$；$f(\delta)=4nm$

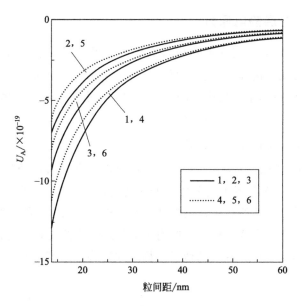

图 3-5　颗粒间范德华相互作用[12]

1,4—Fe_2O_3 颗粒间；2,5—石英颗粒间；3,6—Fe_2O_3 与石英颗粒间；

1,2,3—无分散剂吸附层；4,5,6—有分散剂吸附层

图 3-3 中颗粒与介质的 A_{11} 和 A_{33} 分别为 12.4×10^{-20} J 及 4.12×10^{-20} J，颗粒间最短距离为 $H=0.3$nm，颗粒半径为 $R=50$nm，吸附层厚度分别为 1nm 及 5nm。图中纵坐标 f 为本身颗粒的范德华相互作用对吸附层的影响而发生的相对变化。可见，当 $\delta=5$nm 时，如 $A_{22}\approx A_{33}$，吸引作用消失；当 $\delta=1$nm 时，吸引作用受到一定影响，但尚未消灭。在 $A_{22}>A_{11}$ 时，吸引作用才可能增强。

图 3-4 是在氯苯的油/水乳液中范德华吸引作用能随乳化剂吸附层厚度的增加而递减的情况。图 3-5 是 Fe_2O_3 和石英颗粒表面有吸附层存在时颗粒间间距对范德华作用能的影响。可以看出，吸附层的存在减弱了颗粒间的范德华作用。

3.1.2　静电作用[2,13,14]

颗粒在分散介质中相互接近、双电层开始重叠时，颗粒间产生静电作用。静电作用存在相互排斥作用（同号时）或相互吸引作用（异号时）。对于同质颗粒，这种静电作用总表现为排斥力；对于异质颗粒，静电作用可能是排斥作用也可能表现为吸引作用，由颗粒表面荷电状况决定。

3.1.2.1 双电层静电斥力

在自然界中，颗粒表面能形成双电层的分散介质只有水介质和非水介质（有机极性介质或有机非水介质）两大类。由于水介质和非水介质具有显著的差异，所以颗粒在非水介质中的静电作用力与在水中的静电作用力不同。下面分别对它们的双电层静电作用进行讨论。

（1）颗粒在水中的双电层静电作用

① 同质颗粒间的静电排斥作用。从热力学观点来看，颗粒相互接近时静电作用能 $V_{el}(H)$ 随颗粒间的间距的变化就是带电颗粒从无限远处接近到间距为 H 处时体系自由能的变化，也就是双电层相互作用自由能的变化。

图 3-6(a) 表示当两个颗粒接近到一定距离时颗粒表面电位和电荷的变化。图 3-6(b) 表示双电层存在时的微观结构（如斯特恩层等）的变化。

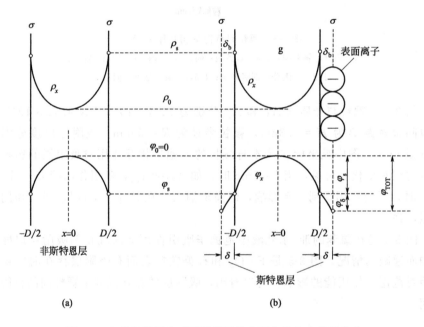

图 3-6　电荷密度恒定时两平板间的表面电位和电荷的分布

在分散体系中，颗粒间静电作用能有以下几种计算公式。

a. 对于平板颗粒，颗粒间的静电作用能 V_{el} 的计算公式：

$$V_{el} = \frac{64nkT}{\kappa} \gamma^2 e^{-\kappa H} \tag{3-21}$$

$$\gamma = \frac{\exp\left(\dfrac{z\,\mathrm{e}\varphi}{2kT}\right)-1}{\exp\left(\dfrac{z\,\mathrm{e}\varphi}{2kT}\right)+1}$$

式中　κ——Debye 长度的倒数，$1/\mathrm{m}$；

　　　H——两平板间距离，m；

　　　k——Boltsmann 常数，$1.38\times10^{-23}\,\mathrm{J/K}$；

　　　T——热力学温度，K；

　　　n——溶液中电解质浓度，$\mathrm{mol/m^3}$。

　　　n 与体积物质的量浓度（c）的关系为：

$$n = cN_{\mathrm{A}}/1000 \tag{3-22}$$

式中　c——体积物质的量浓度，$\mathrm{mol/m^3}$；

　　　N_{A}——Avogadro 常数，$6.022\times10^{23}\,\mathrm{mol^{-1}}$。

b. 半径分别为 R_1、R_2 球形颗粒的静电排斥能可以表示为：

$$V_{\mathrm{el}} = \frac{128\pi nkT\gamma^2}{\kappa^2}\left(\frac{R_1R_2}{R_1+R_2}\right)\mathrm{e}^{-\kappa H} \tag{3-23}$$

若 $R_1=R_2=R$，则

$$V_{\mathrm{el}} = -\frac{64\pi nRkT\gamma^2}{\kappa^2}\mathrm{e}^{-\kappa H} \tag{3-24}$$

对于低电位表面，$\varphi_0 < 25\mathrm{mV}$，且 $\kappa R_1 > 10$、$\kappa R_2 > 10$，则式（3-24）简化为：

$$V_{\mathrm{el}} = \frac{4\pi\varepsilon_{\mathrm{a}}R_1R_2\varphi_0^2}{R_1+R_2}\ln[1+\mathrm{e}^{-\kappa H}] \tag{3-25}$$

式中　ε_{a}——分散介质的绝对介电常数；

　　　φ_0——颗粒的表面电位。

若 $R_1=R_2=R$，则

$$V_{\mathrm{el}} = 2\pi\varepsilon_{\mathrm{a}}R\varphi_0^2\ln[1+\mathrm{e}^{-\kappa H}] \tag{3-26}$$

c. 半径为 R 的颗粒与平板颗粒之间的静电排斥力可以表示为：

$$V_{\mathrm{el}} = 4\pi\varepsilon_{\mathrm{a}}R\varphi_0^2\ln[1+\mathrm{e}^{-\kappa H}] \tag{3-27}$$

可以看出，在同质颗粒之间，$V_{\mathrm{el}} > 0$，即同质颗粒之间的静电力始终均为排斥作用。

图 3-7 是 $(\mathrm{FeMn})\mathrm{WO_4}$ 颗粒间相互作用静电排斥能与粒间距离的关系。可见，同质颗粒的静电排斥能随粒间距离的增大而减小。

② 异质颗粒间的静电作用。异质颗粒间的静电作用计算很复杂，由于颗

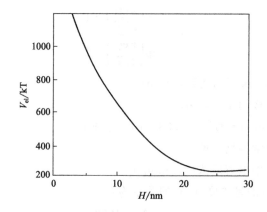

图 3-7　(FeMn)WO₄ 颗粒间静电排斥能与粒间距离的关系

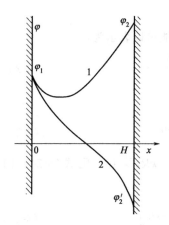

图 3-8　异质颗粒间的电位
分布曲线
1—电位同号不同值；
2—电位异号

粒的表面电位不仅可能在数值上不同，而且可能异号（$\varphi_1 \neq \varphi_2$）。可见，异质颗粒体系失去了同质颗粒体系的对称性，如图 3-8 所示。

当电位恒定时半径分别为 R_1 和 R_2 的异质球形颗粒间的静电作用能：

$$V_{el} = \frac{\pi\varepsilon_a R_1 R_2}{R_1 + R_2}(\varphi_{01}^2 + \varphi_{02}^2)\left[\frac{2\varphi_{01}\varphi_{02}}{\varphi_{01}^2 + \varphi_{02}^2}P + q\right]$$

(3-28)

$$P = \ln\frac{1 + e^{-\kappa H}}{1 - e^{-\kappa H}}$$

$$q = \ln(1 - e^{-\kappa H})$$

图 3-9 是 Fe_2O_3 与 Fe_3O_4 颗粒间的静电相互作用能与颗粒间距离的关系。在较远距离时，相互作用为斥力，随距离接近，存在一个静电斥力能垒，当距离接近到 6nm 时，相互作用变为引力，也就是说，异质颗粒间，即使表面带电符号相同，只要二者电位差较大，静电相互作用也可能变为引力。

（2）颗粒在非水体系中的双电层静电作用[15,16]

非水体系比水溶液体系要复杂得多，因为在非水体系中不存在确定的离子组分，且非水体系中难以控制的少量水常常产生令人困惑的效果。颗粒在非水介质中的静电排斥作用能与在水中的静电作用能不同。

在非水介质中，球形颗粒周围的双电层电位可用 Gouy-Chapmann 极坐标

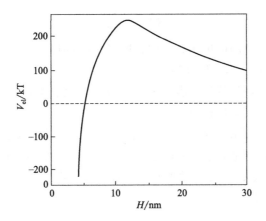

图 3-9 Fe_2O_3 与 Fe_3O_4 颗粒间的静电相互作用能与颗粒间距离的关系

表示为：

$$\varphi(r) = \frac{\varphi_0 R}{r} e^{-\kappa(r-R)} \qquad (3-29)$$

式中　　φ_0——半径 R 的颗粒的表面电位，V；

　　　　κ——Debye 长度的倒数参数，m^{-1}；

　　　　r——颗粒中心的距离，m。

κ 可用式(3-30) 表示：

$$\kappa = \left(\frac{8\pi e^2 n z^2}{\varepsilon kT}\right)^{\frac{1}{2}} \qquad (3-30)$$

非水介质的主要特点是电解质离解度低，所得离子浓度（n）低。与水溶液介质相比，非水体系中 n 降低的数量级超过了 ε 的数量级。因此，式(3-30) 中 n 和 ε 的总效应使 κ 低得多。在水溶液中，颗粒表面的双电层厚度小，即 κ 值大，其静电排斥作用能受 ζ 电位和双电层厚度的影响。而在非水介质中，离子浓度小，双电层厚，κ 值很小，这是颗粒在非水介质中的一个重要特征。

假设 $\kappa=0$，则式(3-29) 可变为如下方程

$$\varphi(r) = \frac{\varphi_0 R}{r} \qquad (3-31)$$

根据球形颗粒总表面电荷的一般公式：

$$Q = \varphi_0 \varepsilon R(\kappa R + 1) \qquad (3-32)$$

当 $x=0$ 时，则可变为

$$Q = \varphi_0 \varepsilon R \qquad (3-33)$$

联立式(3-31) 和式(3-33) 得到如下方程

$$\varphi(r)=\frac{Q}{\varepsilon r} \tag{3-34}$$

它们表达了电位的简单库仑定律。即当 $\kappa=0$ 时，对应于反离子在无限大范围内分布（即 $n=0$），可忽略双电层。

在非水介质中，虽然颗粒表面荷电量较少，但非水介质的介电常数很小，同样也可使颗粒表面电位较高。

由图 3-10 可以看出，颗粒在非水介质中比水介质中双电层电位随距离增大衰减速度缓慢，这是非水体系较水介质体系的又一个显著特征。因此，在水介质体系中，φ_0 或 φ_δ 与 ξ 间的差别常常很显著且难以计算，但在非水体系中可以用 ξ 代替 φ_0 或 φ_δ。

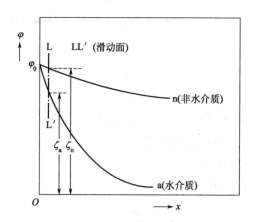

图 3-10　水与非水体系 ζ 电位

在非水介质中，离子浓度小，双电层厚，$\kappa R \ll 1$，双电层相互作用能可以描述为

$$V_R^{el}=\frac{\varepsilon R^2 \zeta^2}{L}\exp(-xH) \tag{3-35}$$

式中　ε——介质的介电常数；

　　ζ——Zeta 电位，V；

　　κ^{-1}——双电层厚度，m；

　　L——颗粒中心距离，即 $r=2R+H$，m。

由于 $\kappa H=0$，V_R^{el} 的极限值最适用于非水介质，即可得：

$$V_R^{el}=\frac{\varepsilon R^2 \xi^2}{L} \tag{3-36}$$

该方程与式(3-33)联立，得到

$$V_{R}^{el} = \frac{Q^2}{\varepsilon L}$$ (3-37)

该式表示了两个带有电荷 Q 而相距 L 的颗粒间的简单库仑作用。通常用它作为近似计算非水体系的静电相互作用。

从式(3-36) 可以看出，在非水介质中颗粒间的静电排斥作用能不受双电层厚度（κ^{-1}）的影响，而是受颗粒 ζ 电位的控制。对于稀溶液，Koelmans 与 Overbeek[17]从理论上证明了聚沉或团聚的 ζ 临界电位的存在。Van der Minne[18]与 Hermanine 及 Briant 与 Bernelin 通过实验确认了临界电位值的存在。MeGown 与 Parfitt[19]对金红石（TiO_2）在 Aerosol OT 的二甲苯溶液中的团聚速度的研究，获得了 ζ 临界电位与分散稳定性的关系。结果表明，实验结果与理论计算值吻合，但很难找到团聚发生的临界 ζ 电位，而是发生在 $35\sim 45mV$ 的区间。Cooper 与 Wright[20]对 Aerosol OT-庚烷溶液中的酞菁铜分散体系，也得到类似的稳定性比与 ζ 电位的关系。

在浓分散体系中，表面电位对稳定性的效应不同于稀分散体系。Feat 与 Levine 从理论上得出结论，在浓分散体系中，两负电颗粒间的双电层力是吸引力，并认为在烃介质中双电层效应本身不能稳定很浓的分散体系。

3.1.2.2 颗粒表面的吸附层对静电作用的影响

离子型表面活性剂或聚合物吸附在颗粒表面形成的吸附层对分散体系的稳定性具有十分重要的作用。它可直接改变颗粒表面电位 φ_δ 而影响颗粒间的静电作用。中性分子型表面活性剂虽然不能直接改变颗粒的表面电位 φ_δ，但是研究结果表明，中性分子型（特别是中性表面活性剂或高分子）的吸附，往往也引起 ζ 电位的变化。

图 3-11 表示聚氧乙烯 $[C_n H_{2n+1}(CH_2CH_2O)_x OH]$ 在荷负电的颗粒表面吸附及其对 ζ 电位的影响。图 3-11(b) 是聚氧乙烯通过烃链在表面上吸附的情况，图 3-11(c) 是聚氧乙烯通过极性基团在表面上吸附的情况。以上两种情况均使扩散层滑移面向外推移，从而引起 ζ 电位减小[21]。

中性分子吸附层的另一个作用是，它们可以直接在表面吸附，使反号离子与颗粒表面的距离增大（外推距离为吸附层厚 σ），OHP 面的外移引起库仑双电层交叠距离的增加，使颗粒静电排斥作用加大。

3.1.3 空间位阻作用

3.1.3.1 空间位阻作用的一般描述

颗粒表面吸附有高分子表面活性剂时，颗粒与颗粒在接近时将产生排斥作

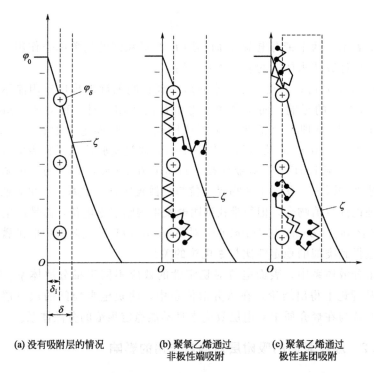

(a) 没有吸附层的情况   (b) 聚氧乙烯通过   (c) 聚氧乙烯通过
                             非极性端吸附   极性基团吸附

图 3-11 　在非离子型表面活性剂是否存在的情况下带电颗粒界面

用，可使颗粒分散体系更为稳定，不发生团聚，这就是高分子表面活性剂的空
间位阻作用。因为高分子表面活性剂吸附在颗粒表面上，形成一层高分子保护
膜，包围了颗粒表面，亲水基团伸向液体介质中，并具有一定厚度，所以当颗
粒在相互接近时的吸引力就大为削弱，排斥力增加，增加了颗粒间的稳定分
散性。

Napper 等人[22-26]从热力学角度讨论了高分子表面活性剂对胶体颗粒分散
的稳定作用。当高分子覆盖了颗粒后，由于布朗运动，颗粒间产生碰撞，这种
碰撞有两种结果：一种是排斥力大于吸引力，颗粒可稳定分散；另一种是吸引
力大于排斥力，颗粒发生团聚。这两种现象可以用热力学中的 Gibbs 函数来描
述。第一种情况为 $\Delta G_{kj} > 0$，表示颗粒分散体系稳定；第二种情况 $\Delta G_{kj} < 0$，
表示颗粒分散体系不稳定。颗粒吸附高分子后，若体系稳定，就要求 $\Delta G_{kj} > 0$，而

$$\Delta G_{kj} = \Delta H_{kj} - T \Delta S_{kj} \tag{3-38}$$

因此，ΔG_{kj} 取决于 ΔH_{kj} 和 ΔS_{kj}，如果要满足 $\Delta G_{kj} > 0$，有三种可能，见
表 3-3。

表 3-3 颗粒分散的稳定方式[7,27]

序号	ΔH_{kj}	ΔS_{kj}	$\Delta H_{kj}/T\Delta S_{kj}$	ΔG_{kj}	稳定方式
1	−	−	<1	+	熵
2	+	−	>1	+	焓
3	+	−	1	+	焓-熵

第一种情况，ΔH_{kj} 和 ΔS_{kj} 均是负值，但 ΔS_{kj} 对 ΔG_{kj} 的贡献超过了 ΔH_{kj}，对颗粒分散体系起稳定作用的是熵，称为熵稳定化作用。第二种情况，两者均为正值，是焓对颗粒分散体系起稳定作用，称为焓稳定化作用。第三种情况则是两者对颗粒分散体系的稳定性均有所贡献，称为焓、熵结合型稳定化作用。

熵稳定作用的物理意义可用类似于压缩气体的方式来描述。在两个颗粒相互接近时，引起压缩吸附层内高分子作用，被压缩的链节与被压缩气体分子相似，要对另一个颗粒做膨胀功，这是一个热力学自发过程，从而稳定了颗粒分散体系。

如果颗粒外层是高分子（聚氧乙烯链节），它与水分子发生缔合作用，水分子以氢键固着在聚氧乙烯链上。当颗粒相互接近时，颗粒表面上的聚氧乙烯链会相互穿插，由于链段接触使部分水分子从高分子链上脱落成为自由水分子，而需要的能量约 0.5kT/个水分子，这就需要从环境吸收能量。同时释放出来的水分子要比固着状态的水分子自由度大，这显然也是一个自发过程，可以使颗粒分散体系稳定。

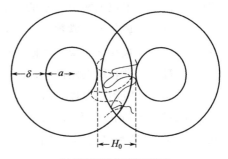

(a) 吸附层的相互穿插作用

3.1.3.2 空间位阻作用[28,29]

颗粒表面的高分子吸附层接触时，可能发生两种极端情况。第一种情况是吸附层之间相互穿插，在两吸附层的接触区域形成透镜状穿插带 [图 3-12(a)]；第二种情况是吸附层接触时不发生穿插作用，只引起吸附层与吸附层之间的相互压缩 [图 3-12(b)]。穿插作用多发生在吸附层的结构比较疏松的场合（即吸

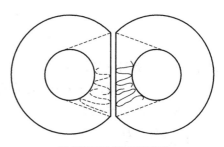

(b) 吸附层的相互压缩作用

图 3-12 高分子罩盖的颗粒间
相互作用的两种模式

附量较小，吸附密度较低，吸附物的分子量大），而压缩作用多发生在吸附层结构较为致密，即吸附密度高、吸附量大的场合。

上述两种作用是理想的极端情况，实际上吸附层结构和作用常常是穿插作用和压缩作用两者同时存在，只不过两者作用的强度不同而已。

下面分别讨论压缩作用和穿插作用。

（1）压缩作用

当吸附有高分子的颗粒间接触仅引起体积压缩作用时，则压缩区域中的吸附物的密度增加，自由度减小，这种负熵过程可用式（3-39）表示：

$$\Delta G_{ys} = -T\Delta S_{ys} \tag{3-39}$$

压缩作用能 ΔG_{ys} 为正值。因此，压缩作用总是表现为相互排斥作用，这种排斥作用也称为熵排斥作用。

对于简单的高分子，Mackor 在 1951 年首先提出了两个平板状颗粒的压缩作用能计算公式：

$$V_{ys} = N_S kT\theta_\infty \left(1 - \frac{H}{\delta}\right) \tag{3-40}$$

式中　N_S——单位面积上吸附的分子或离子数，个/m²；

　　　k——玻尔兹曼常数，1.38×10^{-23} J/K；

　　　θ_∞——颗粒间距离为无限大时表面上吸附层的覆盖率；

　　　H——颗粒间的距离，m；

　　　δ——吸附层厚度，m。

Bagchi 和 Vold 在 Mackor 理论的基础上扩展到了两个球形颗粒的情形，在考虑到相邻颗粒之间的空间位阻作用的同时，得到两个球形颗粒之间的压缩作用能为：

$$V_{ys} = \frac{4\pi R^2 \left(b - \dfrac{H}{2}\right)}{Z(R+b)} \ln \frac{2b}{H} \tag{3-41}$$

式中　b——吸附分子长度；

　　　Z——一个吸附分子的实际占有面积（当 $H > 2b$ 时）；

　　　R——颗粒半径。

$\dfrac{4\pi R^2 \left(b - \dfrac{H}{2}\right)}{(R+b)}$ 实际上是受到排斥作用的接触圆面积。

佐藤在研究非水体系分散稳定性时，进一步定量地讨论了 Mackor 理论。

如图 3-12(b) 所示，当吸附有高分子吸附层（吸附层厚度为 δ）的半径为 R 的球形颗粒接近时，球形颗粒之间的压缩作用能可用式(3-42) 表示：

$$V_{ys} = N_S kT\theta_\infty H \frac{(\delta - H/2)^2[2R + \delta + H/2]}{\delta} \qquad (3-42)$$

式中　H——颗粒间距离，m；

$\quad$ N_S——单位面积上吸附的分子或离子数，个/m²；

$\quad$ δ——吸附层厚度，m；

$\quad$ R——颗粒半径，m。

（2）穿插作用

吸附有高分子表面活性剂的颗粒间接触时产生的穿插作用主要发生在吸附分子（离子）的外伸部分。对于线形分子，外伸线段（链）的相互作用包括两部分，即一个颗粒表面的吸附分子外伸链与另一个颗粒表面的吸附组分外伸链之间的作用，以及当穿插作用发生时，外伸链与其周围的介质分子之间作用的变化。因此，穿插作用的自由能变化 ΔG_{cc} 可表示为：

$$\Delta G_{cc} = \Delta H_{cc} - T\Delta S_{cc} \qquad (3-43)$$

ΔH_{cc} 由两部分组成。一部分是链段与链段之间相互作用的焓变（ΔH_1）。当链段之间的作用为排斥作用时，ΔH_1 为正值；当链段之间的相互作用为吸引作用时，ΔH_1 为负值。另一部分为链段穿插作用发生的同时必然要消除原先存在的链段与介质分子之间的相互作用。也就是说，链段之间的相互作用取代原先的链段与介质分子之间的相互作用。为了使介质分子从链段上解脱需要给予一定的能量，该过程一般是吸热过程，即 ΔH_2 为正值。

ΔS_{cc} 也由两个部分组成：一部分是由于透镜状穿插区域中链段密度的增加而引起熵值减小，即熵值为负值；另一部分是在透镜状穿插区域中由于链段之间的相互作用及链段密度的增加而引起的介质结构的变化，熵值的符号因链段本身的性质而异，既可为正值，也可为负值，通常情况下这种结构变化可以忽略不计。

Fischer 在 1958 年首次提出了两个球形颗粒吸附层的穿插作用能的计算公式。其单位体积 ∂V 的穿插自由能 $\partial(\Delta G_{cc})$ 可表述为：

$$\partial(\Delta G_{cc}) = kT(\partial n_1 \ln\Phi_1 + \chi\delta n_1 \Phi_2) \qquad (3-44)$$

式中　n_1——在单位交叠区体积 ∂V 中的溶剂分子数；

$\quad$ Φ_1、Φ_2——溶剂和吸附分子的体积分数；

$\quad$ χ——相互作用系数，溶剂和吸附分子间的溶剂化作用越强，χ 越小。

把总体积 V 所对应的自由能变化对构成 V 的全部体积元所对应的自由能变化 $\partial(\Delta G_{cc})$ 积分，得到穿插作用能关系式：

$$V_{cc}=\frac{\Delta \pi kT\Phi_2^2}{3V}\left(\frac{1}{2}-\chi\right)\times\left(\delta-\frac{H}{2}\right)^2\left(3R+2\delta+\frac{h}{2}\right) \quad (3-45)$$

式中　V——透镜交叠区的总体积，m^3；

　　　δ——吸附层厚度，m；

　　　R——球形颗粒的半径，m；

　　　H——球形颗粒间的最短距离，m。

在高分子溶液中，相互作用系数 χ 可用式(3-46)表示：

$$\frac{1}{2}-\chi=\psi_1-K_1=\psi_1\left(1-\frac{\theta}{T}\right) \quad (3-46)$$

式中　ψ_1——熵参数；

　　　K_1——焓参数；

　　　θ——温度。

如果 $\psi_1>K_1$，则 $\chi<0.5$，V_{cc} 为正，排斥能；如果 $\psi_1<K_1$，则 $\chi>0.5$，V_{cc} 为负，互相吸引，有利于穿插作用的进行。

(3) 总空间位阻作用

如前所述，压缩作用和穿插作用通常是同时存在而且是难以分开的，我们可以近似地将表面吸附有吸附层的颗粒间的空间位阻作用能 V_{kj} 认为是穿插作用能 V_{cc} 与压缩作用能 V_{ys} 的总和。

$$V_{kj}=V_{cc}+V_{ys} \quad (3-47)$$

通常情况下，从数值上看，V_{cc} 远比 V_{ys} 项重要。

图 3-13 表示吸附有吸附层的平板状颗粒间的压缩作用能及穿插作用能与粒间距离的变化关系。图中虚线 A、B、C 分别代表 V_{cc}、V_{ys}、V_w；实线 D、E 代表两种吸附状态下的总作用能曲线，D 对应于以链尾为主的吸附状态，E 对应于以链环为主的吸附状态；V_{kj} 为总空间位阻作用能。可见，在相同距离下，穿插作用能大于压缩作用能，所起作用的距离也较远。

H. Sonntag 等人对吸附有聚乙烯醇的石英颗粒间的空间位阻计算结果见图 3-14。

3.1.3.3　影响空间位阻作用的因素

影响空间位阻的因素很多，如吸附分子的分子量、离子强度和体系温度等，但对其影响最显著的主要是分子量和离子强度。

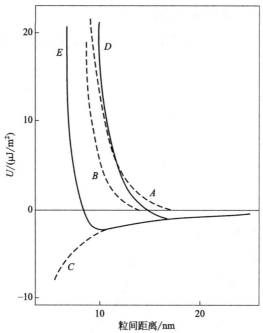

图 3-13　在没有双电层排斥作用的情况下，链环吸附（E）、链尾吸附（D）的平板状颗粒间压缩作用及穿插作用与粒间距离的关系

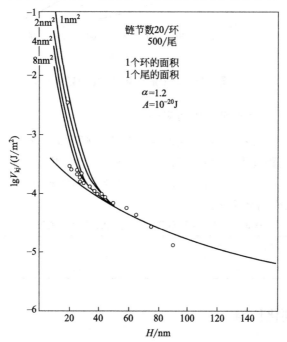

图 3-14　吸附有聚乙烯醇的石英颗粒间的空间位阻[30]

（1）分子量对空间位阻的影响

图 3-15 表明，高分子化合物的分子量越大，在相同距离条件下，空间位阻越大。

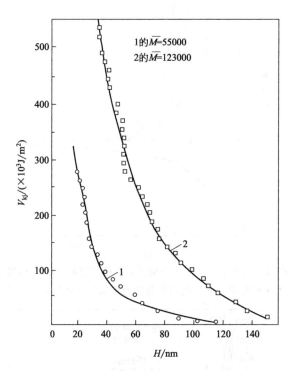

图 3-15　分子量对空间位阻的影响

（2）离子强度对空间位阻的影响

图 3-16 是 KCl 浓度对吸附聚乙烯醇的石英颗粒间的空间位阻的影响。结果表明，在相同距离下，随着电解质浓度增加，空间位阻降低。因为随着电解质浓度增大，盐析效应显著，高分子化合物在固体颗粒表面吸附层厚度降低，见表 3-4，穿插作用将显著减弱。

表 3-4　聚乙烯醇吸附厚度与 KCl 浓度的关系[30]

离子强度 KCl/(mol/L)	10^{-3}	10^{-2}	10^{-1}	1	2
吸附层厚度 δ/nm	63	57.5	46.5	38	27

3.1.4　溶剂化作用

实际上，固体颗粒表面与溶剂介质的相互作用在许多工业过程和人们日常

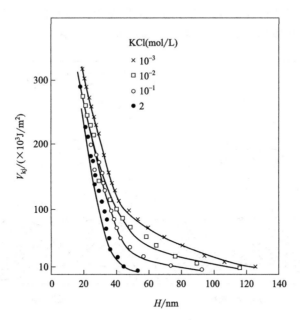

图 3-16　电解质（KCl）浓度对空间位阻的影响[30]

生活中是必然要遇到的自然现象，具有十分重要的实际意义，它可决定吸附或液相与固相的黏着。黏着和物理吸附时的作用力本质是相同的。颗粒和溶剂介质的相互作用也可用溶剂润湿颗粒表面和颗粒表面溶剂化作用来解释。

溶剂化作用已由实验所证实，当颗粒表面吸附阳离子或含亲水基团（—OH、PO_4^{3-}、—$N(CH_3)_3^+$、—$CONH_2$、—COOH 等）的有机物时，或者由于颗粒表面极性区域对附近的溶剂分子的极化作用，在颗粒表面会形成溶剂化作用，而形成溶剂化的两颗粒接近时，产生很强大的排斥力被称为溶剂化作用力。

溶剂化膜的结构、性质及厚度受一系列因素的影响而差别很大。这些因素主要是：颗粒表面状况，溶剂介质的分子极性及固体颗粒结构特点，溶质分子或离子的种类、浓度、温度等物理因素。

根据文献 [31-33]，非极性颗粒表面、极性颗粒表面及阳离子在水中的溶剂化结构如图 3-17 所示。由图 3-17 可见，在极性表面上的界面水有三层结构，最靠近表面的是水分子的定向密集的有序排列层，在有序排列层与体相水之间有一个过渡层，在过渡层中的是无序的自由水分子 [图 3-17(b)]。在非极性表面上的界面水的三层结构模型完全不同，非极性表面与水分子的作用很弱，有的甚至仅通过色散力相互作用，颗粒加入水中断开水分子间的氢键键合，取而代之的却是同颗粒表面的弱分子作用，界面水分子之间有增加彼此的缔合程度以获得某种程度补偿的倾向，结果发生界面水的另一种结构有序化，形成所谓"冰状笼架结构"，如图 3-17(a) 所示。

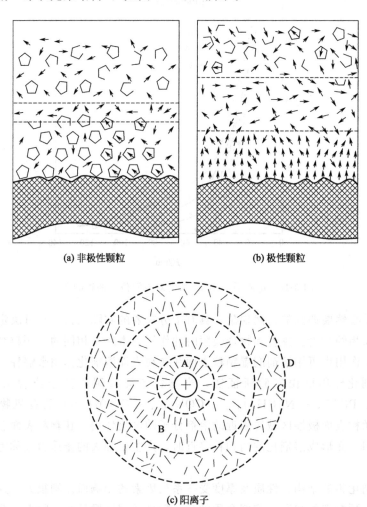

(a) 非极性颗粒　　(b) 极性颗粒

(c) 阳离子

图 3-17　溶剂化结构

A—直接水化层；B—次生水化层；C—无序层；D—体相水

颗粒表面与溶剂介质的极性在很大程度上决定着溶剂化层的厚度。一般而言，颗粒表面的极性与溶剂介质的极性相同或相近时，其溶剂化层较厚。当它们之间的极性相差较大或极性相反时，其溶剂化层一般较薄。即极性表面颗粒与极性介质或非极性表面颗粒与非极性介质可形成较厚的溶剂化层，而极性表面颗粒与非极性介质或非极性表面颗粒与极性介质形成的溶剂化层较薄。B. B. 捷良金等人研究表明，固体颗粒改变其表面相邻的液相层的能力（根据对许多有机液体的结构研究），在距离为 $10^{-6}\sim10^{-5}\,cm$ 时出现，对于一般液体介质来说，固体颗粒对溶剂介质的定向影响的传播深度都不超过 $10^{-5}\,cm$[34]。

由于溶剂化膜的存在，当两颗粒相互接近时，除了分子吸附作用和静电排斥作用外，当颗粒间距减小到溶剂化膜开始接触时，就会产生溶剂化作用力。这时，为了进一步缩小颗粒间距离，必须使溶剂化膜压缩变化，其强度取决于破坏溶剂分子的有序结构，是吸附阳离子或有机物极性基团消除溶剂化所需能量。

许多实验研究表明，由两个平板状颗粒间单位面积相互作用溶剂化排斥能与相互作用距离得出的经验公式为[35-37]：

$$V_{rj}=V_{rj}^0\exp\left(-\frac{H}{h_0}\right) \tag{3-48}$$

式中　V_{rj}——颗粒间单位面积相互作用溶剂化作用能，J；

V_{rj}^0——溶剂化作用能量常数，与颗粒表面润湿性有关；

H——颗粒间作用距离，m；

h_0——衰减长度，m。

对于半径为 R 的球形颗粒的溶剂化作用能可用式(3-49)表示：

$$V_{rj}=\pi R h_0 V_{rj}^0\exp\left(-\frac{H}{h_0}\right) \tag{3-49}$$

球形颗粒与平板状颗粒的溶剂化作用能为：

$$V_{rj}=2\pi R h_0 V_{rj}^0\exp\left(-\frac{H}{h_0}\right) \tag{3-50}$$

表 3-5 与表 3-6 列出了一些体系的 V_{rj}^0 及 h_0 值。在半定量计算时，根据具体情况选取相应的数值。

表 3-5　溶剂化作用能公式中的 V_{rj}^0 及 h_0 值[36]

体系性质	$V_{rj}^0/(mJ/m^2)$	h_0/nm
石英 KCl 水溶液中	1.2	0.85
石英-10^{-4} mol/L KCl	1.0	1.0
石英-10^{-3} mol/L KCl	0.8	1.0
云母、各种电解质溶液中	2.2~39.8	0.17~1.12
蒙脱石-10^{-4} mol/L NaCl	4.4	2.2
云母-$10^{-4}\sim10^{-2}$ mol/L KNO₃	10	1.0
云母-5×10^{-4} mol/L NaCl	14	0.9
云母-5×10^{-3} mol/L NaCl	3	0.9

表 3-6　极性液体多分子吸附膜的 V_{rj}^0 及 h_0 值[36]

体系性质	$V_{rj}^0/(mJ/m^2)$	h_0/nm
水在石英表面 $\theta=0°,25℃$	15.4	14
水在玻璃和石英表面		
$\theta=3°\sim5°,25℃$	23	2.3
$\theta=10°\sim20°$	45	1.5
水在云母表面		
20℃	264	3.3
30℃	51	1.7
40℃	24	0.8
乙醇在玻璃表面(25℃)	7.8	2.6
乙醇在玻璃表面(30℃)	5.1	1.7
乙醇在金红石表面	0.0027	1.5

　　蒙脱石颗粒在 10^{-4} mol/L NaCl 溶液中溶剂化作用能与作用距离关系如图 3-18 所示。由图 3-18 可见，溶剂化作用能随相互作用距离的增加而迅速降低，随作用距离减小而增大。

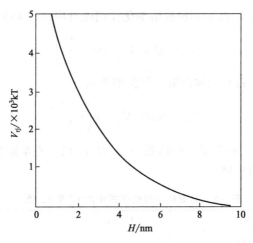

图 3-18　蒙脱石颗粒间溶剂化作用能
与颗粒距离的关系（$R=1\mu m$）

3.1.5　疏液作用

3.1.5.1　疏液作用的起因

　　疏液作用是由于颗粒表面与液体介质的极性不相容而导致的一种粒间相互

吸引作用。对水介质来说，疏水颗粒包括天然疏水性颗粒（如滑石、石墨、石蜡等）和通过表面吸附表面活性剂而诱导产生的疏水性颗粒（如阳离子胺类表面活性剂在石英、云母上吸附，油酸在碳酸钙、Fe_2O_3、白云石上吸附等）。疏液表面之间，甚至于疏液表面与亲液表面之间存在一种特殊的相互作用力，即疏液作用力[38-41]。

疏液作用是疏液颗粒之间在液体介质中的相互作用。实际上可以把疏液作用看作溶剂化作用的一个特例。

疏液颗粒进入液体介质中引起体系的自由能变化为：

$$\Delta G_{sy} = \Delta H_{sy} - T\Delta S_{sy} \tag{3-51}$$

由于疏液颗粒与液体介质分子的作用很弱（色散作用），释放出的补偿能很小；液体分子因增强缔合而产生的焓变也不大，多数情况下，不足以补偿或者与排开液体分子所消耗的能量相当，疏液颗粒与液体分子作用的总焓变 ΔH_{sy} 或接近于零，或为一个较小的正值。因此，可以把疏液颗粒在液体介质中引起的热力学状态变化近似看作一个熵过程，即：

$$\Delta G_{sy} = -T\Delta S_{sy} \tag{3-52}$$

这个熵过程主要归因于疏液颗粒周围液体分子结构的变化：增加液体簇团中的液体分子数以及产生更多的结构畸变，例如氢键的弯曲或拉伸等，从而导致液体分子增加缔合度以实现某种自身补偿或闭合作用。从热力学观点看，这将引起熵值的减小，即 $\Delta S_{sy} < 0$。因此，颗粒与液体介质分子的溶剂化作用过程的自由能可用式(3-53) 式(3-54) 表示：

$$\Delta G_{sy} = -T\Delta S_{sy} > 0 \tag{3-53}$$

或

$$\Delta G_{sy} = \Delta H_{sy} - T\Delta S_{sy} \tag{3-54}$$

ΔH_{sy} 及 $-T\Delta S_{sy}$ 均为正值，故 ΔG_{sy} 为更大的正值。

由此可见，颗粒在溶剂化过程不可能自发进行。颗粒周围的液体分子有排挤"异己"颗粒的趋向，从而迫使这些颗粒相互靠拢，形成团聚，以减小固-液界面的方式降低体系的自由能。这就是疏液作用的实质所在。

3.1.5.2　疏液作用与作用距离的关系

疏液作用力与作用距离的关系还无理论推导公式。可通过大量实验研究获得经验公式。

两平板状颗粒表面单位面积疏液作用能为：

$$V_{sy} = V_{sy}^0 \exp\left(-\frac{H}{h_0}\right) \tag{3-55}$$

疏液作用力为：

$$F_{sy} = -\frac{1}{h_0} V_{sy}^0 \exp\left(-\frac{H}{h_0}\right) \tag{3-56}$$

式中 V_{sy}^0 ——疏液作用能量常数，mJ/m^2；

        h_0 ——衰减长度，m。

半径分别为 R_1 和 R_2 的两个球形颗粒的疏液作用能为：

$$V_{sy} = \frac{2\pi R_1 R_2}{R_1 + R_2} h_0 V_{sy}^0 \exp\left(-\frac{H}{h_0}\right) \tag{3-57}$$

若 $R_1 = R_2$，则：

$$V_{sy} = \pi R h_0 V_{sy}^0 \exp\left(-\frac{H}{h_0}\right) \tag{3-58}$$

球形颗粒与平板状颗粒的疏液作用能为：

$$V_{sy} = 2\pi R h_0 V_{sy}^0 \exp\left(-\frac{H}{h_0}\right) \tag{3-59}$$

一些体系的 V_{sy}^0 及 h_0 测定值见表 3-7。

表 3-7   两平板状颗粒表面疏水作用参数 V_{sy}^0 及 h_0 值[42-46]

疏水体系	$V_{sy}^0/(mJ/m^2)$	h_0/nm
云母表面十六烷基三甲基溴化铵单分子层	−22	1.0
云母表面二十六烷基二甲基醋酸铵单层	−56	1.4
云母表面二十八烷基二甲基溴化铵单层	−0.37	13
云母表面 F-碳表面活性剂	−1.0	9
二甲基二氯硅烷	−0.4	13.5
甲基硅烷化 SiO_2 表面	−1.895	10.3
天然煤	−1.247	10.3
TiO_2 表面油酸钠单层	−2.0	
$CaWO_4$ 表面油酸钠单层	−7.98～−1.15	

图 3-19 为甲基硅烷化石英颗粒间疏水相互作用能与作用距离的关系。可见，相互作用的距离较大，可达几十纳米，随着颗粒的接近，疏水作用能迅速增大。

3.1.6　磁吸引作用

颗粒在外磁场作用下发生相互吸引而形成团聚。从 20 世纪 70 年代以来，在磁性颗粒的磁作用能及磁吸引力方面做了大量的研究，取得了许多成果。大致可分为三种类型：强磁性颗粒间磁吸引能（力）、强磁性颗粒与弱磁性颗粒

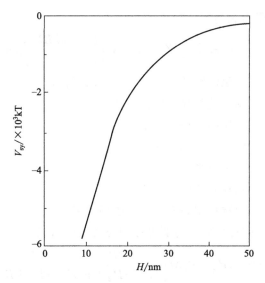

图 3-19 甲基硅烷化石英颗粒间疏水相互作用能
与作用距离的关系（$R=1\mu m$）

间的磁吸引能（力）和弱磁性颗粒间的磁吸引能（力）。

3.1.6.1 强磁性颗粒间的磁吸引能（力）

Fe_3O_4 是一种强磁性颗粒，它具有铁磁性性质。1973 年 Jordan[47] 提出了两个铁磁性球形颗粒间在外磁场中的磁作用能计算公式：

$$V_{qc}=\frac{1}{\mu_0 R^3}[\mu_1\mu_2-3(\mu_1 R)(\mu_2 R)R^{-2}] \tag{3-60}$$

式中 μ_0——真空磁导率，$4\pi\times10^{-7}H/m$；

  μ_1、μ_2——颗粒 1 和颗粒 2 的磁矩。

1976 年 Eyssa 等人[48] 从磁学理论角度提出了铁磁性颗粒间的磁吸引力，其表达式为：

$$F_{qc}=3.898DM^2R^2(1-\varepsilon)^{\frac{4}{3}} \tag{3-61}$$

式中 D——中空和颗粒的退磁系数；

  M——颗粒的磁化强度；

  ε——悬浮体的孔隙率，一般 $\varepsilon=1-c$，其中 c 为悬浮体的体积浓度；

  R——颗粒半径。

3.1.6.2 强磁性颗粒与弱磁性颗粒间的磁吸引能（力）

宋少先等[49] 从磁学理论出发，提出了强磁性颗粒与弱磁性颗粒间在外磁场中的磁相互作用力表达式：

$$F_c = -2\pi R_1^3 R_2^3 (\chi_p - \chi_m) M \left(\frac{B_0}{r^3} + \frac{\pi M R_2^3}{r^6} \right) \sin 2\theta \qquad (3-62)$$

式中　R_1、R_2——弱磁性颗粒与强磁性颗粒的半径；

　　　　χ_p——弱磁性颗粒的体积磁化率；

　　　　χ_m——介质的体积磁化率；

　　　　M——强磁性颗粒的磁化强度；

　　　　B_0——磁感应强度；

　　　　r——颗粒间的中心距离；

　　　　θ——两颗粒中心连线与外磁场的夹角。

在外磁场中，强磁性颗粒与弱磁性颗粒间磁作用能为[49]：

$$V_c = -\frac{2}{27}\pi^2 R_1^3 R_2^3 \chi_p \delta_p M \left[\frac{3B_0}{(R_1+R_2+H)^3} + \frac{10\pi R_2^3 M \mu_0}{(R_1+R_2+H)^6} \right] \qquad (3-63)$$

$$M = \frac{\chi_m \delta_m B_0}{\mu_0}$$

式中　R_1、R_2——弱磁性颗粒与强磁性颗粒的半径；

　　　　χ_p、χ_m——弱磁性颗粒与强磁性颗粒的体积磁化率；

　　　　δ_p、δ_m——弱磁性颗粒与强磁性颗粒的相对密度；

　　　　B_0——磁感应强度；

　　　　μ_0——真空磁导率；

　　　　H——颗粒间距离。

3.1.6.3　弱磁性颗粒间的磁吸引能（力）

Svoboda 给出的计算弱磁性颗粒间磁相互作用能的公式为[50]：

$$V_{rc} = -\frac{32\pi^2 R^6 \chi^2 B_0^2}{9\mu_0 r^3} \qquad (3-64)$$

式中　R——颗粒半径；

　　　　χ——颗粒体积磁化系数；

　　　　B_0——磁感应强度；

　　　　μ_0——真空磁导率；

　　　　r——颗粒中心距离。

半径 $R=2.5\times10^{-6}$ m 的 Fe_2O_3、$FeCO_3$、$FeOOH$，它们的体积磁化系数分别为 $\chi_{Fe_2O_3}=2\times10^{-2}$，$\chi_{FeOOH}=10^{-3}$，$\chi_{Fe_2CO_3}=5\times10^{-3}$，$B_0=0.05$T。计算求出这几种颗粒间磁相互作用能如图 3-20 所示。可以看出，磁作用能随

着颗粒间距离减小而迅速增大，体积磁化系数越大，磁作用能越大。

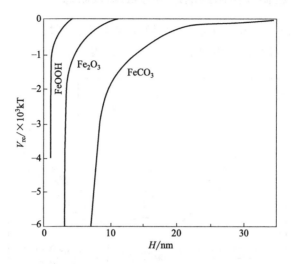

图 3-20　弱磁性颗粒间磁相互作用能与作用距离的关系

3.1.7　颗粒间相互作用制约的颗粒分散/团聚状态

3.1.7.1　几种作用力的综合特性

颗粒在水中分散时，范德华作用力、静电作用力及溶剂化作用力是通常存在的。其它的颗粒间作用力则发生于特定的环境或体系下，例如空间位阻作用发生在颗粒表面有吸附层时，特别是当吸附高分子时。疏水作用力发生在疏水颗粒之间。磁作用则仅发生于磁性颗粒之间。它们作用距离不尽相同，疏水化作用力和溶剂化作用力的作用距离较短，而范德华作用力、静电作用力和空间位阻作用力的作用距离相对较长。表 3-8 给出了几种主要作用力的综合特性。

表 3-8　几种主要作用力的综合特性

作用力	范德华作用力	静电作用力	溶剂化作用力	疏水化作用力	空间位阻作用力
作用距离/nm	$50 \sim 100$	$100 \sim 300$	10	10	$50 \sim 100$
力的性质[①]	—	＋	＋＋	－－	主要为＋，个别为－
作用能与距离的关系[②]	$1/H$	$\exp(-\chi H)$	$K_1 \exp(-H/h_0)$	$K_2 \exp(-H/h_0)$	—

①　—为排斥，＋为吸引；＋＋及——表示很强；K_1 为正，K_2 为负。

②　$V = f(h)$。

3.1.7.2 颗粒间作用制约的颗粒分散/团聚状态

颗粒间的相互作用制约着颗粒分散/团聚状态。颗粒悬浮体的不同分散/团聚状态取决于各种粒间作用的不同组合，归纳表示于图 3-21 中。

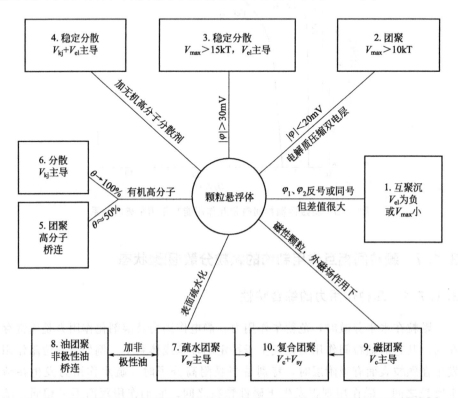

图 3-21　各种粒间作用的不同程度的组合引起颗粒悬浮体的不同分散或团聚状态[6]

图 3-21 中的 10 种状态所对应的各种粒间作用的相互关系如下。

①　互聚沉（异相聚沉）：不同品种颗粒的表面电位异号，或者虽同号但两者相差很大时，静电作用能为吸引能，或者静电排斥能的数值很小，在一定间距内以分子吸引作用为主，总作用势能曲线上出现较低的能垒 $V_{max} < 4.12 \times 10^{-20}$ J（10kT），颗粒产生团聚现象。

②　团聚：相同颗粒间因表面电位绝对值较小（$|\varphi| < 20$mV），静电排斥能较低，分子作用能为主，总作用势能曲线上出现较低的能垒 $V_{max} < 4.12 \times 10^{-20}$ J（10kT），颗粒产生团聚现象。

③　稳定分散：当颗粒表面电位绝对值大于 30mV，静电排斥能很大，相对于分子作用能而言占主导地位，总作用势能曲线上的能垒很高，$V_{max} >$

6.18×10^{-20}J (15kT)，一般颗粒运动的动能已不足以克服此能垒时，颗粒相互排斥，悬浮液呈稳定分散状态。

④ 添加无机高分子分散剂：添加无机高分子分散剂不仅增大颗粒的表面电位绝对值，同时在颗粒表面形成具有一定机械强度的吸附层，以较强的空间位阻作用 V_{kj} 阻碍颗粒互相接近，使悬浮颗粒呈稳定分散状态。

⑤ 添加有机高分子：当高分子吸附层的覆盖度 (θ) 约在50%时，颗粒可在间距很大时（可能超过100nm，达到数百纳米）通过高分子的桥连作用互相连接而生成絮团。

⑥ 添加有机高分子：当高分子吸附层的覆盖度 (θ) 接近100%时，空间位阻作用 V_{kj} 占主导地位，悬浮颗粒分散。

⑦ 表面疏水的颗粒在水中通过很强的疏水作用能 (V_{sy} 主导) 彼此吸引，产生疏水絮凝，此时 V_{el} 及 V_w 变得相对次要。

⑧ 添加非极性油：添加非极性油可在疏水颗粒间形成非极性油桥，使疏水颗粒的团聚进一步强化，形成颗粒的油团聚。

⑨ 由磁性颗粒之间的磁性吸引力而形成的团聚即为磁团聚，此时磁吸引能 V_c 具有主导地位。

⑩ 使磁性颗粒表面疏水化：在一定场强的磁场作用下，颗粒通过疏水作用及磁吸引作用的联合作用而形成强度很高的团聚，由于 V_c 及 V_{sy} 的联合作用起主导作用，团聚称为复合团聚。

图3-21中所列各种状态，基本上概括了颗粒悬浮体中见到的分散/团聚状态。溶剂化（水化）作用虽然非常重要，但由于缺乏研究，无法进行充分的反映。然而，可以肯定，在以位阻效应为主导的颗粒分散状态下，溶剂化（水化）作用也是不容忽视的因素。

3.2 颗粒在空气中的相互作用

一般而言，颗粒在空气中具有强烈的团聚倾向，颗粒团聚的基本原因是颗粒间存在着表面力，即范德华力、静电力、液桥力、磁吸引力和固体架桥力等。其中，前三种作用力对颗粒在空气中的团聚行为是最为重要的。在上一节已对颗粒间的范德华作用力和磁吸引力做了详细讨论，在此不再赘述。

3.2.1 范德华作用

范德华力是无所不在的粒间吸引力。两个同质等径球形颗粒间的分子作用力可表示为[51]：

$$F_w = -\frac{A_{11}d}{24H^2} \tag{3-65}$$

式中　A_{11}——颗粒在真空中的 Hamaker 常数；

　　　H——颗粒间间距；

　　　d——颗粒直径。

Hamaker 常数 A_{11} 与构成颗粒的分子之间的相互作用参数有关，是物质所固有的一种特征常数。当颗粒表面吸附有其它分子或物质时，Hamaker 常数发生变化。因此，范德华作用力也随之发生改变。

3.2.2　静电作用

在干空气中大多数颗粒是自然荷电的。荷电的途径有三种：第一，颗粒在其产生过程中荷电，例如电解法或喷雾法可使颗粒带电，在干法研磨过程中颗粒靠表面摩擦而带电；第二，与荷电表面接触可使颗粒接触荷电；第三，气态离子的扩散作用是颗粒带电的主要途径，气态离子由电晕放电、放射性、宇宙线、光电离及火焰的电离作用产生。颗粒获得的最大电荷受其周围介质的击穿强度的影响，在干空气中，约为 1.7×10^{10} 电子$/cm^2$，但实际观测的数值通常要低于这一数值。以下着重讨论引起静电力的几种作用。

3.2.2.1　接触电位差引起的静电作用[52-54]

即使颗粒自身不带电，当与其它带电颗粒接触时，因感应作用可使颗粒表面出现剩余电荷，从而产生接触电位差，由此产生接触荷电吸引力。可用式(3-66) 表示：

$$P = \frac{1}{2}\varepsilon_0 \frac{V_c^2}{d} \tag{3-66}$$

式中　ε_0——真空介电常数，$8.854 \times 10^{-12} C^2/(J \cdot m)$；

　　　V_c——接触电位差，V；

　　　P——单位接触面积的静电吸引应力，N/m^2。

由于吸引力 F 使颗粒变形而产生接触面，接触面积的半径 a 可用 Hertz H.R. 理论求得

$$a = \sqrt[3]{\frac{3Fkd_a}{8}} \tag{3-67}$$

$$d_a = \frac{d_1 d_2}{d_1 + d_2}$$

$$k = k_1 + k_2$$

$$k_i = \frac{1 - \nu_i^2}{E_i} \quad (i = 1, 2)$$

式中 d_a——换算粒径；

       k——弹性特性常数；

       ν_i——泊松比；

       E_i——纵弹性模量。

由此，接触面积可用 $S = \pi a^2$ 求得。

给予变形的力 F 是静电力和范德华力之和，忽略静电力，则接触荷电吸引力 F_{em} 为：

$$F_{em} = -\frac{\pi\varepsilon_0}{2} \times \frac{V_c}{H^2} \left[\frac{Akd^2}{32H^2} \left(1 + \frac{A^2k^2d}{108H^7} \right) \right]^{\frac{2}{3}} \tag{3-68}$$

3.2.2.2 库仑作用

颗粒可因传导、摩擦、感应等原因带电。库仑力存在于所有带电颗粒之间。若两个球形颗粒荷电量分别为 q_1 和 q_2，颗粒间的中心距离为 r，则作用于颗粒间的库仑力静电力 F_{ek} 为[54-56]：

$$F_{ek} = \pm \frac{1}{4\pi\varepsilon_0} \times \frac{q_1 q_2}{r^2} \tag{3-69}$$

$$r = \frac{d_1 + d_2}{2} + H$$

$$q_i = \frac{3\varepsilon_r}{\varepsilon_r + 2} \times \pi\varepsilon_0 d_i^2 E_0$$

则直径为 d_1、d_2 的两个带电颗粒间的库仑力：

$$F_{ek} = 9\pi\varepsilon_0 E_0^2 \times \left(\frac{\varepsilon_r}{\varepsilon_r + 2} \right)^2 \times \left(\frac{d_1 d_2}{d_1 + d_2 + H} \right)^2 \tag{3-70}$$

式中 ε_r——颗粒的介电常数；

       H——颗粒间间距；

       E_0——电场强度。

当颗粒表面带有相同符号的电荷时，颗粒间的库仑力为静电排斥力；当颗粒表面带有符号相反的电荷时，则颗粒间的库仑力为静电吸引力。

3.2.2.3 由镜像力产生的静电作用

镜像力实际上是一种电荷感应力，如图 3-22 所示。带有 q 电量的颗粒和

具有介电常数 ε 的平面间的镜像力，可引起颗粒黏附在表面上。黏附力的大小可由式(3-71)确定[57]：

$$F_{\mathrm{ed}}=\frac{1}{4\pi\varepsilon_0}\times\frac{\varepsilon-\varepsilon_0}{\varepsilon+\varepsilon_0}\times\frac{q^2}{(2R+H)^2} \tag{3-71}$$

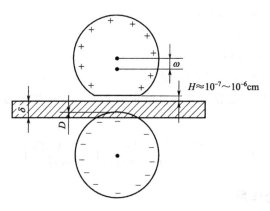

图 3-22 镜像力作用

对于绝缘体颗粒，由于电子运动受限，从内部到表面都存积有相当数量的电子而形成空间电荷层，同时表面出现过剩的电荷。如果表面过剩电荷分别是 σ_1、σ_2，根据库仑定律，静电吸引力为：

$$F_{\mathrm{ed}}=\frac{\pi}{\varepsilon_0}\times\frac{\sigma_1\sigma_2R^2}{\left[1+\left(\dfrac{H}{2R}\right)^2\right]} \tag{3-72}$$

式中　ε_0——真空介电常数，$8.854\times10^{-12}\mathrm{C^2/(J\cdot m)}$；

$\quad\sigma_1$、σ_2——表面过剩电荷，C；

$\quad R$——球形颗粒半径，m；

$\quad H$——颗粒间的距离，m。

3.2.3 液桥作用

3.2.3.1 液桥的产生及特征

对大多数颗粒，特别是对亲水性较强的颗粒来说，在潮湿空气中由于蒸气压的不同和颗粒表面不饱和力场的作用，颗粒均要或多或少凝结或吸附一定量的水蒸气，在其表面形成水膜。其厚度与颗粒表面的亲水程度和空气的湿度有关。亲水性越强，湿度越大，则水膜越厚。当空气相对湿度超过 65% 时，颗粒接触点处形成环状的液相桥连（图 3-23），产生液桥力。

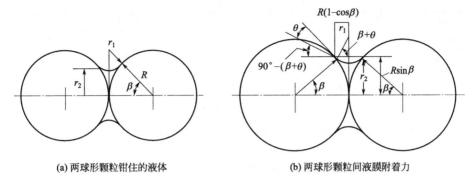

(a) 两球形颗粒钳住的液体   (b) 两球形颗粒间液膜附着力

图 3-23 颗粒间液桥示意

3.2.3.2 液桥作用的数学描述

已有大量的研究论文讨论液桥的作用[58-61]，一般认为，液桥作用力 F_y 可用毛细管压力 F_1 和黏着力 F_2 的和求得：

$$F_1 = -\pi R^2 \sigma \left(\frac{1}{r_1} - \frac{1}{r_2} \right) \sin^2 \phi \qquad (3\text{-}73)$$

$$F_2 = 2\pi R \sigma \sin\phi \sin(\theta + \phi) \qquad (3\text{-}74)$$

所以

$$F_y = F_1 + F_2 = -2\pi R \sigma \left[\sin\phi \sin(\theta + \phi) + \frac{R}{2} \left(\frac{1}{r_1} - \frac{1}{r_2} \right) \sin^2 \phi \right] \qquad (3\text{-}75)$$

式中　σ——液体的表面张力，N/m；

θ——颗粒润湿接触角，(°)；

ϕ——钳角，即连接环和颗粒中心扇形角的一半，也称半角，(°)；

r_1、r_2——液桥的两个特征曲率半径，m。

确定 r_1 和 r_2 是较为困难的。主要通过两种途径实现，一种是采用数值方法求解 Laplace-Young 方程[62]，其关键是初始条件的确定；另一种则是依据液桥的几何形状采用数值拟合法近似地确定弯曲面的母线方程，求解 r_1 和 r_2。

对表面亲水的颗粒来说，当颗粒间接触时，液桥作用力为[63]

$$F_y = -(1.4 \sim 1.8)\pi R \sigma \qquad \text{（颗粒-颗粒）} \qquad (3\text{-}76)$$

$$F_y = -4\pi \sigma R \qquad \text{（颗粒-平板）} \qquad (3\text{-}77)$$

采用脱落法对球体-平板间的液桥力的实测值及计算值结构列于表 3-9 中。

表 3-9 颗粒间的液桥力[63]

颗粒半径/cm	0.02	0.04	0.055	0.088	0.10
实测 $F_y/\times10^{-5}$ N	22	30	42	63	70
计算 $F_y/\times10^{-5}$ N	19.2	38.4	52.5	76	95.5

由表 3-9 可见，理论计算值与实测值较为吻合。液桥力比范德华力约大 1～2 个数量级。因此在湿空气中颗粒间的黏结主要源于液桥力。

对于不完全润湿的颗粒，θ 不等于 0，液桥作用力可由式(3-78) 或式(3-79) 表示[63]

$$F_y = -2\pi R\sigma\cos\theta \qquad (颗粒-颗粒) \qquad (3-78)$$

$$F_y = -4\pi\sigma R\cos\theta \qquad (颗粒-平板) \qquad (3-79)$$

3.2.4 空气中静电力、范德华力及液桥力的比较[64,65]

图 3-24 给出了范德华力、静电力和液桥力随颗粒间距离 H 的变化关系。

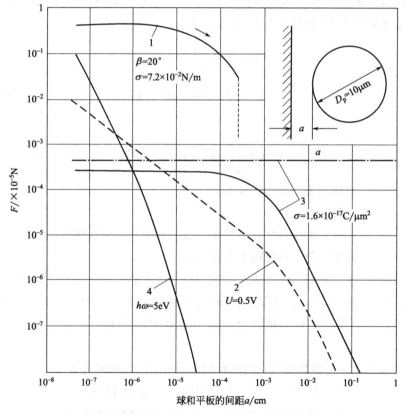

图 3-24 颗粒间的各种作用力与颗粒间距离的函数关系

1—液桥力；2—导体的静电力；3—绝缘体的静电力；4—范德华力

可以看出，随着颗粒间距离的增大，范德华力（曲线 4）迅速减小。当 $H>1\mu m$ 时，范德华力已不再存在了。在 $H<2\sim3\mu m$ 的范围时，液桥力的作用非常显著，而且随间距变化不大。但如果再增大距离，它就突然消失了。$H>2\sim3\mu m$ 时，能促进颗粒团聚，实际上，这时只存在静电力了。

参考文献

［1］ Israclachvili J N. Intermolecular and Surface Forces ［M］. London: Academic Press, Inc LTD. , 1985: 295.

［2］ Hiemenz P C. Ptinciples of Colloid and Surface Chemistry ［M］. New York: Marcel Dekkey, Inc. 1977.

［3］ Paul C H. 胶体与表面化学原理 ［M］. 周祖康, 马季铭, 译. 北京: 北京大学出版社, 1986: 496.

［4］ Van Oss C J, Absolom D R, Neumann A W. The Hydrophobic Effect-essentially a Vanderwaals Interaction ［J］. Colloid Polym. Sci. , 1980, 258（4）: 424-427.

［5］ Van Oss C J, Omenyi S N, Neumann A N. Negative Hamaker Coefficients Phase-separation of Polymer-solutions ［J］. Colloid Polym. Sci. , 1979, 257（7）: 737-744.

［6］ 卢寿慈. 工业悬浮液 ［M］. 北京: 化学工业出版社, 2003: 113.

［7］ 邱冠周, 胡岳华, 王淀佐. 颗粒间相互作用与细粒浮选 ［M］. 长沙: 中南工业大学出版社, 1993: 34.

［8］ Schulze H J. Physico-chemical Elementary Processes in Flotation ［M］. Amsterdam: Elsevier, 1984: 348.

［9］ Churaev N V. Effect of Adsorbed Layers on Van Der-waals Forces in Thin Liquid-films ［J］. Coll. Polym. Sci. , 1975, 253（2）: 120-126.

［10］ Pugh R J. Macromolecular Organic Depressants in Sulfids Liotation-areview Theoretical-analysis of the Forces Invoved in the Depressant Action ［J］. Int. J. Miner. Process. , 1989, 25（1-2）: 131-146.

［11］ Sato T, Ruch R. Stabilizatin of Colloidal Dispersions by Polymer Adsorption ［M］. Marcel Dakker, Inc. , 1980: 53.

［12］ 方启学. 微细颗粒弱磁性铁矿分散与复合团聚理论及分选工艺研究 ［D］. 长沙: 中南工业大学, 1996: 24.

［13］ 臼井进之助. 凝聚理论的几个问题 ［J］. 国外金属矿选矿, 1981, 4: 12-22.

［14］ Дерягин В В. идр. Певерхностные Силы. изд "Наука", 1985.

［15］ Kitahara A, Watanabe A. 界面电现象 ［M］. 邓彤, 赵学范, 译. 北京: 北京大学出版社, 1994: 110.

［16］ 任俊. 微细颗粒在液相及空气中的分散行为与分散新途径研究 ［D］. 北京: 北京科技大学, 1999.

［17］ Koelmans H, Overbeek J T G. Stability and Electrophoretic Deposition of Suspensions in Non-aqueous Media ［M］. Discuss. Faraday Soc. , 1954（18）: 52.

[18] Van der Minne J L, Hermanie P H J. Electrophoresis Measurements in Benzene-correlation with Stability-development of Method [J]. J. Colloid Sci. , 1952, 7 (6): 600-615.

[19] MeGown D N L, Parfitt G D. Stability of Non-aqueous Dispersions. Part 4. —Rate of Coagulation of Rutile in Aerosol OT+ P-xylene Solutions [J]. Discuss. Faraday Soc. , 1966, 42: 225-231.

[20] Cooper W D, Wright P. Flocculation of Copper Phthalocyanines in Low Permittivity Madia [J]. J. Colloid Interface Sci. , 1976, 54 (1): 28-33.

[21] Ottewill R H, Schick M J. Nonionic Surfactants [M]. New York: Marcel Dekker, Inc. , 1969.

[22] Napper D H, et al. Flocculation Studies of Sterically Stabilized Dispersions [J]. J. Colloid Interface Sci. , 1970, 32 (1): 106.

[23] Napper D H, Netschey A. Studies of Steric Stabilization of Colloidal Particles [J]. J.Colloid Interface Sci. , 1971, 37 (3): 528.

[24] Napper D H. Steric Stabilization and Hofmeister Series [J]. J. Colloid Interface Sci. , 1970, 33 (3): 384.

[25] Napper D H. Steric Stabilization [J]. J. Colloid Interface Sci. , 1977, 58 (2): 390-407.

[26] Christenson H K, Claesson P M, Pastley R M. The Hydrophobic Interaction between Macroscopic Surfaces [J]. Proc. Indian Acad. Sci. Chem. Sci. , 1987, 98 (5-6): 379-389.

[27] 李葵英. 界面与胶体的物理化学 [M]. 哈尔滨: 哈尔滨工业大学出版社, 1998: 206.

[28] Bagchi P, Vold R D. Differences between Fact and Theory in Stability of Carbon Suspensions in Heptane [J]. J. Colloid Interface Sci. , 1970, 33 (3): 405.

[29] Claesson P M, Golander C G. Direct Measurements of Steric Interactions between Mica Surfaces Covered with Electrostatically Bound Low-molecular-weight Polyethylene Oxide [J]. J. Colloid Interface Sci. , 1987, 117 (2): 366-374.

[30] Sonntag H, Ehmke B, Miller R, et al. Steric Stabilization of Polyvinyl-alcohol Adsorbed on Silica Water and Water Oil Interfaces [J]. Adv. Coll. Inter. Sci. , 1982, 16: 381-390.

[31] Frank H S, WEN W Y. Structural Aspects of Ion-solvent Interaction in Aqueous Solutions— A Suggested Pictuer of Water Structure [J]. Discuss Faraday Soc. , 1957, 24: 133-140.

[32] Cox B G, Hedwig G R, Parker A J. Solvation of Ions-Thermodynamic Properties for Transfer of Single Ions between Protic and Dipolar Aprotic-solvents [J]. Aust. J. Chem. , 1974, 27 (3): 477-501.

[33] REN J, SONG S, Lopez-Valdivieso A, et al. Dispersion of Silica Fines in Water Ethanol Suspensions [J]. J. Colloid. Interface and Sci. , 2001, 238 (2): 279-284

[34] 格列姆博茨基 B A. 浮选过程物理化学基础 [M]. 郑飞, 译. 北京: 冶金工业出版社, 1985: 273.

[35] Pashley R M. Hydration Forces between Mica Surfaces in Electrolyte-solutions [J]. Adv. Coll. Inter. Sci. , 1982, 16: 57-62.

[36] Churaev N V, Derjaguin B V. Inclusion of Structural Forces in the Theory of Stability of Colloids and Films [J]. J. Colloid Interface Sci. , 1985, 103 (2): 542-553.

[37] Tamura-Lis W, Lis L J, Collins J M. Interaction Forces between Sphingomyelin Bilayers

[J]. J. Colloid Interface Sci., 1986, 114（1）: 214-219.

[38] Claesson P M, et al. Experimental Evidence for Repulsive and Attractive Forces Not Accounted for by Conventional DLVO Theory [J]. Prog. Coll. Polym. Sci., 1987, 74: 48.

[39] Israelachvili J N. Measurement of Forces between Surfaces Immersed in Electrolyte-solutions [J]. Faraday Disc. Chem. Soc., 1978, 65: 20-24.

[40] Rabinovich Y I, Derjaguin B V. Interaction of Hydrophobized Filaments in Aqueous-electrolyte Solutins [J]. Colloids Surf., 1988, 30（3-4）: 243-251.

[41] Derjaguin B V, Rabinovich Y I, Churaev N V. Direct Bmeasurement of Molecular Forces [J]. Nature, 1978, 272（5651）: 313-318.

[42] XU Z X, YOON R H. A Study of Hydrophobic Coagulation [J]. J. Colloid Interface Sci., 1990, 134（2）: 427-434.

[43] Skvarla J, Kmet S. Influence of Wettability on the Aggregation of Fine Minerals [J]. Int. J. Miner. Process., 1991, 32（1-2）: 111-131.

[44] Christenson H K, Claesson P M. Cavitation and the Interaction Between Macroscopic Hyrophobic Surfaces [J]. Science, 1988, 239（4838）: 390-392.

[45] Warren L J. Shear-flocculation of Ultrafine Scheeite in Sodium Oleate Solutions [J]. J. Colloid Interface Sci., 1975, 50（2）: 307-318.

[46] Somasundaran P. Role of Surface Phenomena the Beneficiation of Fine Particles [J]. Min. Eng., 1984, 36（8）: 1177-1186.

[47] Peter C, Jordan. Association Phenomena in a Ferromagnetic Colloid [J]. Molecular Physics, 1973, 25（4）: 961-973.

[48] Eyssa Y M, et al. Magnetic and Coagulation forces on a Suspension of Magnetic Particles [J]. Inter. J. Mineral Processing, 1976, 3（1）: 1-8.

[49] 宋少先, 卢寿慈. 磁场作用下水中铁磁性粒子与弱磁性粒子间的磁吸引力 [J]. 武汉钢铁学院学报, 1988, 3: 12-18.

[50] Svoboda J. A Theoretical Approach to the Magnetic Flocculation of Weakly Magentic Minerals [J]. Inter. Miner. Process., 1981, 8（4）: 377-390.

[51] REN J, LU S C, SHEN J, et al. Research on the Composite Dispersion of Ultra Fine Powder in the Air [J]. Materials Chemistry and Physics, 2001, 69: 204-209.

[52] Timoshenko S. Theory of Eiasticity [M]. New York: Mcgraw-Hill, 1934: 339.

[53] REN J, LU S, SHEN J, et al. Anti-aggreation Dispersion of Ultrafine Particles by Electrostatic Technique [J]. Chinese Science Bulletin, 2001, 46（9）: 740-743.

[54] REN J, LU S, SHEN J, et al. Electrostatic Dispersion of Particles in the Air [J]. Powder Technology, 2001, 120（3）: 187-193.

[55] 崔国文. 表面与界面 [M]. 北京: 清华大学出版社, 1990: 68.

[56] 长沙矿冶研究院. 矿物电选 [M]. 北京: 冶金工业出版社, 1982.

[57] 曾凡, 胡永平. 矿物加工颗粒学 [M]. 徐州: 中国矿业大学出版社, 1995: 143.

[58] Negami S, Ruch R J, Myers R R. The Dielectric Behavior of Polyvinyl Acetate as a Function of Molecular-weight [J]. J. Colloid Interface Sci., 1982, 90（1）: 117-126.

[59] Lian G P, Thornton C, Adams M J. A Theoretical-study of the Liquid Bridge Forces between 2

Rigid Spherical Bodies [J]. J. Colloid Interface Sci., 1993, 161 (1): 138-147.

[60] Bayramli E, Abou-obeid A, Van De Ven T G M. Liquid Bridges between Spheres in a Gravitational-field [J]. J. Colloid Interface Sci., 1987, 116 (2): 490-502.

[61] Coriell S R, Hardy S C, Cordes M R. Stability of Liquid Zones [J]. J. Colloid Interface Sci., 1977, 60 (1): 126-136.

[62] Saez A E, Carbonell R G. The Equilibrium and Stability of Menisci between Touching Spheres under the Effect of Gravity [J]. J. Colloid and Interfce Sci., 1990, 140 (2): 408-418.

[63] 卢寿慈. 粉体加工技术 [M]. 北京: 中国轻工业出版社, 1998.

[64] Rumpf H. Particles Technology [M]. London: Chapman & Hall, 1990: 116-120.

[65] Kawashima Y. Adhesion and Cohesion of Powder. Particles Technology Handbook [M]. New York: Marcel Dekker Inc., 1991: 100-103.

4

分 散 剂

颗粒的分散通常要依靠分散剂在颗粒表面的吸附、反应、包覆或包膜来实现。因此，分散剂在颗粒分散技术中具有非常重要的作用。

颗粒分散一般都有其特定的应用背景或应用领域。在选用分散剂时，必须考虑被分散颗粒的应用领域。例如，用作多相陶瓷、水性或溶剂性涂料、油漆等工业悬浮液中无机颗粒分散的分散剂既要能与无机颗粒有较强的作用，还要与介质相有良好的相容性和配伍性，从而显著提高无机颗粒的分散性；而用作塑料、橡胶、胶黏剂等高聚物基复合材料的无机颗粒的分散的分散剂既要能够与颗粒表面吸附或反应、覆盖于颗粒表面，又要与有机高聚物有较强的化学作用和亲和性，因此，从分子结构来说，用于无机颗粒分散的分散剂应是一类具有一个以上能与无机颗粒表面作用的官能团和一个以上能与有机高聚物分子结合并与高聚物基体相容性好的基团。

分散剂的种类很多，目前还没有一个权威的分类方法，按照不同的应用领域，分散剂大致可归纳为以下四大类：无机电解质类分散剂、表面活性剂、偶联剂和有机硅等其它有机药剂。

4.1 无机电解质类分散剂

无机电解质分散剂被广泛应用于固体颗粒在水中的分散。其主要是调整颗粒表面电位和颗粒表面的润湿性，促进颗粒在水中的分散性；同时也调节分散体系的碱度或酸度及离子的组成。根据无机分散剂的特性及其在分散过程中的作用，可分为小分子无机分散剂和无机聚合物分散剂。小分子无机分散剂，如磷酸钠、苏打等；无机聚合物分散剂，如聚磷酸钠、硅酸钠等。前者的聚合度一般在 20～100 之间；后者在水溶液中往往生成硅酸聚合物，通常，硅酸钠在强碱性介质中使用。

几种有代表性的无机电解质类分散剂的化学结构[1]如下：

六偏磷酸钠（SHMP）：

$$Na^+-O^--\overset{\overset{O}{\|}}{\underset{\underset{Na^+}{O^-}}{P}}-O-\overset{\overset{O}{\|}}{\underset{\underset{Na^+}{O^-}}{P}}-O-\overset{\overset{O}{\|}}{\underset{\underset{Na^+}{O^-}}{P}}-O-\overset{\overset{O}{\|}}{\underset{\underset{Na^+}{O^-}}{P}}-O-\overset{\overset{O}{\|}}{\underset{\underset{Na^+}{O^-}}{P}}-O^--Na^+ \qquad (4\text{-}1)$$

聚硅酸钠：

$$Na^+-O^--\overset{\overset{Na^+}{\overset{O^-}{|}}}{\underset{\underset{Na^+}{O^-}}{Si}}-O-\overset{\overset{Na^+}{\overset{O^-}{|}}}{\underset{\underset{Na^+}{O^-}}{Si}}-O-\overset{\overset{Na^+}{\overset{O^-}{|}}}{\underset{\underset{Na^+}{O^-}}{Si}}-O-\overset{\overset{Na^+}{\overset{O^-}{|}}}{\underset{\underset{Na^+}{O^-}}{Si}}-O^--Na^+ \qquad (4\text{-}2)$$

聚铝酸钠（SPA）：

$$H_2O-\overset{\overset{H}{\overset{O}{|}}}{\underset{\underset{H}{O}}{Al}}-O-\overset{\overset{Na^+}{\overset{O^-}{|}}}{\underset{\underset{H}{O}}{Al}}-O-\overset{\overset{H}{\overset{O}{|}}}{\underset{\underset{Na^+}{O^-}}{Al}}-O-\overset{\overset{Na^+}{\overset{O^-}{|}}}{\underset{\underset{H}{O}}{Al}}-OH_2 \qquad (4\text{-}3)$$

四硼酸钠：

$$Na^+-O^--B\diamond B-O-B\diamond B-O^--Na^+ \qquad (4\text{-}4)$$

如果按亲水基分类，分为磷酸盐、硫代磷酸盐、硅酸盐、氟硅酸盐、碳酸盐、硫代碳酸盐、硫代硫酸盐、铝酸盐、硼酸盐和无机溶胶等。无机电解质类分散剂的分类及一些常用的分散剂见表 4-1。

表 4-1　无机电解质类分散剂的分类与常用的分散剂[2-4]

亲水基	结构式	常用品种
磷酸盐	$(NaPO_3)_6$	六偏磷酸钠 聚磷酸钠
	$K_5P_3O_{10}$	三聚磷酸钾
	$K_4P_2O_7$	焦磷酸钾
	Na_3PO_4	磷酸钠
	$Ca_3(PO_4)_2$	磷酸钙
		2-膦酸丁烷-1,2,4-三羧酸
硫代磷酸盐	$(HO)_2\text{-PS-SNa}$	硫代磷酸钠

亲水基	结构式	常用品种
	$(Na_2SiO_3)_n$	聚硅酸钠
硅酸盐	Na_2SiO_3	硅酸钠
		偏硅酸钠
氟硅酸盐	$(Na_2O)(Na_2SiO_3)_x$	氟硅酸钠
碳酸盐	Na_2CO_3	苏打
硫代碳酸盐	$HO-C_2-SNa$	硫代碳酸钠
硫代硫酸盐	$Na_2S_2O_3$	硫代硫酸钠
铝酸盐	$(Na_2O)(Na_2AlO_2)_x$	聚铝酸钠
	Na_2AlO_3	铝酸钠
硼酸盐	$Na_2B_4O_7$	四硼酸钠
	$NaBO_2$	硼酸钠
无机溶胶	$\equiv SiOH^-$	氧化硅溶胶

硅酸钠也叫水玻璃。硅酸钠的分子式为 Na_2SiO_3，但是实际上它是一种复合物，应用 $Na_2O \cdot RSiO_2$ 表示更为合适，R 代表"模数"。在水中可电离如下：

$$[Na_2O \cdot RSiO_2]_x \Longleftrightarrow Na^+ + SiO_3^{2-} + (mSiO_3 \cdot nSiO_2)^{2m-} + nSiO_2 + (Na_2O \cdot rSiO_2)_y \tag{4-5}$$

当溶液稀释时，复合的硅酸根会再电离：

$$(mSiO_3 \cdot nSiO_2)^{2m-} \Longleftrightarrow mSiO_3^{2-} + nSiO_2 \tag{4-6}$$

在式(4-5)和式(4-6)中，括号内的物质均表示胶态物。硅酸根水解产生 $HSiO_3^-$ 和 H_2SiO_3。H_2SiO_3 是二元酸。又可分两步电离：

$$H_2SiO_3 \Longleftrightarrow HSiO_3^- + H^+ \tag{4-7}$$

$$HSiO_3^- \Longleftrightarrow SiO_3^{2-} + H^+ \tag{4-8}$$

所以硅酸钠的稀溶液中含有 SiO_3^{2-}、$HSiO_3^-$、$(mSiO_3 \cdot nSiO_2)^{2m-}$ 复合阴离子，H_2SiO_3、胶态 SiO_2 和 $Na_2O \cdot rSiO_2$ 等。

硅酸钠的"模数"越高，分散作用越显著。

4.2 表面活性剂

表面活性剂分散剂具有两个基本特性：一是易于定向排列在颗粒表面或两相界面上，从而使表面或界面性质发生显著变化；二是分散剂在溶液中的溶解度，即以分子分散状态赋存的浓度较低，在通常使用浓度下大部分以胶团（缔合体）状态存在。分散剂的表（界）面张力、表面吸附、乳化、分散、悬浮、团聚、起（消）泡等界面性质及增溶、催化、洗涤等实用性能均与上述两个基本特性有直接或间接的关系。

4.2.1 表面活性剂的分类

通常情况下，表面活性剂可大体上按溶于水是否电离分为离子型和非离子型两大类。而离子型又可分为阴离子型、阳离子型和两性离子型。

表面活性剂按分子大小可分为小分子表面活性剂和高分子表面活性剂。

各类表面活性剂按其亲水基的类型，又可进一步分类。表 4-2 列出了表面活性剂的分类及一些常用的分散剂。

表 4-2 表面活性剂的分类及常用的分散剂[1,5-18]

类型		亲水基	结构式	常用品种
离子型分散剂	阴离子型	羧酸盐	R—COOM	硬脂酸钠 硬脂酸三乙醇铵盐 油酸盐 其它各种羧酸盐
			高分子类	单宁 羧甲基纤维素 羧甲基淀粉 丙烯酸接枝淀粉 水解丙烯腈淀粉 丙烯酸共聚物 马来酸共聚物 水解聚丙烯酰胺 腐殖酸
		磺酸盐	R—SO$_3$M	十二烷基苯磺酸钠 二丁基苯磺酸钠
			高分子类	木质素磺酸盐 缩合萘磺酸盐 聚苯乙烯磺酸盐 合成单宁
		磷酸盐	R—PO$_4$M$_2$	高级醇磷酸酯二钠 高级醇磷酸双酯钠
		硫酸酯盐	R—SO$_4$M	十二烷基硫酸钠 十二烷基苯硫酸钠
			高分子类	缩合烷基苯醚硫酸酯

续表

类型		亲水基	结构式	常用品种
离子型分散剂	阳离子型	伯胺盐	$R—NH_3Cl$	
		仲胺盐	$R—(CH_3)NH_2X$	
		叔胺盐	$R—(R_2')NHX$	
		氨基	高分子类	壳聚糖 阳离子淀粉 氨基烷基丙烯酸酯共聚物
		季铵盐	$R—N(R')_3X$	十六烷基三甲基溴化铵
			高分子类	含有季铵基的丙烯酰胺共聚物 聚乙烯苯甲基三甲铵盐
		吡啶盐	$R—(C_5H_5N) \cdot X$	十二烷基吡啶盐酸盐 十六烷基溴代吡啶
	两性离子型	氨基酸	$R—N^+H—R'—COO^-$ $R—N^+H—R'—SO_3^-$	十二烷基氨基丙烯酸钠
		甜菜碱	$R—N^+(R')_2—CH_2COO^-$	十八烷基二甲基甜菜碱
		咪唑啉	$R—CNH(CH_2)_2N^+CH_2COO^-$	
		氨基、羧基等	高分子类	水溶性蛋白质类等
非离子型分散剂		聚氧乙烯	$R—O—(C_2H_4O)_n—H$	脂肪醇聚氧乙烯醚 烷基苯酚聚氧乙烯醚
				氯化木素
			$RCOO—(CH_2CH_2O)_n—H$	司盘(Span)型 吐温(Tween)型
		多元醇等	高分子类	木素 淀粉 甲基纤维素 乙基纤维素 羟乙基纤维素 聚乙烯醇 聚氧乙烯聚氧丙烯醚 聚乙烯基醚 聚丙烯酰胺 EO加成物 聚乙烯吡咯烷酮

4.2.2　表面活性剂的结构特征

表面活性剂分散剂分子包含两个组成部分：一个是较长的非极性基团，称为疏水基；另一个是较短的极性基团，称为亲水基。表面活性剂是一个双亲性分子，例如十二烷基硫酸钠（$C_{12}H_{25}SO_4Na$）分子中，烷基（$C_{12}H_{25}$—）是亲油基，硫酸基（—SO_4Na）是亲水基。表 4-3 中列出了几种具有代表性的疏水基和亲水基。分散剂的化学结构和性能的从属关系大体上如表 4-4 所示。

表 4-3　几种具有代表性的疏水（亲油）基与亲水基的种类[6]

亲油基原子团	亲水基原子团
石蜡烃基　R—	磺酸基　—SO_3^{2-}
烷基苯基　R—C_6H_4—	硫酸酯基　—O—SO_3^{2-}
烷基酚基　R—C_6H_4—O—	氰基　—CN
脂肪酸基　R—COO^-	羧基　—COO^-
脂肪酰氨基　R—CONH—	酰氨基　—CONH—
脂肪醇基　R—O—	羟基　—OH
脂肪氨基　R—NH—	铵基　—N≡
马来酸烷基酯基　R—COO—CH— 　　　　　　　　R—COO—CH_2	磷酸基　—PO_4^{2-}
烷基酮基　R—$COCH_2$—	卤基　—Cl，—Br 等
聚氧丙烯基　　　　　　CH_3 　—O—(CH_2—CH—O—)$_n$	氧乙烯基　—CH_2—CH_2—O— 巯基　—SH

注：R—烃基，碳原子数为 8~18。

表 4-4　分散剂的化学结构与性能的从属关系[19]

直链结构			立体结构
强	← 吸附膜的强度 →		弱
小	← 吸附面积 →		大
强	← 对不稳定界面的效应 →		弱
弱	对稳定界面的效应 →		强
小	← 表面张力 →		大
弱	润湿性 →		强
较好	← 乳化性 →		较差
较好	← 分散性 →		较差
强	← 发泡性 →		弱
强	← 洗涤性 →		弱
弱	W/O 互溶性 →		强
强	← 平滑性 →		弱

4.2.3　表面活性剂分散剂的 HLB 值

4.2.3.1　HLB 值

表面活性剂分子中同时存在亲水基和疏水基，二者亲水性和疏水性的相对大小就决定了整个分子的亲水亲油性。1949 年，Griffin 提出用 HLB（Hydrophile and Lipophile Balance）值表征分散剂的亲水性和疏水性，HLB 值称为亲水亲油平衡值。

因为表面活性剂的分散性能与其亲水亲油性有着密切关系，通常它的分散性能用 HLB 值判断。HLB 值是一个相对值。规定疏水性强的石蜡的 HLB 值为 0，油酸的 HLB 值为 1，油酸钾的 HLB 值为 20，亲水性强的十二烷基硫酸钠的 HLB 值为 40。以此为标准，就可求出其它分散剂合成相对的 HLB 值。HLB 值越小，分散剂的疏水性越强，HLB 值越大，表面活性剂的亲水性越强。表 4-5 列出了常用的表面活性剂的 HLB 值。

表 4-5　一些常用的表面活性剂的 HLB 值

化学组成	商品名称	HLB 值
石蜡		0
油酸		1
失水山梨醇三油酸酯	Span-85	1.8
失水山梨醇硬脂酸酯	Span-65	2.1
失水山梨醇单油酸酯	Span-80	4.3
失水山梨醇单硬脂酸酯	Span-60	4.7
聚氧乙烯月桂酸酯-2	LAE-2	6.1
失水山梨醇单棕榈酸酯	Span-40	6.7
失水山梨醇单月桂酸酯	Span-20	8.6
聚氧乙烯油酸酯-4	EO-4	7.7
聚氧乙烯十二醇醚-4	MOA-4	9.5
双十二烷基二甲基氯化铵		10.0
十四烷基苯磺酸钠	ABS	11.7
油酸三乙醇胺	FM	12.0
聚氧乙烯壬基苯酚醚-9	OP-9	13.0
聚氧乙烯十二胺-5		13.0
聚氧乙烯辛基苯酚醚-10	Triton X-100（TX-10）	13.5
聚氧乙烯失水山梨醇单硬脂酸酯	Tween-60	14.9
聚氧乙烯失水山梨醇单油酸酯	Tween-80	15.0
十二烷基三甲基氯化铵	DTC	15.0

续表

化学组成	商品名称	HLB 值
聚氧乙烯十二胺-15		15.3
聚氧乙烯失水山梨醇棕榈酸酯	Tween-40	15.6
聚氧乙烯硬脂酸酯-30	SE-30	16.0
聚氧乙烯硬脂酸酯-40	SE-30	16.7
聚氧乙烯失水山梨醇月桂酸单酯	Tween-20	16.7
聚氧乙烯辛基苯酚醚-30	TX-30	17.0
油酸钠	钠皂	18.0
油酸钾	钾皂	20.0
十六烷基乙基吗啉基乙基硫酸盐	阿特拉斯 263	25～30
十二烷基硫酸钠	AS	40

表面活性剂的 HLB 值与其性能和作用有关，图 4-1 描述了 HLB 值的分类与应用。从图 4-1 可见，表面活性剂的 HLB 值在 3.5～6 的范围内是 W/O 型的乳化分散剂，HLB 值在 8～18 范围内的表面活性剂是良好的 O/W 型乳化分散剂。

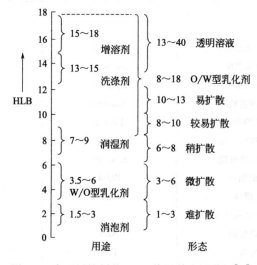

图 4-1 表面活性剂的 HLB 值及其应用范围[19]

4.2.3.2 HLB 值的计算[2]

表面活性剂使用时首先必须考虑其本身的亲水亲油性与应用体系的亲水亲油性相适应，以使分散剂能稳定地取向排列在界面上发挥作用。

表面活性剂的 HLB 值有很多计算方法，但都有其一定的适用范围，不能任意套用，下面介绍几种常用的方法。

对于聚乙二醇类非离子型表面活性剂的 HLB 值，其计算式为：

$$HLB = \frac{亲水基重量}{亲水基重量 + 疏水基重量} \times 20 \qquad (4\text{-}9)$$

对于非离子型表面活性剂，特别是脂肪族醇类的聚氧乙烯衍生物以及多元醇-脂肪酸的酯类，它们的 HLB 值可用式(4-10) 求得：

$$HLB = 20\left(1 - \frac{S}{A}\right) \qquad (4\text{-}10)$$

式中，S 为酯的皂化值，A 为脂肪酸的酸值。对完全不亲水的分散剂 $S = A$，则 HLB=0；而对完全亲水的表面活性剂 $S = 0$，则 HLB=20。因此，非离子型表面活性剂的 HLB 值在 0～20 之间。

对于许多脂肪酸的酯类表面活性剂难以获得其皂化值，这类物质可用式(4-11) 求得 HLB 值：

$$HLB = \frac{E + P}{5} \qquad (4\text{-}11)$$

式中，E 为氧乙烯链的质量分数，%；P 为多元醇基团的质量分数，%。

这两个计算 HLB 值的公式不适用于含有氧化丙烯、氧化丁烯、氮、硫等非离子型表面活性剂，更不能用于离子型的表面活性剂。通常情况下，为了获得它们的 HLB 值，可用它们在水中的溶解度估计。表 4-6 给出了它们之间的大致关系。

表 4-6　表面活性剂的 HLB 值与其在水中溶解度的关系

在水中分散程度	HLB 值范围
不能分散	1～4
难以分散	3～6
强烈搅拌后呈乳状液分散	6～8
稳定乳液分散	8～10
半透明分散	10～13
透明分散	13 以上

对离子型表面活性剂，由于亲水基团的亲水性与其基团质量间并无某种关联，因此不适用于上述或类似的公式。为此 Davies 提出了基团加和法。其思路是将表面活性剂分子分解成不同的基团，每个基团对 HLB 值都有贡献，称为 HLB 基团数，亲水基的基团数为正，疏水基的基团数为负，故整个分子的 HLB 值可用式(4-12) 基团数加和法计算：

$$HLB = 7 + \sum(亲水基的基数) - \sum(疏水基的基数) \qquad (4-12)$$

一些常见基团的 HLB 基数见表 4-7。

表 4-7　一些常见基团的 HLB 基数[20]

亲水基	HLB 基数	亲油基	HLB 基数
—SO₃Na	38.7	—CH—	—0.475
—COOK	21.1	—CH₂—	—0.475
—COONa	19.1	—CH₃	—0.475
—COOH	2.1	=CH—	—0.475
—OH(自由)	1.9	—CF₂—	—0.870
—O—	1.3	—CF₃	—0.870
—OH(失水山梨醇环)	0.5	—CH₂CH₂CH₂O—	—0.15

—CH₂CH₂O—	0.33	—CH—CH₂—O—
		   |
		   CH₃
			—0.15

酯(失水山梨醇环)	6.8	CH₃ | —CH₂—CH—O—	—0.15
酯(自由)	2.4	苯环	—1.662

要获得良好的分散效果,常常使用两种或两种以上的混合表面活性剂。混合表面活性剂的 HLB 值近似有加和性,可以从单个表面活性剂的 HLB 值求出混合表面活性剂的 HLB 值,即

$$(HLB)_{mix} = f(HLB)_A + (1-f)(HLB)_B \qquad (4-13)$$

式中　　　$(HLB)_{mix}$——混合表面活性剂的 HLB 值;

$(HLB)_A$ 和 $(HLB)_B$——A 和 B 表面活性剂的 HLB 值;

f 和 $(1-f)$——A 和 B 表面活性剂的质量分数,%。

4.3　偶联剂

偶联剂是具有两性结构的化学物质。按其化学结构和成分可分为硅烷类偶联剂、钛酸酯类偶联剂、铝酸酯类偶联剂、锆铝酸盐类偶联剂及有机络合物等几种。

4.3.1　硅烷偶联剂

硅烷类偶联剂是一种具有特殊结构的低分子有机硅化合物,其通式为 $RSiX_3$。式中 R 代表与聚合物分子有亲和力或反应能力的活性官能团,X 代表

能够水解的烷氧基。根据分子结构中 R 基的不同，硅烷类偶联剂可分为氨基硅烷、环氧基硅烷、巯基硅烷、乙烯基硅烷、甲基丙烯酰氧基硅烷、脲基硅烷以及异氰酸酯基硅烷等。表 4-8 列出了各种硅烷偶联剂的化学结构和主要物理性质。

表 4-8 各种硅烷偶联剂的化学结构和主要物理性质[14,21]

种类	化学名称	化学结构	商品名称 康普顿[美]	商品名称 中国	相对分子质量	密度/(g/cm³)	沸点/℃
氨基硅烷	氨丙基三乙氧基硅烷	$NH_2(CH_2)_3Si(OCH_2CH_3)_3$	A-1100	KH-550 SCA-1113	221.3	0.946	220
	氨丙基三甲氧基硅烷	$NH_2(CH_2)_3Si(OCH_3)_3$	A-1110	SCA-1103	179.3	1.014	210
	2-氨乙基氨丙基三甲氧基硅烷	$NH_2(CH_2)_2NH(CH_2)_3Si(OCH_3)_3$	A-1120	KH-792 SCA-603	222.4	1.030	259
	二乙烯三氨基丙基三甲氧基硅烷	$NH_2(CH_2)_2NH(CH_2)_2NH(CH_2)_3Si(OCH_3)_3$	A-1130	SCA-1503	251.4	1.030	250
	二(三甲氧基甲硅烷基丙基)胺	$HN\begin{cases}(CH_2)_3Si(OCH_3)_3\\(CH_2)_3Si(OCH_3)_3\end{cases}$	A-1170		341.5	1.040	152
	氨乙基氨丙基甲基二甲氧基硅烷	$NH_2(CH_2)_2NH(CH_2)_3SiCH_2(OCH_3)_2$	A-2120	SCA-602	206.1	0.980	85
	氨乙基氨丙基三乙氧基硅烷	$NH_2(CH_2)_2NH(CH_2)_3Si(OCH_3CH_3)_3$		SCA-613	264.1	0.950~0.970	
环氧基硅烷	3,4-环氧环己基乙基三甲氧基硅烷	(环氧环己基)—$CH_2CH_2Si(OCH_3)_3$	A-186		246.4	1.065	310
	缩水甘油醚氧丙基三甲氧基硅烷	CH_2—$CHCH_2OCH_2CH_2CH_2Si(OCH_3)_3$	A-187	KH-560 SCA-403	236.4	1.069	290
巯基硅烷	巯基丙基三甲氧基硅烷	$HS(CH_2)_3Si(OCH_3)_3$	A-189	KH-590 SCA-903	196.4	1.057	212
	双[3-(三乙氧基硅基)丙基]四硫化物	$(C_2H_5O)_3Si(CH_2)_3S_4(CH_2)_3Si(OC_2H_5)_3$	A-1289	D-69	539		

续表

种类	化学名称	化学结构	商品名称 康普顿[美]	商品名称 中国	相对分子质量	密度 /(g/cm³)	沸点 /℃
乙烯基硅烷	乙烯基三甲氧基硅烷	$CH_2\!\!=\!\!CHSi(OCH_3)_3$	A-171	SCA-1603	148.2	0.967	122
	乙烯基三乙氧基硅烷	$CH_2\!\!=\!\!CHSi(OCH_2CH_3)_3$	A-151	SCA-1603	190.4	0.905	160
	乙烯基三(2-甲氧基乙氧基)硅烷	$CH_2\!\!=\!\!CHSi(OCH_2CH_2OCH_3)_3$	A-172	SCA-1623	280.4	1.035	285
	乙烯基甲基二甲氧基硅烷	$CH_2\!\!=\!\!CHSiCH_2(OCH_3)_2$	A-2171			0.888	106
甲基丙烯酰氧基硅烷	甲基丙烯酰氧基丙基三甲氧基硅烷	$CH_2\!\!=\!\!C(CH_3)CO_2(CH_2)_3Si(OCH_3)_3$	A-174	KH-570 SCA-503	248.4	1.045	255
脲基硅烷	脲基丙基三乙氧基硅烷	$\overset{O}{H_2NCNHC_3H_6Si(OCH_3)_x(OC_2H_5)_{3-x}}$	A-1160			0.920	
	脲基丙基三甲氧基硅烷	$\overset{O}{H_2NCNHC_3H_6Si(OCH_3)_3}$	A-11542		220	1.150	217
异氰酸酯基硅烷	异氰酸酯丙基三乙氧基硅烷	$O\!\!=\!\!C\!\!=\!\!N(CH_2)_3Si(OCH_2CH_3)_3$	A-1310		247	0.999	238
硅烷酯类	辛基三乙氧基硅烷	$CH_3(CH_2)_7Si(OCH_2CH_3)_3$	A-137	SCA-213B	276.5	0.876	98
	甲基三乙氧基硅烷	$CH_3Si(OCH_2CH_3)_3$	A-162	SCA-113	178.3	0.890	143
	甲基三甲氧基硅烷	$CH_3Si(OCH_3)_3$	A-1630	SCA-103	136.3	0.950	101

4.3.2 钛酸酯偶联剂

钛酸酯类偶联剂按其分子结构可分为 6 个功能区，每个功能区都有其特点，在偶联剂中发挥各自的作用。

钛酸酯偶联剂的通式和 6 个功能区：

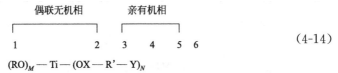

$$(4\text{-}14)$$

式中，$1 \leqslant M \leqslant 4$，$M+N \leqslant 6$；R 为短碳链烷烃基；R' 为长碳链烷烃基；X 为 C、N、P、S 等；Y 为羟基、氨基、双键等基团。

钛酸酯偶联剂按其化学结构可分为单烷氧基型、螯合型和配位型三大类。国内外钛酸酯类偶联剂主要品种及其技术性能见表 4-9。

表 4-9　国内外钛酸酯类偶联剂主要品种及其技术性能[14,21]

类型	化学名称	商品牌号		主要物化指标
		国外	国内	
单烷氧基型	异丙氧基三(异硬脂酰基)钛酸酯	KR-TTS	NDZ-105 NDZ-101 TSC	棕红色液体；密度：(30℃)0.90～0.95g/mL；黏度：(30℃)20～80mPa·s；可溶于异丙醇、甲苯、矿物油等；分解温度 255℃
	异丙氧基三(十二烷基苯磺酰基)钛酸酯	KR-9S	JN-9 YB-104	浅棕色液体；密度：(30℃)1.00～1.10g/mL；黏度：(30℃)≥2900mPa·s；折射率 1.500±0.01；可溶于矿物油
	异丙氧基三(磷酸二辛酯)钛酸酯	KR-12	NDZ-102 JN-108 YB-203	浅黄色液体；密度：(30℃)1.00～1.10g/mL；黏度：(30℃)≥100mPa·s；折射率 1.450±0.01；可溶于异丙醇、甲苯、矿物油等；分解温度260℃
	异丙氧基三(焦磷酸二辛酯)钛酸酯	KR-38S	NDZ-201 JN-114 YB-201	浅棕色液体；密度：(30℃)1.02～1.15g/mL；黏度：(30℃)≥400mPa·s；折射率 1.460±0.02；可溶于异丙醇、甲苯、矿物油等；分解温度210℃
螯合型	二(焦磷酸二辛酯)羟乙酸钛酸酯	KR-138S	NDZ-311 JN-115 JN-115A YB-301 YB-401	浅棕色液体；密度：(30℃)1.02～1.15g/mL；黏度：(30℃)≥200mPa·s；折射率 1.460±0.02；可溶于异丙醇、甲苯、二甲苯等；分解温度210℃
	二羧酰基亚乙基钛酸酯	KR-201	JN-201	棕褐色液体；密度：(30℃)0.94～0.98g/mL；黏度：(30℃)30～80mPa·s；可溶于异丙醇、甲苯、矿物油等；折射率1.480±0.01
	二(焦磷酸二辛酯)亚乙基钛酸酯	KR-138S	JN-644 JN-646 YB-302 YB-402	浅棕色液体；密度：(30℃)1.02～1.5g/mL；黏度：(30℃)≥3000mPa·s；折射率 1.490±0.02

续表

类型	化学名称	商品牌号		主要物化指标
		国外	国内	
螯合型	三乙醇胺钛酸酯	TILCOMTET	JN-54 YB-404	浅黄色液体；密度：(30℃)1.03~1.10g/mL；黏度：(30℃)≥20mPa·s；折射率1.480±0.01
	醇胺二亚乙基钛酸酯	TILCOMAT	JN-AT YB-405	淡黄色透明液体；密度：(30℃)1.05~1.15g/mL；黏度：(30℃)≥20mPa·s；pH 值：9.0±1.0
	醇胺脂肪酸钛酸酯		TNF YB-403	棕色液体；密度：(30℃)1.00~1.10g/mL；黏度：(30℃)≥75mPa·s；pH 值：8.0±0.5
配位型	四异丙基二（亚磷酸二辛酯）钛酸酯	KR-41B	NDZ-401	浅黄色液体；密度：(20℃)0.945g/mL；分解温度260℃；闪点54℃；可溶于异丙醇、甲苯、矿物油等，不溶于水
	二（亚磷酸二月桂酯）四氧辛氧基钛酸酯	KR-46		

4.3.3 铝酸酯偶联剂

铝酸酯偶联剂的化学通式为：

$$
\begin{array}{c}
D_n \\
\downarrow \\
(RO)_x - Al - (OCOR')_m
\end{array}
\tag{4-15}
$$

式中，D_n 代表配位基团，如 N、O 等；RO 为与无机颗粒表面作用的基团；OCOR' 为与基材作用的基团。

国内外铝酸酯类偶联剂主要品种及其技术性能见表 4-10。

表 4-10　铝酸酯类偶联剂主要品种、性能特点和适用范围[14,21]

品种	性状	化学名称	适用范围	性能特点
DL-411-A	白色蜡状固体	$(i\text{-}C_3H_7O)_x Al\text{-}[(C_{16}\sim C_{18})(H_{31}\sim H_{35})O_2]_m \cdot D_n$	塑料用无机填料、颜料及阻燃剂表面处理	熔融温度75~80℃；熔化时间(160℃)≤5min；色化≤9；降黏幅度≥98%；杂质≤0.2%
DL-411-AF				
DL-411-D				
DL-411-DF				
DL-411-B	无色或淡黄色透明液体			
DL-411-C				

品种	性状	化学名称	适用范围	性能特点
DL-811	白色蜡状固体		塑料用无机填料、颜料及阻燃剂表面处理	熔融温度 75～80℃;熔化时间(160℃)≤5min;色度≤9,降黏幅度≥98%;杂质≤0.2%,不易溶于水
DL-412-A	黄色透明液体	$(RO)_x Al \text{—} [(C_{16}\sim C_{18})(H_{29}\sim H_{33})O_2]_m \cdot D_n$	涂料、橡胶用无机填料、颜料及阻燃剂表面处理	含双键,参与交联,干燥
DL-412-B				含双键,参与交联,干燥,不易水解
DL-812				
DL-414	黄色透明液体	$(RO)_x Al \text{—} [(C_{11}\sim C_{16})(H_{29}\sim H_{33})O_2]_m$	涂料、橡胶用无机填料、颜料及阻燃剂表面处理	含双键,参与交联,干燥,不易水解
DL-481	淡黄色荧光性液体	$(RO)_x Al \text{—} [(C_{11}\sim C_{16})(H_{11}\sim H_{21})O_4]_m$	PVC 用填料表面处理	具有增效作用
DL-881				
DL-482	棕红色黏稠液体	$(RO)_x Al \text{—} (C_7 H_9 O_4)_m$	不饱和聚酯用填料、阻燃剂表面处理	含双键,参与固化交联
DL-882	棕红色液体	$(RO)_x Al \text{—} (C_{16} H_{34} PO_4)_m \cdot D_n$		
DL-451-A	白色蜡状固体		塑料、涂料用填料,阻燃剂表面处理	降黏性好
DL-851				
DL-452	淡黄色流动液体			低黏度
DL-429	棕红色黏稠液体	$(RO)_x Al \text{—} (C_{21} H_{34} O)_m$	涂料用填料、颜料表面处理	含双键,参与交联,干燥
DL-427	无色或淡黄色液体		涂料、塑料用填料及颜料	有好的防沉降性
DL-467	淡黄色液体	$(i\text{-}C_3 H_7 O)_x Al \begin{cases} [(C_{16}\sim C_{18})(H_{31}\sim H_{33})O_2]_m \\ (O\text{—}\underset{\underset{O}{\parallel}}{C}\text{—}CH=CH_2)_n \end{cases}$	涂料、橡胶用填料表面处理	含双键,参与交联
DL-461	棕红色黏稠液体	$(i\text{-}C_6 H_7 O)_x Al \begin{cases} [O\text{—}\bigcirc\text{—}OC_{15}(H_{28}\sim H_{31})]_m \\ (O\text{—}\underset{\underset{O}{\parallel}}{C}\text{—}CH_2\text{—}CH=CH_2)_n \end{cases}$	涂料用填料表面处理	含双键,参与固化

参考文献

[1]　Conley R F. Practical Dispersion [M]. VCH Publishers, 1996.

[2]　王淀佐. 浮选药剂作用原理及应用 [M]. 北京：冶金工业出版社，1981.

[3]　朱玉霜，朱建光. 浮选药剂的化学原理 [M]. 长沙：中南工业大学出版社，1987.

[4]　见百熙. 浮选药剂 [M]. 北京：冶金工业出版社，1981.

[5]　卢寿慈. 粉体技术手册 [M]. 北京：化学工业出版社，2004.

[6]　侯万国，孙德军，张春光. 应用胶体化学 [M]. 北京：科学出版社，1998.

[7]　森山登. 分散·凝集的化学（日）[M]. 产业图书株式会社，Sbooks，1995.

[8]　任俊，卢寿慈. 颗粒的分散 [J]. 中国粉体技术，1998，4（1）：25-33.

[9]　卢寿慈. 粉体加工技术 [M]. 北京：轻工业出版社，1998.

[10]　赵国玺. 表面活性剂物理化学 [M]. 北京：北京大学出版社，1984.

[11]　任俊. 表面活性剂的性质及在界面分选中的应用 [J]. 四川有色金属，1997（4）：34-47.

[12]　任俊，卢寿慈，沈健，等. 微细颗粒在水、乙醇及煤油中的分散行为特征 [J]. 科学通报，
　　　2000，45（6）：583-586.

[13]　任俊，邹志清，沈健，等. ND426对超细 $CaCO_3$ 悬浮液的分散性能 [J]. 中国粉体技术，
　　　2000，6：177-185.

[14]　刘英俊. 塑料填料 [M]. 北京：化学工业出版社，1998.

[15]　任俊. 硅酸钠在细粒赤铁矿与含铁硅酸盐矿物选择性磁团聚中的分散作用 [J]. 矿冶工程，
　　　1991，11（3）：29-33.

[16]　冉宁庆，戴郁箐，朱光，等. 亚甲基萘磺酸-苯乙烯磺酸-马来酸盐对水煤浆的分散作用研究
　　　[J]. 南京大学学报，1999，35（5）：643-647.

[17]　曾凡. 水煤浆添加剂 [J]. 选煤技术，1995（1）：41-45.

[18]　任俊，卢寿慈. 在水介质中分散剂对微细颗粒分散作用的影响 [J]. 北京科技大学学报，
　　　1998，20（1）：7-10.

[19]　常致成. 油基表面活性剂 [M]. 北京：中国轻工业出版社，1998.

[20]　崔正刚，殷富珊. 微乳化技术及应用 [M]. 北京：中国轻工业出版社，1999.

[21]　郑水林. 粉体表面改性 [M]. 北京：中国建材工业出版社，2003.

5

颗粒的表面改性

　　颗粒表面改性是指用化学、物理或机械等方法对颗粒表面进行处理，有目的地改变颗粒表面的物理化学性质，如表面成分、结构和官能团、表面能、表面润湿性、电性、吸附和反应特性等，以改善分散体系的分散稳定性。

　　颗粒在介质中分散的基本依据是颗粒表面性质与分散介质之间的极性相似性原则。在实施分散的过程中，由于不同极性颗粒与不同极性分散介质的表面或界面性质不同，相容性较差，单纯利用颗粒表面自然性质在不同分散介质中通常难以达到有效、均匀分散。为了缩小颗粒表面与分散介质之间的相容性差异，使分散相在分散介质中达到充分分散的目的，可以通过采用物理、化学或机械等方法人为地改变颗粒表面性质来实现。这一章中，我们将对应用广泛而本身发展比较系统的改性调控方法加以介绍。

5.1　颗粒表面的物理改性

　　许多文献对利用物理方法在颗粒表面改性方面进行过较详细的讨论。下面概括地介绍两种物理改性方法。

5.1.1　电磁波辐照改性

　　按波长大小，电磁波可分为 γ 射线、X 射线、紫外线、可见光、红外线、微波、无线电波等。电磁波、中子流在无机颗粒表面改性领域都有应用。辐照能改变颗粒的结构、电极电位、吸附性、润湿性等。基科因等人通过测定强 γ 射线（22MeV）辐照前后固体颗粒在甘油中的接触角的变化，见表 5-1，得出当辐照剂量达到 0.258C/kg 时，固体颗粒的润湿性变化极其显著。

表 5-1 辐照前后几种固体颗粒接触角的变化[1]

颗粒	(在甘油介质中)接触角 $\theta/(°)$	
	辐照前	辐照后
Fe_2O_3	28	56
MnO_2	35	73
$CaWO_4$	20	53
$FeTiO_2$	44	54
$\gamma\text{-}Fe_2O_3$	39	59
$CaCO_3 \cdot Cu(OH)_2$	49	61
Fe_2O_3(假象)	50	61

辐照可以产生自由基,并加速颗粒在水或空气中的表面氧化。例如,水在强射线的作用下分解产生自由基 e、H、OH 及激发态水分子 H_2O:

$$H:O:H \longrightarrow (H \cdot O:H)^+ + e$$

H_2O^+ 及自由电子 e 极快地与水分子作用:

$$H_2O^+ + H_2O \longrightarrow H_3O^+ + OH$$

$$e + H_2O \rightarrow H_3O^- \longrightarrow H + OH^-$$

自由基 H、OH 极不稳定,生成:

$$H + H \longrightarrow H_2$$

$$OH + H \longrightarrow H_2O$$

$$HO + OH \longrightarrow H_2O_2$$

在整个辐射反应中,一系列中间物均具有与邻近分子作用的较大活性。溶于水中的氧在射线辐照下也发生变化,生成臭氧而显著提高化学活性。

5.1.2 等离子体改性[2-4]

通过放电的方法制造等离子体状态,即分离成离子和电子,具有导电性能。在这种等离子体中,通常含有带正电荷的离子和带负电荷的电子。等离子体中发生的是一个气相非平衡反应。传递到颗粒上的能量 E 与颗粒的质量 m 及电场的振动频率 f 有关:

$$E \propto \frac{1}{mf^2} \tag{5-1}$$

从式(5-1)可以看出,由于电子质量小,将获得较离子或自由基更多的能量。另外在等离子体区，传递到颗粒上的能量还与不带电的分子及原子的碰撞频率 z 有关：

$$E = \propto \frac{1}{m} \times \frac{z}{f^2 + z^2} \tag{5-2}$$

碰撞频率随气体压力的增加而增加。当 $f = z$ 时，传递的能量 E 有最大值。实验上采用的频率为 0.915GHz 或 2.45GHz。

近年来，在等离子体刻蚀的研究中普遍发现，遭受离子轰击的表面反应速率大大加快。例如，XeF_2-Si-Ar^+ 体系，图 5-1 是在不同情况下 Si 的刻蚀速率。图 5-1 中曲线可按时间分为三个阶段：$t < 200s$ 时，为 Si 膜暴露于 XeF_2 中的转让刻蚀速率；$200s < t < 640s$ 时利用 Ar^+ 离子束和 XeF_2 分子束同时作用，结果导致刻蚀速率加快；当 $t > 640s$ 时，单独用 Ar^+ 离子束进行物理溅射。实际上，Ar^+ 和 XeF_2 分子同时作用的 Si 刻蚀速率大约是二者单独刻蚀速率之和的 8 倍。

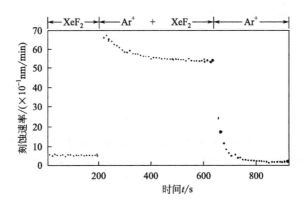

图 5-1 离子增强的气体-表面化学反应

Ar^+ 能量 $=450eV$；Ar^+ 电流 $=2.5\mu A$（$t > 200s$ 时）；

XeF_2 能量 $=2 \times 10^{15} mol/s$（$t < 640s$ 时）

图 5-2 给出了 N_2^+ 轰击 W 时，W 表面单位面积内所含的 N 原子数与入射离子数的关系。入射离子数分别为 450eV 和 300eV，表面形成的氮化物层厚度约为 3~10nm，黏附概率可由曲线初始部分的斜率求得。

等离子体对聚四氟乙烯表面处理前后的润湿接触角变化如图 5-3 所示。图 5-3 中虚线表示未经表面处理时的润湿接触角。相比之下，在处理 10s 后，其润湿接触角显著变小。这表明已变得相当容易被水润湿了。

另一方面，由临界表面张力的变化也可以说明等离子体处理对改善润湿性的作用。图 5-4 为聚四氟乙烯的表面张力与放电电压及处理时间的关系。与未

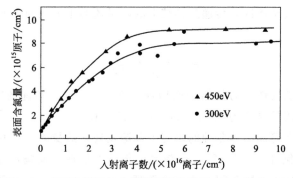

图 5-2　表面含氮量与入射离子数的关系（N_2^+ 轰击 W）

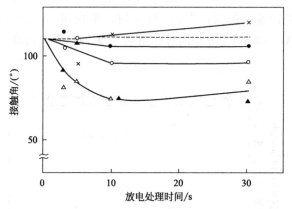

图 5-3　等离子体放电处理过的聚四氟乙烯对水的润湿性

放电气压：○ 1.13×10^3 Pa；● 1.13×10^2 Pa；△ 11.7 Pa；▲ 6.7 Pa；× 4 Pa；

虚线：未处理

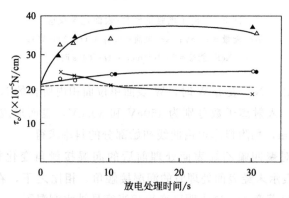

图 5-4　等离子体放电处理后聚四氟乙烯临界表面张力的变化

放电气压：○ 1.13×10^3 Pa；● 1.13×10^2 Pa；△ 11.7 Pa；▲ 6.7 Pa；× 4 Pa；

虚线：未处理

处理时相比，主要受放电气压的影响，也是在约 10Pa 条件下临界表面张力明显增大。气压过高或过低均不适宜。至于放电时间，只要超过 10s 便影响不大。以上有关接触角和表面张力的变化对聚乙烯等其它高分子材料也有类似结果。

在等离子体环境中，当颗粒表面受到化学活性离子（如 N_2^+、O_2^+、CH_4^+ 等）轰击时，将产生一个化学改性的表面层。此表面层含有入射离子的组分，其厚度至少 2~3nm，表面改性的区域不小于离子的投射范围。例如，以 N_2^+、O_2^+、CH_4^+ 轰击颗粒表面时，会相应地生成氧化物、氮化物或碳化物表面层。也就是表面氧化、表面氮化或表面碳化。当入射离子的组分不易挥发且离子能量不太高时，更可能发生这种表面反应。

等离子体作用机制通常应包括以下几步。

① 气相物种被吸附在固体颗粒表面。

② 被吸附气体粒子的离解（即离解性化学吸附）。

③ 被吸附的基团与固体颗粒表面分子反应生成其它化合物（产物分子）。

④ 产物分子解吸进入气相。

⑤ 反应残留物脱离颗粒表面。

一般来说，反应的第一步总是发生的，因为未分解的分子和颗粒表面间通常存在着吸引力。这一步往往形成一种预吸附态，此状态下的分子可以移动经扩散越过表面直到离解为止。这种情况有可能发生在一个阶梯上，也可能发生在位错、空位等别的晶格缺陷处。

如前所说，离子轰击能增进表面化学反应，同样电子也有类似的作用。在无电子轰击情况下，暴露于 XeF_2 气体中的 SiO_2、Si_3N_4 或 SiC 表面均可生成氟化物吸附层，而 Xe 被轰击脱附进入气相。然而，当存在电子轰击时则生成气态 SiF_4 和其它挥发性产物。图 5-5 为 1500eV 的电子和 XeF_2 作用于 SiO_2 表面的反应速率曲线。结果表明，如果仅暴露于 XeF_2 气体中或单独以电子束照射都不能产生刻蚀作用，二者共同作用时刻蚀速率约为 20nm/min。

Si_3N_4 和 SiC 也能得到与 SiO_2 类似的结果，但 Si_3N_4 反应更快，而 SiC 的反应则比较慢。共同点是这类反应都需要荷能粒子和化学活性物质的协同作用。其作用机制与上述粒子诱导化学反应的增效机制相类似，故这里不再赘述。当然这只不过是用简单模式描述一种可能机制，实际上涉及的作用机理可能要复杂得多。

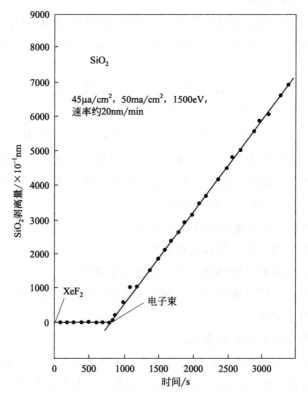

图 5-5　电子增强的气体-表面化学反应速率

5.2　颗粒表面的化学改性

在固体与气体、固体与液体（包括溶液）两相界面上，气体或液体（包括溶液）密度增加的现象称为吸附。吸附现象是界面能过剩引起的一个自发的过程。吸附现象可分为物理吸附和化学吸附。两者的本质区别在于吸附质和吸附剂之间有无电子转移。物理吸附过程没有发生电子转移，吸附热效应小，一般吸附热小于 42kJ/mol，其结合力主要是范德华力和静电引力（无特殊吸附时），而且是可逆的多层吸附。化学吸附则是吸附剂和吸附质之间发生了电子转移，形成了化学键，其特征是吸附热效应大，可达 42～125kJ/mol 或更高，而且是非可逆性的单层吸附。

颗粒表面通过吸附了化学药剂可使其界面（表面）性质发生根本性变化，从而达到表面改性的目的。其吸附形式或者是直接吸附于颗粒表面，或者是间接影响其它药剂在颗粒表面的吸附。下面简要介绍颗粒对气体的吸附及在液相中的吸附性质。

5.2.1 颗粒表面对气体（蒸气）的吸附

颗粒对气体的吸附特性可用吸附等温线和吸附等温方程式来表示。

吸附等温线是在一定温度条件下，吸附量和平衡蒸气压之间的关系曲线。根据实验结果，吸附等温线可分为五种主要类型，如图 5-6 所示。图 5-6 中 P_0 表示在吸附温度下，吸附质的饱和蒸气压[5]。

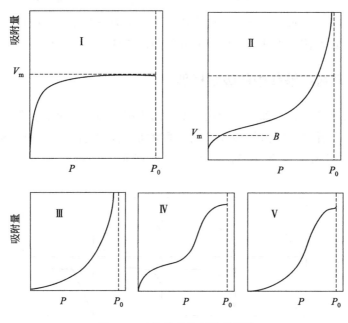

图 5-6 五种类型的吸附等温线

通常认为类型Ⅰ是单分子层吸附。如常温下氨在碳上的吸附、氯乙烷在碳上的吸附等都属于类型Ⅰ。化学吸附一般是单分子层吸附，在远低于 P_0 时，颗粒表面就吸满了单分子层，因此，即使压力增大，吸附量也不会再增加，即吸附达到饱和。

类型Ⅱ称为 S 型吸附等温线，是常见的物理吸附等温线。这种类型的吸附，在低压时形成单分子层，但随着压力的增加，开始产生多分子层吸附。图中 B 点是低压下曲线的拐点，一般认为这时吸满了单分子层，这就是用 B 点法计算比表面积的依据。

类型Ⅲ的吸附等温线比较少见，从曲线可以看出，开始就是多分子吸附。

类型Ⅱ、Ⅲ的吸附等温线，当压力接近于 P_0 时，曲线趋于纵轴平行线的渐近线。表明在颗粒之间产生了吸附质的凝聚，所以当压力接近 P_0 时，吸附层趋于无限厚。

类型Ⅳ表示在低压下形成单分子层，然后随着压力的增加，由于吸附剂的孔结构产生毛细凝聚，吸附量急剧增大，直到吸附剂的毛细孔装满吸附质，就不再增加吸附量，而达到饱和吸附。例如，常温下苯在硅胶或氧化铁凝胶上的吸附、水或乙醇在硅胶上的吸附，都是先形成单分子层吸附，接着是毛细凝聚。

类型Ⅴ表示在低压下就形成多分子层吸附，然后随着压力增加，开始出现毛细凝聚。它与类型Ⅳ一样，在较高压力下，吸附量趋于一极限值。所以类型Ⅳ与类型Ⅴ的吸附等温线，反映了多孔性吸附剂或颗粒的孔结构。

5.2.2　颗粒在液体中的吸附模型

颗粒在液相中的表面吸附特性通常可用吸附等温线来表征。典型的吸附等温线如图 5-7 所示。根据等温线初始阶段的形状，可分为 L、H、S、C 四大类；每一类根据吸附质在较高浓度下等温线形态的变化又可进一步细分。

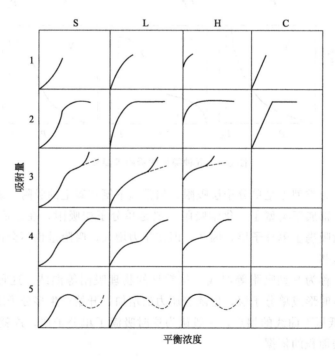

图 5-7　固-液界面典型吸附等温线的分类形式[6,7]

L（Langmuir）型是最普通的吸附形式。等温线的初始阶段呈凸形；L2 表示出现吸附饱和；高于饱和平台的进一步吸附就是 L3；L4 表示出现第二个饱和平台；L5 所示的极大值主要反映溶液中物质的状态。S 型吸附等温线的特征是初始阶段凹下而后凸出，曲线有一个转折点。H 型吸附等温线仅发生在低浓度下的强烈吸附时，其吸附一般伴随有表面化合物的生成，代表一种高键合力的吸附。C 型吸附等温线的特征是初始阶段为一直线，就是说溶解的吸附质在溶液中及表面的分配比例具有一定的关系。表面所提供的吸附活性点在较广泛的浓度范围内与吸附质成正比关系。

颗粒对溶液中不同组分的分子存在吸附现象。在颗粒分散中，颗粒自溶液中的吸附具有广泛的应用领域。比如改变颗粒表面的润湿性及化学成分、降低液体复合材料等的表观黏度和提高分散体系的稳定性等。这方面的研究较多，但是由于该体系的复杂性，人们对它的认识和了解远不如对气体吸附特性深入和系统。

5.2.3　颗粒表面对分散剂的吸附

颗粒表面可吸附的化学药剂大致可分为电解质分散剂、非电解质分散剂、高分子分散剂和偶联剂四大类。其中，电解质包括无机电解质和离子型表面活性剂，所以库仑力在吸附中起着重要作用，而且和颗粒表面的化学成分、结构及界面双电层有着十分密切的关系。非电解质是不电离的中性分子，如醇、醚、氨基酸和烃类等，所以吸附力主要是氢键、范德华力等，何种力起主要作用取决于颗粒的表面性质。

5.2.3.1　电解质在颗粒表面的吸附

（1）无机电解质的吸附

无机离子在颗粒表面吸附有静电物理吸附、特性吸附和定位离子吸附三种形式。吸附类型主要取决于被吸附离子的价数和溶液浓度。

① 静电物理吸附。物理吸附发生在双电层外层，完全由库仑力控制。只要是颗粒表面的异号离子，就可在静电引力作用下，作为配衡离子吸附在双电层的紧密层的斯特恩面上，压缩双电层直到成为电中性，过量的异号离子的吸附是不可能发生的。

静电物理吸附等温方程为[8]：

$$\Gamma = 2rC \exp\left(-\frac{Ne\xi}{RT}\right) \tag{5-3}$$

式中　Γ——离子在斯特恩面的吸附密度，mol/m²；

r——吸附离子半径，m；

C——溶液中吸附离子的浓度，mol/L；

$Ne\xi$——静电作用能，J；

ξ——电动电位，V；

R——气体常数，8.31J/(K·mol)；

T——绝对温度，K。

离子的静电吸附对颗粒表面电位分布的影响如图 5-8 所示。

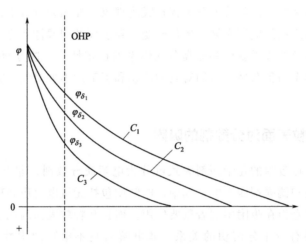

图 5-8　静电物理吸附的电位分布

C 为配衡离子的浓度；$C_1 < C_2 < C_3$；$\varphi_{\delta_1} > \varphi_{\delta_2} > \varphi_{\delta_3}$

② 特性吸附。有些离子与颗粒表面的作用除了存在静电引力外，还存在着某些特性作用力。

特性吸附等温方程为：

$$\Gamma = 2rC\exp\left(-\frac{Ne\xi + \phi}{RT}\right) \tag{5-4}$$

式中，ϕ 为特性吸附能，J；其它符号同式(5-3)。

无机离子的特性吸附通常发生于高价金属离子、高价阴离子等。从图 5-9 中烟煤的电动电位与电解质浓度的关系可以看出，煤粒表面的电动电位与静电物理吸附曲线具有明显差别，这可能是由化学键合、氢键和溶剂化作用等特性吸附造成的。

③ 定位离子的吸附。定位离子主要是指颗粒晶格同名离子或离子半径及配位数与晶格离子接近的类质同象离子、羟基离子、与颗粒表面离子形成难溶

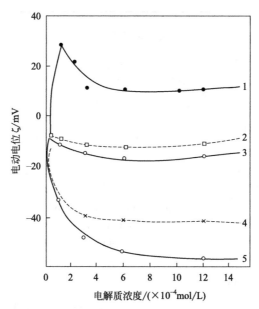

图 5-9 烟煤的电动电位与电解质浓度的关系[9]

1—$AlCl_3$；2—$CaCl_2$；3—$NaCl$；4—Na_2SO_4；5—Na_3PO_4

盐的表面活性剂离子以及与颗粒表面离子形成络合物的离子，也就是化学吸附于颗粒表面上导致产生表面电荷（表面荷电的原因之一）的离子。

对于绝大多数颗粒而言，一价阳离子通常无特性吸附作用。电动电位（ξ 电位）与溶液浓度和 pH 值的关系如图 5-10 所示[10]。

二价或多价阳离子在一定浓度时会引起颗粒表面电动电位的变号。以 Al^{3+} 为例，Al^{3+} 在水中可发生如下水解反应[11]：

$$Al^{3+} + H_2O \Longrightarrow Al(OH)^{2+} + H^+ \qquad K_1 = 1.02 \times 10^{-5}$$

$$Al(OH)^{2+} + H_2O \Longrightarrow Al(OH)_2^+ + H^+ \qquad K_1 = 4.9 \times 10^{-5}$$

$$Al(OH)_2^+ + H_2O \Longrightarrow Al(OH)_3 + H^+ \qquad K_3 = 2.0 \times 10^{-6}$$

$$Al(OH)_3 + H_2O \Longrightarrow Al(OH)_4^- + H^+ \qquad K_4 = 10^{-8}$$

实际上，反应过程和生成物要复杂得多。当溶液 pH 值大于 4 时，随着羟基铝离子增多，各离子的羟基由于配位能力还未达到饱和，即还有剩余电子对，因而可与其它离子发生架桥联合，称为羟基桥连。如

$$2Al(OH)^{2+} \Longrightarrow \left[Al \begin{matrix} OH \\ \\ OH \end{matrix} Al \right]^{4+}$$

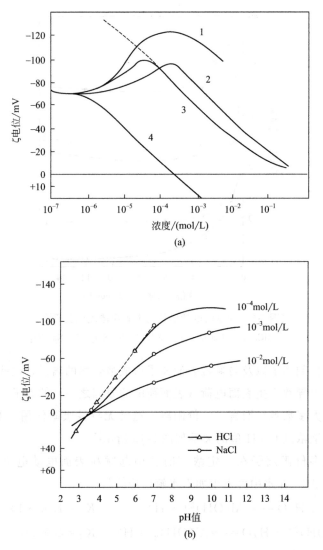

图 5-10　电动电位与电解质浓度 (a) 和 pH 值 (b) 的关系

1—NaOH；2—NaNO₃；3—NaCl；4—HCl

如果进一步发生羟基桥连，还可能生成更高级的多核羟基络合离子 $Al_2(OH)_2^{4+}$、$Al_6(OH)_{15}^{3+}$、$Al_7(OH)_{17}^{4+}$、$Al_8(OH)_{20}^{4+}$、$Al_{13}(OH)_{34}^{5+}$。形成的这些复杂产物可以看作是 Al^{3+} 在水中经水解转化为 $Al(OH)_3$ 沉淀过程中出现的一系列动力学中间产物。这一过程可以认为是由水解和聚合两个反应交换进行而构成的。此过程用式(5-5) 表示：

$$\text{Al(OH)}^{2+} \longrightarrow \left[\begin{array}{c} \text{OH} \\ \text{Al} \quad \text{Al} \\ \text{OH} \end{array}\right]^{4+} \xrightarrow{-\text{H}^+}$$

$$\left[\begin{array}{c} \text{OH} \quad \text{OH} \quad \text{OH} \\ \text{Al} \quad \text{Al} \quad \text{Al} \\ \text{OH} \quad \text{OH} \quad \text{OH} \end{array}\right]^{6+} \xrightarrow{-\text{H}^+} \cdots \xrightarrow{-\text{H}^+} [\text{Al(OH)}_3]_n$$

(5-5)

解离出来的 Al^{3+} 在水溶液中存在形式与溶液的 pH 值密切相关。当溶液 pH 值在 3 左右时，开始产生 $Al(OH)^{2+}$；溶液 pH 值在 4 左右时，出现 $Al(OH)_2^+$、$Al(OH)_3$；在溶液 pH=5 左右时，即开始出现，并逐步增多；当溶液 pH 值大于 6 时，它成为 Al^{3+} 的主要存在形态，少量 $Al(OH)_3$ 又重新溶解而生成带负电荷的羟基络合离子 $Al(OH)_4^-$；在溶液 pH 值大于 8 时，这些阴离子成为 Al^{3+} 的主要形态。结合图 5-11 给出的颗粒表面 ζ 电位与 Al^{3+} 浓度关系[11]，可以看出，二氧化硅在 pH=3.0 时和滑石在 pH=6.5 时，颗粒表面吸附了带反号电荷的 Al^{3+}、$Al(OH)^{2+}$ 或 $Al(OH)_2^+$，使颗粒表面 ζ 电位的绝对值减小。石墨在 pH=6.5 时，虽然 Al^{3+} 主要是以 $Al(OH)_3$ 存在，但还存在着少量的 $Al(OH)_2^+$ 等正离子，在静电作用下，其表面仍吸附部分正离子而使 ζ 电位降低，所以 Al^{3+} 对二氧化硅、滑石和石墨起促进团聚的作用。对碳酸钙而言，在悬浮液 pH=11.0 时，Al^{3+} 主要是以 $Al(OH)_4^-$ 形式存在，它黏附在碳酸钙表面上使其 ζ 电位进一步变负，即绝对值增大，从而导致分散作用。

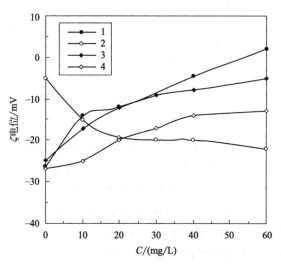

图 5-11　Al^{3+} 浓度对颗粒电位的影响

1—二氧化硅；2—碳酸钙；3—滑石；4—石墨

（2）表面活性剂离子的吸附

表面活性剂离子在固-液界面上的吸附类型也包括物理吸附、特性吸附及疏水性吸附。和无机离子吸附相比，主要区别是它增加了表面活性剂碳氢键之间的疏水缔合作用能。

① 静电物理吸附。当浓度很低时，烷基磺酸、烷基硫酸及胺离子在氧化物颗粒表面的吸附均属于静电物理吸附。如十六烷基三甲基溴化铵（CTAB）在 $CaCO_3$ 和磷酸盐 $[Ca_{10}(PO_4)_6(OH)_2]$ 颗粒表面吸附，由于在方解石表面荷负电的活性远小于磷酸盐颗粒，因此吸附单分子层只在磷酸盐表面出现，如图 5-12 所示。吸附和解吸实验表明，这种吸附有较好的可逆性，是静电物理吸附的有力证据。

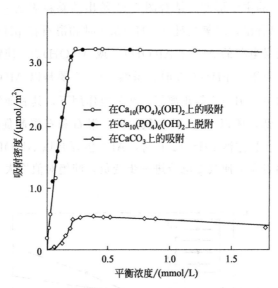

图 5-12　CTAB 在磷酸盐 $[Ca_{10}(PO_4)_6(OH)_2]$ 和 $CaCO_3$ 颗粒表面上的吸附等温线[12]
吸附条件：NaCl 浓度 10^{-2} mol/L；温度：（25±0.1）℃；平衡时间：4h

② 特性吸附。表面活性剂离子的特性吸附有如下三种形式。

a. 表面活性剂离子的极性基与颗粒表面的氢键键合作用，氢键键合作用比化学作用弱，但仍是一种非静电吸引的特性作用。

b. 表面活性剂离子的极性基与颗粒表面的化学键合作用。

c. 表面活性剂离子的非极性基的分子缔合作用。

表面活性剂离子的特性吸附等温方程式为：

$$\Gamma = 2rC\exp\left(-\frac{Ne\xi + \phi + \Delta G_{CH_2}}{RT}\right) \tag{5-6}$$

式中，ΔG_{CH_2} 为表面活性剂碳氢链增加的疏水缔合自由能，J；其它符号同式(5-4)。

图 5-13 给出了十二烷基磺酸钠（$R_{12}SO_3Na$）在刚玉颗粒表面吸附等温线和电动电位。图 5-13 中可清楚地说明表面活性剂离子的吸附特征。在整个吸附过程存在三个阶段。第 I 区域是以静电吸引力为主的静电物理吸附。随着 $R_{12}SO_3Na$ 浓度的增加达到第 II 区域，由于表面活性剂碳氢链缔合作用，形成了半胶束，导致在颗粒表面上的吸附密度迅速增大，ζ 电位由正值减少到电中性、变为异电性、ζ 电位负值增大的三个阶段，出现特性吸附。$R_{12}SO_3Na$ 浓度进一步加大，形成了半胶束和胶束状态，表面活性剂负离子间的静电排斥力也增加，因此造成吸附密度升高，但负 ζ 电位升高速度大大减慢。

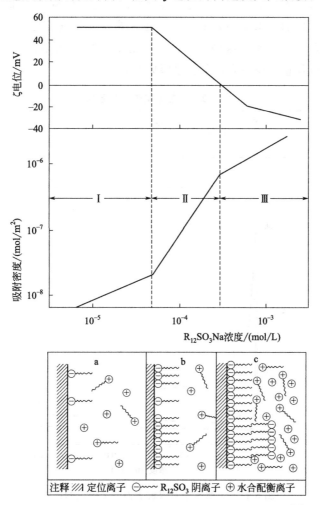

图 5-13 表面活性剂离子吸附等温线和相对应的 ζ 电位[8]

③ 无机离子和表面活性剂离子的共吸附。在实际应用中，经常采用无机电解质与表面活性剂复合使用的药剂制度。当两者共用时，无机离子的吸附有所不同。

当 pH 值大于 6～7 时，煤粒的 ζ 电位呈负值；当悬浮体系中含不同无机离子时，ζ 电位变化如前所述。表 5-2 为电解质浓度为 0.01mol/L 时，煤粒的 ζ 电位测定值。当在本体系中加入表面活性剂时，高价金属离子的特性吸附就不复存在了。图 5-14 为水煤浆含萘磺酸钠 50mg/L 时，不同含量高价金属离子和 ζ 电位的关系曲线。与表 5-2 对比可以看出，在没有表面活性剂存在时，浓度仅为 0.01mol/L，高价金属离子就足以使煤粒表面的 ζ 电位改号，但当与表面活性剂共存时，其用量再大也只能使负的 ζ 电位值减小，却无法改号。说明这种表面活性剂与煤粒的表面亲合力远比高价金属离子强。有人曾用 X 射线电子能谱研究，证实了这种表面活性剂的 S_2P 电子吸附在煤粒表面时，有较强的电子位移量，说明有部分化学吸附存在。

表 5-2　煤粒 ζ 电位的测定值

金属离子	Na^+	Mg^{2+}	Fe^{2+}	Al^{3+}
ζ 电位/mV	−12.0	+13.0	+11.9	+12.0

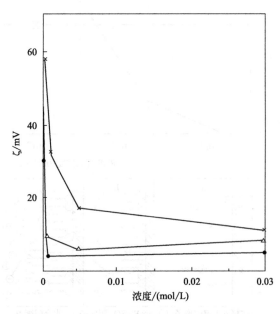

图 5-14　金属离子对煤粒表面的 ζ 电位的影响

△—Al^{3+}；×—Fe^{2+}；●—Fe^{3+}

5.2.3.2 非电解质在颗粒表面的吸附

非电解质分子的吸附主要靠分子力作用而实现吸附。吸附质为非电解质，例如，烷烃分子、偶极分子以及某些非离子型高分子等。

聚醚类表面活性剂分子在非极性颗粒表面的吸附是分子间色散力起作用的典型例子。图 5-15 和图 5-16 分别是聚醚类表面活性剂对煤粒表面的润湿效应和吸附等温线。

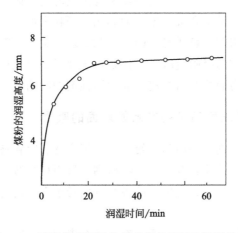

图 5-15　聚醚类表面活性剂对煤粒表面的润湿效应

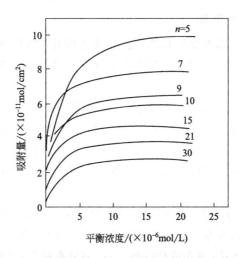

图 5-16　壬基酚聚氧乙烯醚在煤粒表面的吸附等温线

聚醚类表面活性剂分子主要靠分子间的色散力以碳氢链吸附在非极性表面

上，以氧乙烯链朝向水。吸附量随亲水链增长而降低，吸附等温线属于 Lang-muir 型，即单分子层吸附。吸附方程为：

$$\Gamma = \frac{KC}{1+KC}\Gamma_0 \tag{5-7}$$

式中，Γ、Γ_0 分别是吸附量和单分子层饱和吸附量，C 为化学药剂的浓度，K 为常数。

此外，即使溶质相同，溶剂不同，吸附量也会不同。例如，以己烷为溶剂时，二氧化硅对脂肪酸的吸附量高于以苯为溶剂时的吸附量。因为在后一种情况下，脂肪酸通过氢键键合成二聚体而影响了颗粒表面的吸附作用。

在水溶液中吸附非电解质时，pH 值是重要的影响因素。如 pH 值较高时，二氧化硅对非电解质的吸附量减小，这是由于此时二氧化硅表面带负电，增强了吸附阳离子的能力而抑制对非离子表面活性剂的吸附。

5.2.3.3　高分子表面活性剂在颗粒表面的吸附

高分子表面活性剂是一种品种繁多、应用广泛、存在普遍的天然或人工合成物质，诸如自然界的淀粉等，合成物质则有聚丙烯酰胺、聚苯乙烯胺等。可以说，现代生产各部门、人民生活的各个方面乃至现代的物质文明都离不开它的存在。

迄今为止，有关高分子表面活性剂在颗粒表面上吸附的研究有一系列专门文献及著作加以较为详细的论述[13-16]。下面介绍高分子表面活性及吸附特性。

（1）高分子的吸附键

高分子表面活性剂主要靠其结构上的极性基团与颗粒表面活性点的作用来实现在颗粒表面的吸附。吸附键主要有氢键、共价键、疏水键及静电作用四种。

① 氢键。氢键键合是非离子高分子表面活性剂在颗粒表面吸附的主要原因。如聚丙烯酰胺的酰胺基（—NH_2 和 $=O$）与颗粒表面的活性点生成氢键；单个氢键的键能较弱，为 $(2.1\sim4.2)\times10^4 J/mol$。但是，聚合度大于 14000 的聚丙烯酰胺的一部分结构单元同时与颗粒表面氢键键合时，仍可以获得很强的总键合强度。

② 共价键。高分子表面活性剂与颗粒表面生成配位键的例子很多。例如，聚丙烯酸的阴离子活性基团与碳酸钙表面的 Ca^{2+} 生成化学键[17]，磺化聚丙烯酰胺与锡石表面的 Sn^{4+} 也生成化学键[18]，部分水解羟肟酸基的聚丙烯酰胺在钛铁矿表面的吸附等均是高分子表面活性剂与颗粒表面进行化学键合的例证。

③ 疏水键。高分子表面活性剂的疏水基可以与非极性表面发生疏水键合

作用而吸附。如炭黑表面通过疏水键合与聚苯乙烯磺酸的吸附作用如图 5-17
所示。

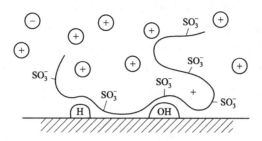

图 5-17 高分子表面活性剂的烃链在疏水表面上的吸附形式

④ 静电作用。荷电表面与高分子表面活性剂离子通过静电作用吸附在颗
粒表面。如在自然 pH 值下，聚乙烯吡啶在石英表面上的吸附，聚苯乙烯磺酸
盐在荷正电的 Fe_2O_3 颗粒表面上的吸附（图 5-18）就属于这类吸附作用。但
是，在有些情况下，静电作用对离子型高分子表面活性剂的吸附不起支配作
用，此时氢键或者更强的共价键可能成为主要因素。

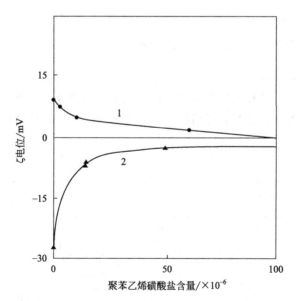

图 5-18 Fe_2O_3 颗粒的 ζ 电位与聚苯乙烯磺酸盐含量的关系

1—pH=3.7；2—pH=7.8

（2）吸附形式

一般地，高分子表面活性剂在颗粒表面的吸附层结构由直接吸附在颗粒表

面上的链序和在溶液中自由分布的链尾和链环组成，它们的比例是由高分子表面活性剂与颗粒表面之间的吸附能大小决定。

图 5-19 给出了不同高分子在颗粒表面的吸附形式。图 5-19（a）是柔性高分子表面活性剂分子的平躺吸附形式；图 5-19（b）是高分子表面活性剂分子多结点的吸附形式；图 5-19（c）是僵直高分子表面活性剂分子的垂直吸附形式；图 5-19（d）末端可变形高分子表面活性剂分子的直立吸附形式；图 5-19（e）和 图 5-19（f）是与溶液加以相溶性的 AB 型共聚物多端吸附形式。

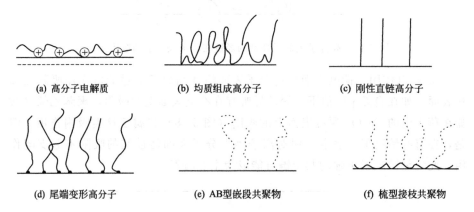

(a) 高分子电解质　　(b) 均质组成高分子　　(c) 刚性直链高分子

(d) 尾端变形高分子　　(e) AB型嵌段共聚物　　(f) 梳型接枝共聚物

图 5-19　不同高分子表面活性剂分子在固体表面的吸附形式

H. L. Jakubauskas[19] 对高分子的固定部的固着形式做了分类，如图 5-20 所示。Ⅱ、Ⅳ、Ⅵ 这种固定部是多个锁式固定，以桥连附着于多个颗粒，而产生团聚。另一方面，像 Ⅴ 和 Ⅶ 情况，因为官能团是几个连接结构的固定端，有

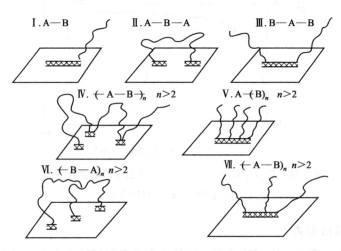

图 5-20　高分子的固定部分布分类

几根尾端伸出的高分子可以稳定地吸附在附着点很少的颗粒上，产生了分散稳定效果。认为这是由于固定部的连接官能团协调地吸附所致。

众所周知，二氧化硅在较低 pH 值的条件下与水作用，可在其表面形成硅醇基（SiOH）。当它与聚乙烯醇（PVA）及阳离子共同存在时，在氢键的作用下，PVA 以疏水基朝外和阳离子表面活性剂的碳氢链疏水缔合，以—OH 和 SiO$_2$ 键合，将其覆盖［图 5-21(a)］，当 pH 值高时，SiO$_2$ 表面荷负电，在静电引力的作用下，阳离子表面活性剂离子将 PVA 排挤，并取而代之，吸附在 SiO$_2$ 表面上。其非极性基又与 PVA 疏水基缔合，而 PVA 的羟基再和水分子以羟基键合［图 5-21(b)］。当 pH 值中等时，SiO$_2$ 表面尚有少数荷负电的位置，因此出现如图 5-21(c) 的吸附情况。

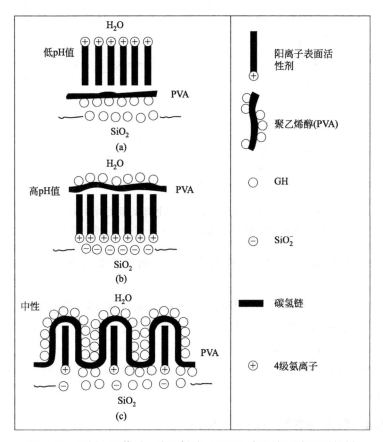

图 5-21　不同 pH 值时，聚乙烯醇（PVA）与阳离子表面活性剂
在 SiO$_2$ 表面的共吸附[20]

总之，吸附类型与吸附作用主要取决于颗粒表面与高分子表面活性剂分子

的性质、颗粒表面状态及吸附环境。这些都与小分子表面活性剂的吸附特性一致。另一方面，由于高分子的分子量大，必然存在空间位阻作用，致使高分子表面活性剂的吸附特性又与小分子表面活性剂的吸附有较大差别。图 5-22 是两种表面活性剂在煤粒表面的吸附能、ζ 电位和浓度的关系。可以看出，高分子表面活性剂在颗粒表面的吸附有如下吸附特征。

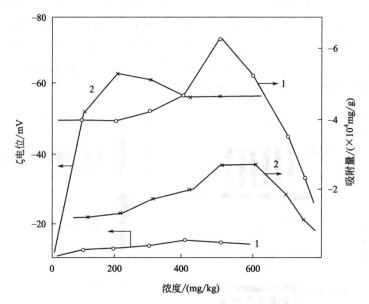

图 5-22 高分子与小分子表面活性剂的吸附特性比较
1—聚氧乙烯链的高分子表面活性剂；2—小分子表面活性剂

① 低浓度时吸附速度快，说明高分子表面活性剂与颗粒表面有强的亲合力。

② 吸附能大，吸附膜厚，因此颗粒间产生强烈的空间位阻效应。

③ 高分子表面活性剂线性长度长，一个分子上含有多个活性点，因此在颗粒表面上有多种吸附构型。

④ 分散体系浓度较高时，添加高分子表面活性剂可有效地改善分散体系的流变性能。

5.2.3.4 偶联剂在颗粒表面的吸附

偶联剂是具有两性结构的化学物质，偶联剂的一部分基团可与颗粒表面的各种官能团发生反应，形成强有力的化学键合，另一部分基团与有机高聚物基料发生化学反应或物理缠绕。按其化学结构和成分可分为硅烷类偶联剂、钛酸酯类偶联剂、铝酸酯类偶联剂、锆铝酸盐类偶联剂等几种。偶联剂适用于有机高聚物和无机颗粒填料的复合材料体系。经偶联剂表面改性的无机颗粒填料，使颗粒表面有机化，与有机基料的亲合性增强，从而改善复合材料的综合性能，特别是抗张强度、冲击强度、柔韧性等。

图 5-23 为钛酸酯和铝酸酯偶联剂的合计用量为颗粒填料重量的 1.0％时，钛酸酯和铝酸酯偶联剂的配比对滑石-透闪石复合填料活化指数的影响。由图 5-23 可见，单独使用铝酸酯偶联剂时，滑石-透闪石复合填料的活化指数约为 90％，随着钛酸酯和铝酸酯偶联剂中钛酸酯偶联剂质量分数的增加，滑石-透闪石复合填料的活化指数逐渐增大，当钛酸酯偶联剂的质量分数达到 0.5％左右时，复合填料的活化指数可达 95％以上。

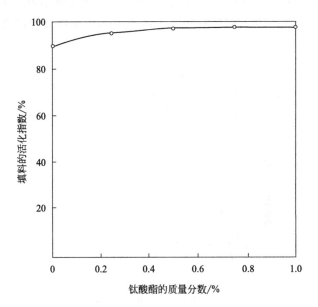

图 5-23　钛酸酯和铝酸酯偶联剂配比对滑石-透闪石复合
填料活化指数的影响[21]

研究表明，钛酸酯和铝酸酯偶联剂改性滑石-透闪石复合填料后，铝酸酯、钛酸酯偶联剂都与无机填料颗粒表面发生吸附作用，吸附键合于填料颗粒表面，从而使填料颗粒表面有机化，改变了填料颗粒的表面性质。钛酸酯 KR-TTS/铝酸酯 DL-A 在滑石-透闪石复合填料颗粒表面吸附层结构如图 5-24 所示。

图 5-25 为硬脂酸和硅烷偶联剂配比（质量比 1∶1）的药剂用量对高岭土-硅藻土复合填料活化指数的影响。由图 5-25 可见，随着硬脂酸和硅烷偶联剂

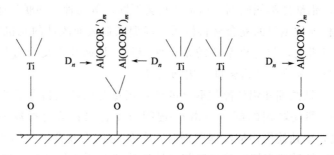

图 5-24　偶联剂在滑石-透闪石复合填料颗粒表面的吸附层结构示意[21]

用量增加，高岭土-硅藻土复合填料的活化指数逐渐增大，当用量达到一定值（约 1.5%）后，高岭土-硅藻土复合填料颗粒的活化指数不再增大，而是趋于一定值（约 98%）。说明高岭土-硅藻土颗粒表面基本被硬脂酸和硅烷偶联剂所覆盖。

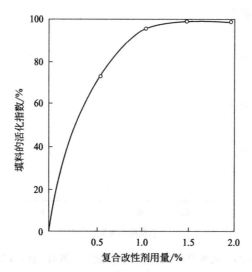

图 5-25　硬脂酸和硅烷偶联剂对高岭土-硅藻土复合
填料活化指数的影响[21]

红外光谱分析结果表明，用硬脂酸和硅烷偶联剂改性高岭土-硅藻土复合填料颗粒，硬脂酸分子以物理吸附和机械黏附的形式吸附于颗粒表面。硅烷偶联剂改性高岭土-硅藻土复合颗粒时，首先硅烷偶联剂分子水解形成硅醇，然后硅醇分子与复合颗粒的表面羟基形成氢键或缩合成—Si—M 共价键（M 为颗粒表面），同时，硅烷偶联剂各分子间的硅醇又相互缩合、齐聚形成网状结构的膜，覆盖于复合颗粒的表面。因此，经硬脂酸和硅烷偶联剂改性后，高岭土-硅藻土颗粒表面的吸附层结构如图 5-26 所示。

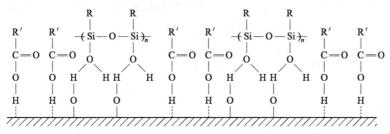

图 5-26 表面改性后高岭土-硅藻土复合颗粒的表面吸附层结构示意[21]

5.2.4 颗粒表面与分散剂的吸附特征

颗粒表面与分散剂的吸附非常复杂,其吸附机理也千差万别,但颗粒表面与分散剂之间作用的本质,不外乎化学吸附和物理吸附两类。同时按照吸附发生的固-液界面的位置可分为双电层内层吸附、特性吸附、扩散层吸附等;按照吸附分散剂的种类,可分为分子吸附和离子吸附等。颗粒表面与分散剂的吸附形式及特征见表 5-3。

表 5-3 颗粒表面与分散剂的吸附形式及特征

吸附性质	吸附部位	吸附形式	吸附特征
表面化学反应	固相反应	在表面生成独立新相	多层
化学吸附	双电层内层	非类质同象离子或分子的化学吸附	生成表面化合物(单分子层)
		类质同象离子的交换吸附	可深入固相晶格内部
		定位离子吸附	非等当量吸附,改变表面电位
物理吸附向化学吸附过渡	双电层外层	离子的特性吸附	可引起动电位变号
		离子的扩散层吸附	压缩双电层,静电物理吸附
物理吸附	相界面	分子的氢键吸附	强分子吸附,具有向化学吸附的过渡性质
		偶极分子吸附	较强分子吸附
		分子的色散吸附	弱分子吸附
黏附	相-相作用		机械黏附性质

5.3 颗粒的机械力化学改性

20 世纪初,Wilhelm Ostwald[22] 首次提出了"机械力化学"概念。他将机械力化学作为化学的一个独立的分支,如同热化学和光化学一样。

K. Peters[23]认为机械能作用而导致的机械力化学反应伴随有系统化学组成的变化。Juhasz 认为机械力化学涉及因采用机械能使固体材料变形、解离、分散而导致的结构和物理化学变化（包括化学反应）。之后，这个词的内容和意义发生了变化，并被赋予了全新的含义，其应用范围迅速扩展[24]。机械力化学是关于施加于固体、液体和气体物质上的各种形式的机械能，如压缩、剪切、冲击、摩擦、拉伸、弯曲等引起的物质物理化学性质变化等一系列的化学现象。它是涉及固体化学、结晶学、材料科学和机械工程等多学科的边缘科学。

在粉体工程中，物料在机械力作用下，直观的变化是颗粒的细化、微细化和比表面积的增大。在颗粒的细化过程中，它不单是一种简单的机械物理过程，而且也是一个从量变到质变的复杂物理化学过程。所施加的机械能，除了消耗于颗粒细化上，还有相当一部分贮聚在颗粒体系内部，导致颗粒晶格畸变、缺陷、无定形化、游离基生成、表面自由能增大、电子放射及出现等离子态等[25]，促使颗粒活性提高，反应力增强，赋予颗粒在工业中新的应用。

下面从颗粒在晶体结构、物理化学性质变化和表面化学反应三个方面讨论颗粒的机械力化学作用。

5.3.1 机械力诱导颗粒晶体结构变化

颗粒细化过程中，在所施加机械力作用下，颗粒晶体结构经历从量变（晶粒尺寸变小、比表面积增大）到质变（在晶粒表面或内部促使缺陷、非晶化等）的过程，机械力使颗粒的晶体结构和性质发生的变化有以下几种。

5.3.1.1 晶格畸变

晶格畸变就是结晶颗粒表面或晶粒内部的局部晶格变形并使晶格点阵中质子排列部分失去周期性的现象。机械冲击力和剪切力都可能产生晶体颗粒的晶格畸变，晶格畸变是机械力导致晶体颗粒结构变化的重要表现形式之一。

机械力作用引起的颗粒晶格畸变程度、晶粒尺寸、衍射峰宽度和衍射角度的关系为[26]：

$$\frac{B\cos\theta}{\lambda} = \frac{K\lambda}{d} + \frac{4\Delta H}{H}\sin\theta \qquad (5-8)$$

式中　B——衍射峰的半高宽度；

　　　θ——衍射角度；

　　　λ——X 射线衍射的波长；

　　　K——形状系数，接近 1；

　　　H——晶面间距；

　　　ΔH——被研究的反射面间距相对于平均值 d 的平均偏差；

$4\Delta H/H$——晶格畸变程度；

　　d——晶粒大小。

　　根据 X 射线衍射图上衍射峰的半高宽度和衍射角的测定值，以 $B\cos\theta$ 和 $\sin\theta$ 作图，如图 5-27 和图 5-28 所示。从所作的直线斜率和截距，可分别求得晶格畸变和晶粒尺寸。

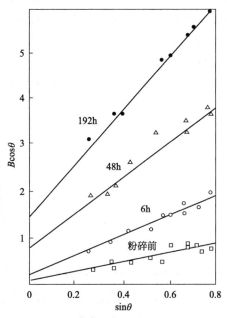

图 5-27　α-Fe_2O_3 在粉碎过程中 $B\cos\theta$ 与 $\sin\theta$ 的关系

图中数据表示粉碎时间

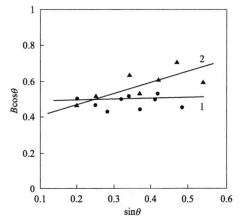

图 5-28　$CaCO_3$ 颗粒 $B\cos\theta$ 与 $\sin\theta$ 的关系[27]

1—磨矿 0h；2—磨矿 3h

　　石英是晶体结构和化学组成最简单的硅酸盐之一，也是认识到机械能诱导结构变化和较全面研究机械力化学现象的材料之一。图 5-29 是用振动磨研磨石英得到的 X 射线衍射以及晶体尺寸和晶格扰动与研磨时间的变化关系。通过将微分方程应用于表示晶体尺寸变化与时间的关系，计算得到在研磨的最初阶段以晶粒减小为主，但是延长研磨时间，当研磨达到平衡后，主要是伴随团聚和重结晶的无定形化。图 5-30 表示出了颗粒从脆性到塑性变化的粒度范围。可以看出，在一定的粒度下，反复的机械力作用不会导致破碎，仅会发生变形。塑性变形的实质是位错的增殖和移动。颗粒发生塑性变形需消耗机械能，同时在位错处又存储能量，这就形成机械力化学的活性点，增强并改变颗粒材料的化学反应活性。

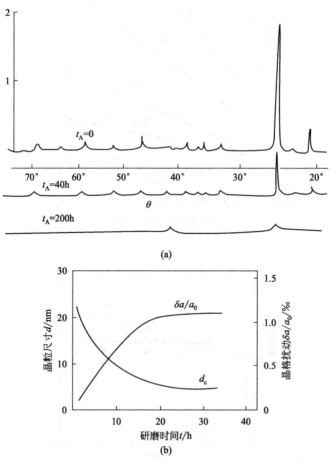

图 5-29　石英 X 射线衍射图 (a) 和晶粒尺寸及晶格扰动与
研磨时间的变化关系 (b)[28]

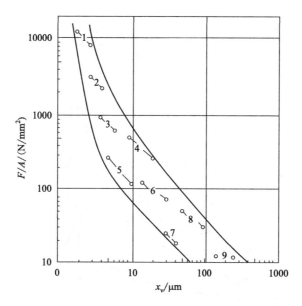

图 5-30　颗粒从脆性变形转变为塑性变形的粒度范围[24]

1—碳化硼；2—晶体硼；3—石英；4—水泥熟料；5—石灰石；
6—大理石；7—煤；8—蔗糖；9—氯化钾

5.3.1.2　颗粒的非晶化

机械力化学的非晶化是指在机械力作用下有序的晶格结构被破坏。颗粒结构无序化是机械力作用下，位错形成流动和相互作用共同作用的结果，而且当机械负荷解除后也不能恢复原来形态。这种现象称为机械力化学的非晶化。

由于机械力的作用，结晶颗粒表面的晶格构造受到强烈破坏而形成非晶态层。随着粉碎继续进行，非晶态层变厚，最终导致整个结晶颗粒无定形化。

颗粒表面的这种非晶化现象可通过红外光谱、X 射线衍射、核磁共振电子顺磁共振、差热分析等手段测定。

Aglietti 等人[29]用平均粒度 1μm 结晶完好的高岭土进行了冲击和摩擦作用诱导高岭土晶体结构变化的研究。图 5-31 为经不同研磨时间后高岭土的 X 射线衍射结果，如图 5-31 所示，晶体结构的变化是随着研磨时间的延长逐渐出现的。在研磨初期，仅是衍射峰减弱，说明表面形成无定形层；再延长时间，衍射峰变宽，甚至消失，成为无定形物。

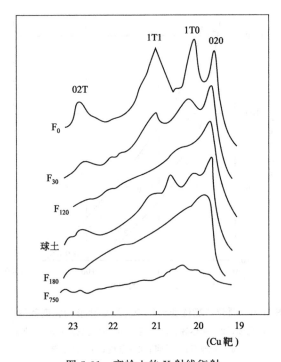

图 5-31　高岭土的 X 射线衍射

F_0、F_{30}、F_{120}……分别为原样和研磨 0s、30s、120s……的样品

5.3.1.3　晶型转变

　　具有同质多象或具有多晶型的颗粒，在常温下由于机械力的作用，通常会发生晶型的转变。晶型转变是由于微细化过程中出现无定形化、中间结晶相等状态，使体系自由能增大，形成不稳定相的结果。同时在压缩、剪切、弯曲、延展等力的不断作用下，使其能量超过相转变的结晶作用活化能时，则完成晶型的转变。

　　在常温常压下，$CaCO_3$ 是稳定的，文石是压稳态的变体，具有较致密的结构。根据体积和自由能的变化可知，大块结晶的 $CaCO_3 \rightarrow$ 文石的相变，必须施加约 450MPa 的压力。但是，在室温下，将 $CaCO_3$ 研磨 38h 后，大部分转变为文石。两变体间的机械力化学平衡如图 5-32 和图 5-33 所示。由图 5-32、图 5-33 可见，文石稳定性低，但在高压下稳定，所以研磨时满足压力的条件，同时加之剪切力等的作用，则发生 $CaCO_3 \rightarrow$ 文石的相变。另外，$CaCO_3 \rightarrow$ 文石转变时，Ca^{2+} 的这种变位不能只考虑压力的作用。$CaCO_3$ 的 Ca^{2+} 易于发生变位，则发生 $CaCO_3 \rightarrow$ 文石的相变，文石 $\rightarrow CaCO_3$ 的机械力化学相变则难以发生。

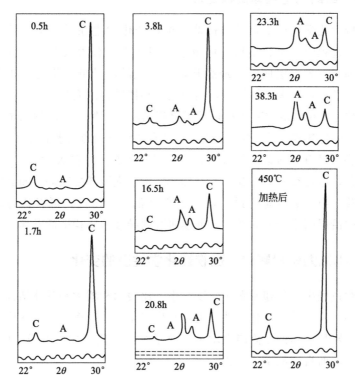

图 5-32　CaCO₃ 研磨后 X 射线衍射图形的变化[30]

A—文石；C—方解石

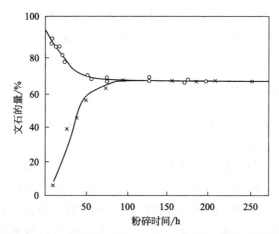

图 5-33　由于研磨发生的 CaCO₃→文石二相间平衡[30]

○—文石；×—方解石

5.3.1.4 结晶构造整体结构变形

在机械力化学作用下，结晶构造的整体变化发生在具有层状结构的物质中。在研磨过程中，层状结构晶体由于层间质点结合力较弱，在剪切力作用下，一般都要首先沿层面平行地裂开，变成结晶度较低的构造。如果继续研磨，有些颗粒最终失去晶体结构，逐步完成整体结构的变化。

层状结构颗粒的结构变形都是始于层间的断裂，然后扩展到二维结构的破坏，继而再引起整体晶形的变形。例如，具有层状结构的三水铝石（α-Al$_2$O$_3$·3H$_2$O），在研磨开始阶段，氢键结合的层间发生滑移，在 X 射线 {002} 衍射强度无变化，但连续研磨10h以上，{002} 衍射强度随之减弱，而其它衍射强度减小显著。当研磨时间达到 100h，衍射峰消失。因此，可以认为，研磨开始时，研磨沿层面平行方向滑移，继续研磨则导致整体构造的破坏。

5.3.2 机械力诱导颗粒表面物理化学性质的变化

在研磨过程中，伴随着颗粒粒度减小、比表面积增大和晶体结构发生变化的同时，颗粒表面的物理化学性质也将发生变化，主要表现为溶解度和溶解速率的提高、颗粒表面的吸附能力增强、离子交换或置换能力增强生成游离基、产生电荷和表面自由能发生变化等。

5.3.2.1 溶解度

某些硅酸盐颗粒的溶解度与其比表面积的关系如图 5-34 所示。由图 5-34 可见，减小颗粒的粒度、增大比表面积，对颗粒可溶性是至关重要的。同样，其他颗粒如方解石、高岭土、刚玉等经研磨后，在无机酸中的溶解度及溶解速率也均有所增大。

5.3.2.2 离子交换容量

部分硅酸盐颗粒，特别是膨润土、高岭土等一些黏土矿物，研磨后阳离子交换容量发生明显的变化。

图 5-35 给出了机械研磨对膨润土离子交换反应的影响。随着研磨时间的延长，离子交换容量（Γ）在增大到 105mg/100g 以上时呈下降趋势；而 Ca^{2+} 离子交换容量（CaΓ）则随研磨时间的延长不断下降，研磨产品的电导率 χ 及 Ca^{2+} 周围配位的水分子数（H$_2$O/Ca^{2+}）则在开始时随研磨时间增长而急剧下降，达到最低值后基本上不再变化。

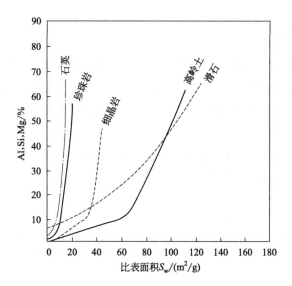

图 5-34 硅酸盐颗粒的溶解度与其比表面积的关系[28]

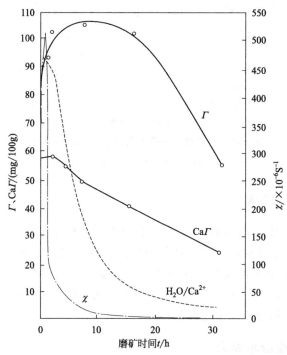

图 5-35 膨润土的阳离子交换容量及其他性能与研磨时间的关系[28]

Γ—阳离子交换容量；CaΓ—Ca^{2+}交换容量；χ—电导率；

H$_2$O/Ca^{2+}—Ca^{2+}周围配位的水分子数

5.3.2.3 电性

研磨对颗粒表面电性有显著的影响。黑云母在研磨作用后其等电点和表面 ζ 电位均发生了明显的变化，见表 5-4。图 5-36 表示研磨对两种黏土颗粒 ζ 电位的影响。这两种颗粒在 pH 值 2～11 的广阔范围内都带负电，研磨后两种颗粒的 ζ 电位均由负变正。

表 5-4　黑云母颗粒研磨后表面物化性质的变化[31]

样品名称	比表面积/(m²/g)	等电点 pH 值	ζ 电位(pH=4)/mV
原样品	1.1	1.5	−31
干磨产品	14.4	3.7	−3
湿磨产品	12.6	1.5	−18

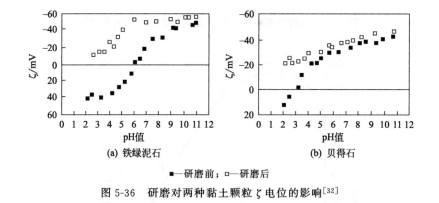

■—研磨前；□—研磨后

图 5-36　研磨对两种黏土颗粒 ζ 电位的影响[32]

在 $1\times10^{-3}\,mol/dm^3$ NaCl 水溶液中

5.3.2.4 水化性能

研究表明，延长研磨时间可引起水泥及水泥颗粒晶体结构的变化，这些变化影响着水泥的水化速度、水泥产品的性能及凝结过程。如图 5-37 所示，水泥颗粒 $\beta C_2 S$（二钙硅酸盐）在研磨 20h 后其水化热显著增大，当研磨 90h 后仍呈增大趋势，在 20～90h 之间，由于颗粒团聚，产品的分散度明显变化，引起了大多数晶格的破坏和无定形化。

5.3.2.5 表面吸附能力

重质 $CaCO_3$ 在搅拌磨湿法研磨 1h 后的吸水率与未研磨时的吸水率如图 5-38 所示。结果显示，重质 $CaCO_3$ 研磨产物的吸水能力明显强于未研磨的吸水能

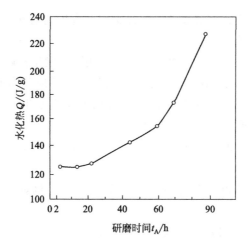

图 5-37 $\beta C_2 S$ 的水化热与研磨时间的关系

力，与后者相比，前者不仅在相同作用时间下的吸水率和达到饱和之后的吸水率均大大高于后者，而且达到饱和的时间也比较短。研磨 1h 产物在 14 天达到吸水饱和，饱和吸水率为 13.33％，未研磨产物的相应值分别为 21 天和 3.77％。

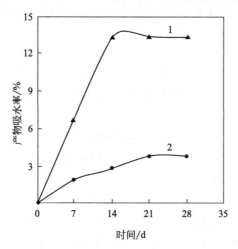

图 5-38 重质 $CaCO_3$ 不同研磨时间的产物吸水率[27]

1—研磨 1h；2—未研磨

5.3.3 机械力化学反应

机械力化学反应与一般的化学反应不同，机械力化学反应同稳定无关。机械力化学反应最主要的特点之一就是由颗粒的相互作用而发生。

在研磨过程中，在颗粒局部承受较大应力或反复应力作用区域可发生分解反应、氧化还原反应、溶解反应、水合反应、金属与有机化合物的聚合反应、固溶化和固相反应等。

许多研究表明，碳酸盐在机械研磨的作用下，发生分解反应。如在真空研磨中 $CaCO_3$、$FeCO_3$、$MnCO_3$、铁白云石等分解反应放出 CO_2。碳酸钠、碱土金属及 Ni、Cd、Mn、Zn 等的碳酸盐在研磨中也发生分解反应。当氧化锌在二氧化碳气氛中研磨时，观察到碳酸锌的反应（$ZnCO_3 \rightleftharpoons ZnO + CO_2 \uparrow$）是可逆的。其平衡点取决于研磨的方式。对于碱土金属碳酸盐，在室温下其分解反应常数很小。

一些碳酸盐在研磨中的分解反应与氧化有关。例如，$FeCO_3$ 和 $MnCO_3$ 在与氧作用后分解：

$$2FeCO_3 + O_2 \longrightarrow Fe_2O_3 + 2CO_2 \uparrow$$
$$3MnCO_3 + O_2 \longrightarrow Mn_3O_4 + 3CO_2 \uparrow$$

这些反应的平衡取决于研磨中氧气的分压，简单的分解过程只取决于 CO_2 的分压。

除此之外，其它物料在研磨中也发生机械力化学分解。如过氧化钡分解产生 BaO 和 O_2，从褐煤中释放出甲烷等。一些含结构水（OH 基团）的氢氧化物和硅酸盐颗粒在研磨中发生分解反应：

$$2M-OH \longrightarrow M_2O + H_2O \uparrow$$
$$(M_2O) \cdot (H_2O)_{gel} \longrightarrow M_2O + H_2O \uparrow$$

$NiCO_3$ 在 CO 和 H_2S 混合气氛中研磨生成 $Ni(CO)_4$。其机械力化学反应为：

$$NiCO_3 \rightleftharpoons NiO + CO_2$$
$$NiO + H_2S \rightleftharpoons NiS + H_2O$$
$$NiS + H_2O + 4CO \rightleftharpoons Ni(CO)_4 + H_2S$$

第三步中分解出的 H_2S 通常用于第二步反应。

在研磨 PbO 时会有 $PbCO_3$ 生成，其反应方程式为：

$$2PbO + CO_2 + H_2O \Longrightarrow 2PbCO_3 \cdot Pb(OH)_2$$

多种颗粒的机械混磨可导致固-固机械力化学反应，生成新相或新的化合物。如 $CaCO_3$ 与 SiO_2 一起研磨时生成硅钙酸盐和 CO_2。其反应方程式为：

$$CaCO_3 + SiO_2 \Longrightarrow CaO \cdot SiO_2 + CO_2$$

氧化锌（ZnO）和氧化铝（Al_2O_3）在振动球磨机中混磨生成部分尖晶石（$ZnAl_2O_4$）和非晶质 ZnO 粉体。图 5-39 是 ZnO 和 50%（mol）Al_2O_3 混磨不同时间后的 X 射线衍射，由此可见，混磨 2h 后即有 $ZnAl_2O_4$（尖晶石）生成。

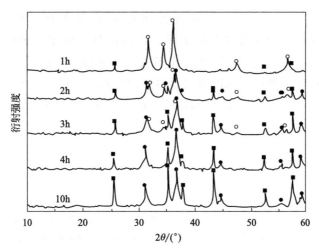

图 5-39 ZnO 和 50%（mol）Al$_2$O$_3$ 混磨后的 X 射线衍射图[33]

○—ZnO；●—ZnAl$_2$O$_4$；■—刚玉

图 5-40 所示为 CaCO$_3$ 和 SiO$_2$ 混磨不同时间后的 X 射线衍射和差热分

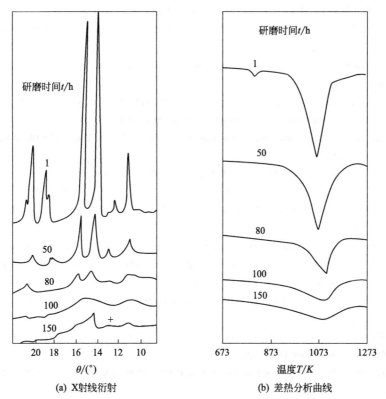

(a) X射线衍射

(b) 差热分析曲线

图 5-40 CaCO$_3$ 和 SiO$_2$ 混磨后的 X 射线衍射和差热分析曲线

析曲线。研磨 100h 后产品出现强烈团聚和非晶态化。研磨 150h 后在 0.298nm 处出现一低强度的新衍射峰，很可能是形成了一种钙硅酸盐化合物。图 5-40(b) 所示的热解分析证实了在 $CaCO_3$ 和 SiO_2 的混磨中释放 CO_2，$CaCO_3$ 的分解吸热峰随着研磨时间的延长而下降，150h 以后基本上消失。SiO_2 的存在加速了 $CaCO_3$ 的机械力化学分解，两种组分之间存在复分解反应。

参考文献

[1] 卢寿慈，翁达. 界面分选原理及应用 [M]. 北京：冶金工业出版社，1992：60.

[2] Coburn J W, Winters H F. Ion-assisted and Electron-assised Gas-surface Chemistry Important Effect in Plasma-etching [J]. J. Appl. Phys., 1979, 50 (5)：3189-3196.

[3] Winters H F, Coburn J W, Chuang T J. Surface Processes in Plasma-assisted Etching Environments [J]. J. Vac. Sci. Tech., 1983, 1 (2)：469-480.

[4] 赵化侨. 等离子体化学与工艺 [M]. 合肥：中国科学技术大学出版社，1993：308-309.

[5] 陈宗淇，戴闳光. 胶体化学 [M]. 北京：高等教育出版社，1984：65.

[6] Giles C H, Macewan T H, Nakhwa S N, et al. Studies in Adsorption. 11. A System of Classication of Solution Adsorption Isotherms, and Its Use in Diagnosis of Adsorption Mechanisms and in Measurements of Specific Surface Areas of Solids [J]. J. Chem. Soc., 1960, 39：73.

[7] Giles C H, Smith D, Huttson A. Genral Treament and Classification of Solute Adsorption-isotherm. 1. Theoretical [J]. J. Colloid Interface Sci., 1974, 47 (3)：755-765.

[8] Kelly E G, et al. Introduction of Minerals Processing [M]. New York: John Wiley and Sons, 1982：102-103.

[9] 宋永勝. 粉煤表面的动电位 [J]. 燃料化学学报，1988 (9)：245-252.

[10] 曾凡，胡永平. 矿物加工颗粒学 [M]. 徐州：中国矿业大学出版社，1995：132.

[11] 任俊. 微细颗粒在液相及空气中的分散行为与分散新途径研究 [D]. 北京：北京科技大学，1999.

[12] Hanna H S, et al. Surface Active Properties of Certain Miceller Systems for Tertiary Oil Recovery. Moscow: XII th International Congress on Surface Active Substances, 1976.

[13] Lyklema J. Adsorption of Polyclectrolytes and Their Effect on the Interaction of Colloid Particles. In: Eicke H F. Modern Trends of Colloid Science in Chemistry and Biolgy. Birkhauser Verlag, 1985：55-73.

[14] Fleer G J, et al. Adsorption from Solution at the Solid/Liquid Interface. In: Parfitt G D. Chapter 4. Academic Press, 1983.

[15] Hessenlin F T. Adsorption from Solution at the Solid/Liquid Interface. In: Parfitt G D. Chapter 8. Academic Press, 1983.

[16] Eirich F R. Colloid and Interface Sci. in: Kerker M. Vol. 1. Academic Press Inc., 1977. 447-460.

［17］ 任俊，邹志清，沈健，等.ND426对超细CaCO₃悬浮液的分散性能［J］.中国粉体技术，2000，6：177-185.

［18］ 黄利明.钛铁矿-长石体系选择性絮凝特性［J］.中南矿冶学院学报，1982，1：51-58.

［19］ Jakubauskas H L. Use of A-B Block Polymers as Dispersents for Non-aqueous Coating Systems［J］. J. Coatings Technol.，1986，58（736）：71-82.

［20］ Noboru, Ichinose, et al. Superfine Particles Technology［M］. Springer-Verlag，1992：47.

［21］ 郑水林.粉体表面改性［M］.北京：中国建材工业出版社，2003.

［22］ Ostwald W. Handbuch der Allgemeinen Chemie. Vol. 1. Akad. Verlagsanstalt, Leipzig, 1919.

［23］ Peters K. 1ˢᵗ Europ. Symp. Zerkleinern（ed. H. Rumpt）. Verlag Chemie, Weinheim. VD1 Verlag Dusseldorf, 1962.

［24］ Juhasz A Z, Opoczky L. Mechanical Activation of Minerals by Grinding Pulverizing and Morphology of Particles. Ellis Horwood Iimitep Publishers, 1990.

［25］ 傅正义，魏诗梅.氧化钙的机械力化学活化［J］.硅酸盐学报，1989（4）：308-314.

［26］ 黄胜涛.固体X射线学［M］.北京：高等教育出版社，1985：321.

［27］ 丁浩.非金属矿物湿法超细化表面改性工艺与理论［D］.北京：北京科技大学，1997.

［28］ 郑水林.超细粉碎［M］.北京：中国建材工业出版社，1999：79.

［29］ Aglietti E F, et al. Mechanochemical Effects in Kaolinite Grinding. I. Textural and Physicochemical Aspects［J］. International J. of Mineral Processing, 1986, 16（1-2）：125-133.

［30］ 卢寿慈.粉体加工技术［M］.北京：中国轻工业出版社，1998.

［31］ 杨华明，陈德良，邱冠周.超细粉碎机械化学的研究进展［J］.中国粉体技术，2002，8（2）：32-37.

［32］ Sondi I, Stubicar M, Pravdic V. Surface Properties of Ripidolite and Beidellite Clays Modified by High-energy Ball Milling［J］. Colloid Surf. A, 1997, 127（1-3）：141-149.

［33］ Zdujic M V, et al. Mechano Chemical Treatment of ZnO and Al₂O₃ Powder by Ball Milling［J］. Material Letters, 1992, 13（2-3）：125-129.

[1] 崔坤,董大海,王来,等. 材料表面改性技术[M]. 北京:国防工业出版社,2005:3-18.
[2] 叶代勇,黄洪,傅和青,等. 纳米材料的表面修饰[J]. 化工进展,2006,11:51-55.
[3] Kirkland J J,Glajch J L,Farlee R D. Synthesis and Characterization of Highly Stable Bonded Phases for……

6

颗粒在液相中的分散与调控

颗粒在液相中的分散是基础研究和工业技术部门普遍遇到的课题。其应用日益广泛。如冶金、化工、食品、医药、涂料、造纸、建筑及材料等。颗粒在液相中的分散就是使颗粒在悬浮液中均匀分离散开的过程。它主要包括三个步骤:

① 颗粒在液相中的浸湿;
② 颗粒团聚在机械力作用下的解体和分散;
③ 将原生颗粒或较小的团聚稳定,阻止再进一步发生团聚[1]。

事实上,颗粒在液相中的分散过程受三种基本作用支配,即颗粒与液体介质的作用(即浸湿)、在液体介质中颗粒之间的相互作用及液体介质分子之间的作用。在实践中,深刻理解该过程,对解决实际问题十分重要。

6.1 颗粒在液相中的分散原理

悬浮液中颗粒的分散应遵循两个基本原则。

① 润湿原则(极性相似原则)。颗粒必须被液体介质润湿,从而能很好地浸没在液体介质中。

② 表面力原则。颗粒间的总表面力必须是一个较大的正值,使颗粒间有足够的相互排斥作用以防止其互相直接接触并黏着。

悬浮液的良好稳定分散必须同时满足上述两个原则,缺一不可。从顺序上看,首先应考虑润湿原则,当颗粒被液相润湿之后,则重点考虑表面力原则。

6.1.1 颗粒的润湿

颗粒的润湿过程实际上是液相与气相争夺颗粒表面的过程,即可以看作固-气界面的消失和固-液界面的形成过程。这主要取决于颗粒表面及液体的极性差异。如果颗粒与液体均为极性的话，固-液表面就容易取代固-气表面从而液体润湿固体表面；如果两者均为非极性，基本情况也与此类似；若两者的极性不同，例如颗粒具有极性表面，而液体为非极性物质，则颗粒的润湿过程就不能自发进行，必须对颗粒表面改性或施加外力，例如重力、流体动力学力等。

润湿性通常用润湿接触角 θ 来度量。$\pi > \theta > \dfrac{\pi}{2}$，表示表面完全不润湿；$\dfrac{\pi}{2} > \theta > 0$，表示表面部分润湿或有限润湿；$\theta = 0$（或无接触角），表示表面完全润湿。

润湿过程也可用铺展系数 S_{1s} 表示[2]：

$$S_{1s} = \gamma_{sg} - (\gamma_{sl} + \gamma_{1g}) = \gamma_{1g}(\cos\theta - 1) \tag{6-1}$$

S_{1s} 为正，表示液体能在固体表面铺展润湿，即完全润湿。反之，当 $\theta > 0$ 时，铺展系数 S_{1s} 为负，液体在固体表面的润湿受阻。可见，只要有润湿接触角的存在，就意味着液体不能完全润湿颗粒表面，并在颗粒表面铺展。为了满足润湿原则，此时，需要添加润湿剂，以尽可能降低润湿接触角 θ，最好令它不存在，以创造铺展润湿的条件。

6.1.2 颗粒悬浮体系的分散/团聚状态

颗粒被浸入在液体介质中时，颗粒间存在两种不同状态：一种是颗粒彼此之间发生团聚行为，形成团聚体，使单个颗粒"长大"成为二次颗粒，这种颗粒间互相黏附，连接成聚集体的状态称为团聚；另一种情况是颗粒之间互相排斥，颗粒彼此之间互不相干，能在液体介质中自由运动，形成稳定分散的悬浮液。大多数情况下，颗粒的分散与团聚往往在一个悬浮体系中同时存在，如果团聚行为强于分散行为，则悬浮体系呈不稳定的团聚特性；若分散行为占主导地位，则悬浮体系呈分散稳定特性。但是，悬浮体系的这两种行为不是一成不变，在一定条件下可以相互转化。

6.1.3 颗粒在水-气界面的漂浮粒度与润湿性的关系

用颗粒在水-气界面的漂浮粒度与其润湿性的关系来进一步说明润湿性对颗粒分散的重要作用。

图 6-1 为不同润湿性的颗粒在水-气相界面所处的位置。图 6-1(a) 表示在

无重力场时的状况。图 6-1(b) 表示在有重力作用时的状况。显然，当颗粒无润湿接触角时，被水完全润湿，颗粒将待在水中。当润湿接触角 $\theta > 90°$ 时，颗粒不被水润湿，它趋向于尽可能地不与或少与水接触，因而颗粒将待在水-气界面，且大部分表面暴露在空气中。当润湿接触角 $\theta < 90°$ 时，如无重力作用，在水-气界面张力的垂直分力的作用下，颗粒有进入水中的趋向，如图 6-1(b) 所示，颗粒的大部分面积将没入水中；在重力场中，受重力的作用颗粒进入水中，润湿周边向上移动，产生的前进接触角 θ_a 往往大于平衡接触角，甚至大于 $90°$，此时，颗粒所受到的有效重力反而被一个向上的水-气界面张力的垂直分力所平衡，颗粒将稳定在水-气界面，但是，如图 6-1 所示，它的大部分表面是在水中。

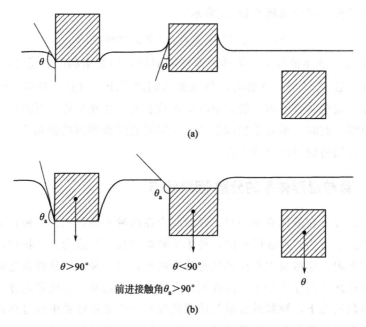

图 6-1 不同润湿性的颗粒在水-气相界面所处的位置[3]

在水-气界面稳定漂浮的颗粒粒度，可以通过求解力的平衡方程式而得到。当颗粒的形状及密度已知时，例如为 $2500kg/m^3$ 时，可求出对应于不同的接触角的立方形颗粒最大漂浮粒度 d_{max}，见表 6-1。

表 6-1 对应于不同接触角的立方形颗粒最大漂浮粒度

接触角 $\theta/(°)$	0	10	20	90
d_{max}/mm	0	约 0.7	1.0	约 3.0

通过对表 6-1 数据的分析，可以进一步认识润湿原则的重要性，当颗粒为不润湿或不完全润湿时，颗粒有强弱不等的逃逸出水的趋势，或者将在水中聚集成团，因此，不可能获得颗粒在水中的稳定分散。在这种场合，必须添加润湿剂以改变颗粒的润湿性，使其亲水。

6.1.4 悬浮液中颗粒分散的判据

在悬浮体系中，颗粒的分散稳定性取决于颗粒间相互作用的总作用力或总作用能，即取决于颗粒间范德华作用能（V_w）、静电作用能（V_{el}）、吸附层的空间位阻作用能（V_{kj}）、疏液作用能（V_{sy}）及溶剂化作用能（V_{rj}）的相对关系。颗粒间分散与团聚的理论判据是颗粒间的总作用能 V_t，可用式(6-2) 表示[4]：

$$V_t = V_w + V_{el} + V_{kj} + V_{sy} + V_{rj} \tag{6-2}$$

一般认为，在电解质溶液中，当颗粒作用的势能曲线上的势垒大于 15kT 时，颗粒处于稳定分散状态；反之，则颗粒有团聚趋向。

因为作用于颗粒间的各种作用力或作用能是随环境条件变化而变化，添加分散剂对颗粒在液体介质中的润湿、碎解及悬浮体的分散与团聚都起着重要作用，所以可以通过采取化学的或物理的方法调控颗粒表面的性质，实现颗粒在液体介质中的充分分散。

6.1.5 颗粒分散的调控因素与其润湿性的关系

综上所述，颗粒分散的调控因素与颗粒的润湿性及颗粒间的各种相互作用密切相关，表 6-2 列举不同润湿性的颗粒在水中的分散调控要素。

表 6-2 颗粒分散的调控要素与其润湿性的关系

润湿性 θ	润湿条件	分散调控要素
$>90°$	疏水性,不润湿,不铺展	润湿剂及分散剂
$0°\sim90°$	部分疏水性,部分润湿,不铺展	润湿剂及分散剂
不存在 θ	亲水性,润湿,铺展	分散剂

6.2 颗粒在不同介质中的分散特征[5,6]

介质是分散体系的重要组成部分，它的性质在某种程度上决定着分散体系的分散稳定性。水、乙醇及煤油是三种具有不同组成、结构和极性的物质，是自然界中存在的三大类型液体介质的典型代表，也是日常生活和工业实践中运用最广泛的液体介质。本节对不同极性颗粒在水、乙醇及煤油介质中的分散行为特征进行讨论，认识它们在不同环境中的共性、个性及差异所在，以便揭示颗粒在水与非水介质中的分散规律。

介质不同，颗粒的分散行为有着明显的差异。介质的选择必须符合分散调控第一原则，即颗粒表面应能被液体润湿。研究表明，亲水的二氧化硅和碳酸钙颗粒在水、乙醇和煤油中的分散行为截然不同，在水和乙醇中均具有较好的分散行为，但在煤油中它们几乎不能分散，呈现出很强烈的团聚现象。它们在水、乙醇及煤油介质中的分散顺序为：乙醇＞水＞煤油。疏水性的滑石、石墨颗粒在水、乙醇及煤油中的分散与亲水性颗粒具有截然相反的分散特征，在水中具有显著的团聚行为，但较亲水性颗粒在煤油中的团聚速度慢，强度弱，在乙醇中均有良好的分散行为。疏水颗粒在三种介质中的分散顺序为：乙醇＞煤油＞水或煤油＞乙醇＞水。虽然滑石是一种疏水性颗粒（对水的润湿接触角56°），却在煤油中的分散性一般。亲水性和疏水性颗粒在水、乙醇及煤油中的润湿接触角及分散行为特征如表 6-3 及图 6-2。由表 6-3 及图 6-2 可见，颗粒表面亲液程度越强，其分散性越好，反之亦然。

表 6-3　亲水性和疏水性超细颗粒在水、乙醇及煤油中
的润湿接触角及分散特征[6]

颗粒名称	润湿接触角 $\theta/(°)$			分散性		
	水	乙醇	煤油	水	乙醇	煤油
二氧化硅	0.0	0.0	88.0	○	○	×
碳酸钙	10.0	0.0	86.0	△	○	×
滑石	56.0	0.0	45.0	×	○	△
石墨	69.0	9.0	0.0	×	△(○)	○(△)

注：○—分散性好；△—分散性一般；×—分散性差。

乙醇与一定比例的水混合作分散介质时，乙醇的体积分数对颗粒的分散行为有显著影响。图 6-3 为乙醇与一定比例水混合的体积分数与颗粒的分散率（F_s）、润湿性（θ）及 ζ 电位的关系。乙醇的体积分数增大，颗粒表面的润湿性强；有趣的是，在体积分数达到 50% 左右时，无论是亲水性颗粒还是疏水性颗粒的分散性和润湿性都达到最佳状态；体积分数大于 50% 时，亲水性颗粒的分散性和润湿性同时逐渐降低，而疏水颗粒的润湿接触角接近于零度，分

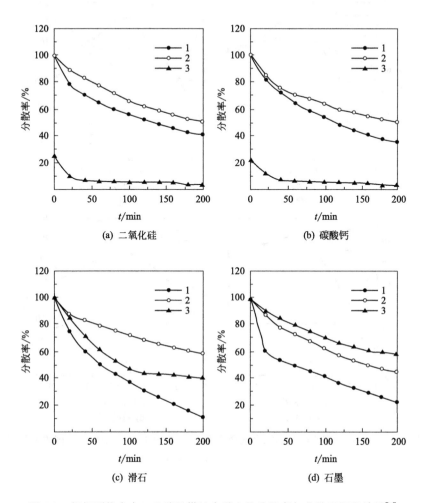

图 6-2　超细颗粒在水、乙醇及煤油介质中的分散率与分散时间的关系[7]

1—水；2—乙醇；3—煤油

散性降低。但是，从乙醇的体积分数与颗粒表面 ζ 电位的关系中似乎找不到与其分散行为有直接关系的信息。除了石墨在乙醇的体积分数为 50% 左右时出现较高 ζ 电位绝对值外，其它颗粒的 ζ 电位绝对值均在 30mV 之内，并且在水中的 ζ 电位绝对值均比此处或在乙醇中的 ζ 电位略高。可以认为，在乙醇体积分数为 50% 处或乙醇中，颗粒表面的 ζ 电位对其分散行为不起支配作用，而是溶剂化作用的结果。

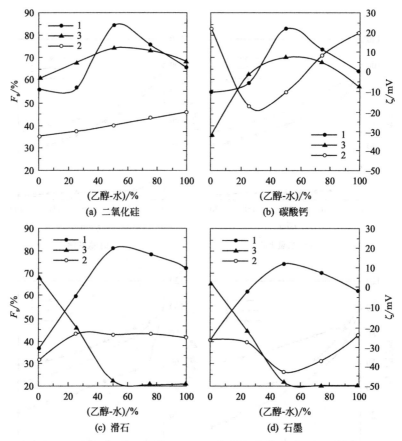

图 6-3 不同颗粒在乙醇与水混合液介质中 F_s、ζ、θ 和 β 与乙醇-水比例的关系[8]

1—F_s；2—ζ；3—β 和 θ

6.3 颗粒在液相中分散的主要影响因素

为了保持悬浮体系的分散稳定性，防止由于颗粒间的相互碰撞而发生凝集是非常重要的。下面对颗粒分散稳定性的影响因素及在制备悬浮体系时应需注意问题进行讨论。

6.3.1 在水中分散的主要影响因素

6.3.1.1 pH 值及 ζ 电位的影响[9,10]

pH 值对悬浮液的分散稳定性具有强烈的影响。二氧化硅、碳酸钙、滑石和石墨四种颗粒在水中的自然分散行为如图 6-4 所示。亲水的二氧化硅和碳酸钙的分散行为受体系 pH 值的支配和控制。不同 pH 值，其分散行为有显著差异，二氧化硅和碳酸钙分别在 pH10 和 pH5 左右分散性最好，而在 pH2.9 和 pH11 时，分散性最差，团聚行为加强。疏水的滑石和石墨在水中的分散行为几乎不受介质 pH 值的影响，有显著的团聚现象。从动力学的角度看，亲水性颗粒在水中团聚速度较慢，疏水性颗粒团聚速度快。

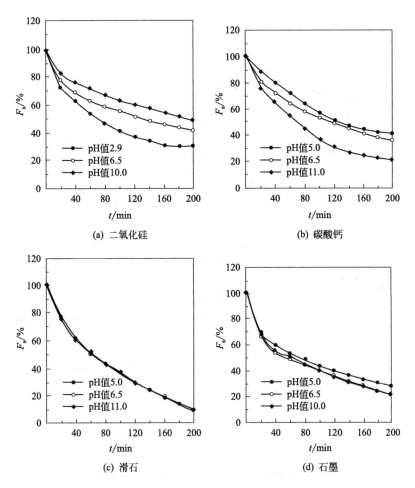

图 6-4　在不同 pH 值中，颗粒在水中分散率 F_s 与沉降时间 t 的关系[10]

图 6-5 为 F_s-pH、ζ-pH 与 θ 和 β-pH 的关系曲线。可以看出，亲水颗粒的分散行为与 ζ 电位和润湿性有相当好的一致关系，即颗粒表面 ζ 电位绝对值越大，分散越好；润湿指数大，分散性好，且团聚 pH 值与它们的零电点

（PZC）相吻合，这与 DLVO 理论一致，然而，对疏水的滑石和石墨颗粒，其分散行为与 ζ 电位之间不存在这种对应关系，即使在 ζ 电位绝对值很高的 pH 处，仍处于强烈的团聚状态，而它们的润湿性与分散行为有相当好的一致关系，同时，均不受 pH 的影响。很显然，仅考虑颗粒间的范德华作用能和双电层作用能建立的 DLVO 理论不能准确描述疏水颗粒在水中的分散行为。此时必须考虑疏水化作用。

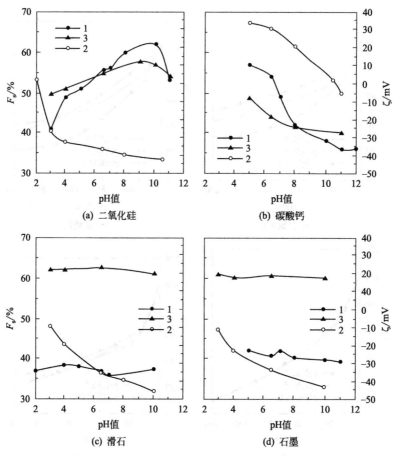

图 6-5 不同颗粒在水中 F_s、ζ、β 和 θ 与 pH 的关系[10]

1—F_s；2—ζ；3—β 和 θ

图 6-6 为滑石、石墨、二氧化硅和碳酸钙颗粒间能垒与 pH 值的关系。可以看出，在广泛的 pH 值范围内，滑石和石墨的能垒 U_{max} 受介质 pH 值的影响不大，颗粒间总势能为负，颗粒发生团聚。碳酸钙在碱性区域内，颗粒间能垒

均较低，产生团聚。在酸性区域内，能垒较高，体系处于分散状态。二氧化硅颗粒在 pH=2.5 以上，总作用势能为正，呈排斥作用，体系处于分散状态。这一计算结果与图 6-5 表示出的颗粒分散与团聚规律是完全吻合的。pH 值不仅对分散剂本身解离度有强烈的影响，而且颗粒的表面性质也受影响，特别是具有等电点的氧化物颗粒在等电点前后的 pH 值区域具有特异的行为。当 pH 值从酸性向碱性或者从碱性向酸性变化时，氧化物颗粒发生如下的解离，颗粒表面电荷可从正电荷向负电荷或从负电荷向正电荷变化，即存在等电点。

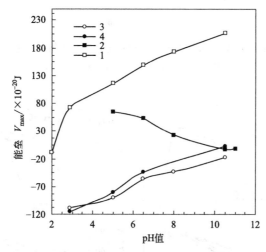

图 6-6　颗粒间相互作用能垒 V_{max} 与 pH 值的关系
1—二氧化硅；2—碳酸钙；3—滑石；4—石墨

$$MOH^+ \rightleftharpoons MO^- + H^+$$

Fe_2O_3（等电点 5.5）、TiO_2（等电点 6.0）、ZnO（等电点 8.4）、$Al(OH)_3$（等电点 6.0）分别分散在水介质中，其分散稳定性如图 6-7 所示。可见，即使在没有分散剂存在的条件下，在其等电点的左右区域内仍具有非常好的稳定性，但在等电点附近区域则很不稳定。另外，在小于等电点的 pH 区域，颗粒带正电荷；大于等电点的 pH 区域带负电荷。

图 6-8 为在阴离子表面活性剂（十二烷基硫酸钠）和阳离子表面活性剂（DAC）作用下 pH 对 Fe_2O_3 颗粒的水悬浮液分散稳定性及 ζ 电位的影响。它们的分散稳定性与 pH 值的关系相反。即在阴离子表面活性剂的添加浓度较低时，高于等电点的 pH 体系比低于等电点的 pH 体系的稳定性好，ζ 电位的绝对值也与此对应。对阳离子型表面活性剂来说，低于等电点的 pH 体系较高于

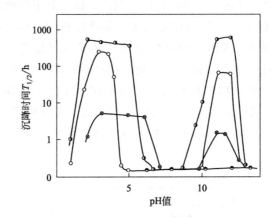

图 6-7　颗粒水悬浮液的分散稳定性与 pH 值的关系[11]

○—Fe₂O₃；●—TiO₂；◑—ZnO；●—Al(OH)₃

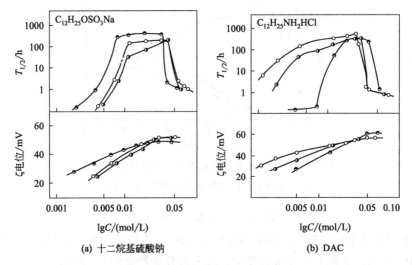

(a) 十二烷基硫酸钠　　　　(b) DAC

图 6-8　Fe₂O₃ 颗粒水悬浮液的分散稳定性与 pH 值的关系[11]

等电点的 pH 体系的分散稳定性好，ζ 电位也与之对应，且数值增大。

图 6-9 是 PAA 在 ZrO₂ 表面的吸附构型随 pH 值的变化。当 pH 值较低（pH<4）时，PAA 以线团的方式存在于固-液界面上，吸附层很薄，几乎无位阻作用；随 pH 值的增加，PAA 的离解度增加，链节间的静电排斥力使其逐渐伸展；另一方面，ZrO₂ 颗粒表面 ζ 电位先是逐渐减小直至由正变负（图 6-10），同时 PAA 的负电荷量也逐渐增加，PAA 链节与 ZrO₂ 颗粒间的排斥力逐渐增加，使大部分已经解离的 PAA 链节不可能平铺在带相同电荷的

ZrO_2 表面。这两种效应的协同作用使 PAA 链节伸展，并在界面形成链尾型吸附，可以在较远范围内提供空间位阻作用。

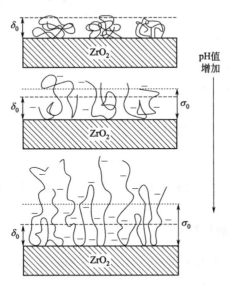

图 6-9　不同 pH 值下 PAA 在 ZrO_2 表面的吸附构型[12]

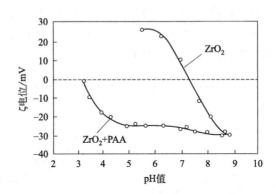

图 6-10　ZrO_2 的 ζ 电位与 pH 值的关系[12]

　　吸附层的厚度是决定分散体系稳定性的一个重要因素，在非水体系中尤为如此。一般来说，高分子分散剂的伸展度越大，吸附层越厚，产生的位阻作用就越大。图 6-11 为吸附了 PAA 的 ZrO_2 颗粒间的位阻作用范围与 pH 值的关系。可以看出，随 pH 值的增加，位阻作用范围逐渐增加。另外，在 pH 在 7~9 时，吸附了 PAA 的 ZrO_2 颗粒表面 ζ 电位的绝对值最大，颗粒间的静电作用力也最大。

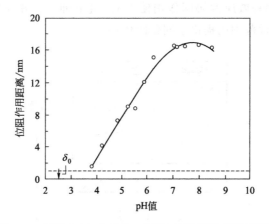

图 6-11 吸附 PAA 的 ZrO_2 表面空间位阻作用范围[12]

6.3.1.2 电解质的影响

在水中存在高价的难免离子，如 Ca^{2+}、Mg^{2+}、Al^{3+} 等。它们的存在必然影响着颗粒的分散稳定性。

图 6-12 为 Al^{3+} 和 Ca^{2+} 对二氧化硅、碳酸钙、滑石和石墨颗粒悬浮体系分散行为的影响。显然，除了 Al^{3+} 对碳酸钙颗粒有轻微分散作用外，Al^{3+} 和 Ca^{2+} 的添加加剧了悬浮体中颗粒的团聚行为。因此，为了实现颗粒的充分分散，消除水中的有害难免离子是非常必要的。

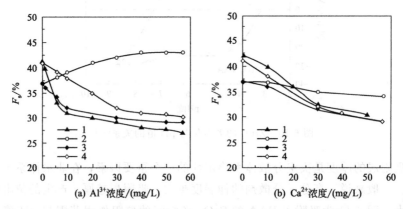

图 6-12 在水中 Al^{3+}、Ca^{2+} 对颗粒分散作用的影响[8]

1—二氧化硅；2—碳酸钙；3—滑石；4—石墨

若无机盐等的电解质与分散剂共存，悬浮液的分散稳定性将受到显著影响。在有十二烷基硫酸钠存在的情况下，再加入 NaCl 电解质，NaCl 对

Fe$_2$O$_3$ 悬浮液的分散稳定性影响如图 6-13 所示。当 NaCl 的浓度为 0.2% 时，$T_{1/2}$-lgC 曲线整体向低浓度区移动。即由于 NaCl 的存在，在十二烷基硫酸钠的浓度较低时也同样能产生较好的分散稳定效果。但是，应该必须注意到，当浓度较高时，分散稳定性降低。另一方面，当 NaCl 的用量为 0.35% 时，十二烷基硫酸钠对 Fe$_2$O$_3$ 悬浮液失去了分散效果。当 NaCl 过量时，不仅是十二烷基硫酸钠，几乎所有的离子型分散剂对悬浮液都将失去分散效果。

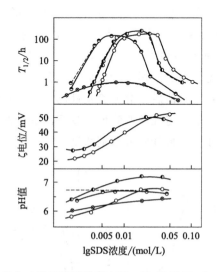

图 6-13　在十二烷基硫酸钠存在时，NaCl 对 Fe$_2$O$_3$ 悬浮液的
分散稳定性的影响[13]

●—0.02%NaCl 水溶液；○—水；◐—0.2%NaCl 水溶液；●—0.35%NaCl 水溶液

其实，除了 NaCl 外，其他电解质也具有同样的效果。电解质对颗粒聚沉的影响可用经典的 DLVO 理论解释。加入 NaCl 等电解质，起压缩双电层的作用，引起颗粒聚沉。在高浓度的电解质作用下，小分子分散剂的分散效果变差，甚至完全丧失。此时，非离子型高分子分散剂显示出了明显的分散效果，这主要是由于高分子分散剂具有强大的空间位阻作用的缘故。

在这里只介绍了 NaCl 存在的情况，但是除了 NaCl 外，能在溶液中溶解形成离子的物质与 NaCl 具有同样的效果。NaCl 等电解质用量过大，在颗粒表面产生的双电层的 κ 值增大，因此阻碍颗粒间团聚的静电排斥作用力减弱，分散稳定性的效果变差。电解质的浓度越高，普通的小分子分散剂的分散效果越差，甚至完全丧失。在这样高电解质水溶液中，对颗粒表面具有吸附基团的非离子型高分子分散剂显示出了显著分散效果，这主要是由于高分子分散剂除了可增强静电排斥力作用外，还能形成强大的空间位阻作用的缘故。

6.3.1.3 分散剂浓度的影响

通常，在悬浮体系中加入一定量的分散剂便可达到悬浮液的分散稳定。对颗粒浓度较低的悬浮液（1%～2%），可以用沉降速度表示分散剂对颗粒分散的效果。沉降速度越慢，分散效果越好。并且随着放置时间的延长，颗粒团聚而沉降速度加快。通过颗粒的沉降，在悬浮液中形成分散质和水介质分离的两相界面，称为沉降面。图 6-14(a) 表示出十二烷基硫酸钠对 Fe_2O_3 颗粒悬浮液（1%）的稳定性的影响。其稳定性用颗粒的沉降时间 $T_{1/2}$（沉降面下降到悬浮液高度的 1/2 时所需要的时间）表示。$T_{1/2}$ 值越大，悬浮液的稳定性越好。由图 6-14(a) 可见，在分散剂浓度较低时，分散的稳定性随分散剂浓度增加而变好；当浓度达到一定值后，分散稳定性趋于一定程度而体系稳定；当浓度进一步增大时，其分散稳定性急剧降低，悬浮液的分散性变差。因此，对于不同的分散剂，均存在一个最佳的分散剂浓度。

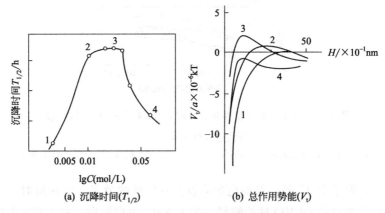

(a) 沉降时间($T_{1/2}$)　　(b) 总作用势能(V_t)

图 6-14　在 Fe_2O_3-十二烷基硫酸钠水悬浮液中沉降时间 ($T_{1/2}$)
和总作用势能 (V_t) 的关系[14]

$T_{1/2}$ 对 lgC 曲线可用第 3 章中论述的 DLVO 理论（由双电层静电排斥作用实现分散的稳定）定性解释。即用图 6-14(a) 中 $T_{1/2}$-lgC 曲线上的 1、2、3 和 4 的数据及其颗粒的 ζ 电位值计算颗粒间的总作用能 V_t，并绘制 V_t-H 曲线，如图 6-14(b) 所示。可以看出，稳定性较好的 2 和 3，在颗粒间接近到一定范围内，所对应的 V_t 为正值，说明静电排斥作用是维持颗粒分散稳定性的主导因素。另一方面，分散稳定性较差的 1 和 4，当颗粒间接近到任何程度时，所对应的 V_t 均为负值，颗粒间不存在排斥作用，只存在吸引力，颗粒间产生团聚行为。

如果分散剂在颗粒表面的吸附达到饱和，在此基础上再添加分散剂，它将在溶液中完全溶解形成离子，这和添加直接电解质的情况没有多大区别，离子浓度增高。因此，颗粒的分散稳定性迅速恶化。另外，因为多价电解质-高分子型分散剂也和一价分散剂的分散行为类似，所以也可以采用相同的理论对分散与团聚行为给予解释。

高浓度悬浮液是在颜料、涂料、造纸、陶瓷、建筑和土木工程等许多领域广为应用的体系。颗粒浓度高，不仅可节约输送费用，而且可以节约干燥费用。对于浓度很高的颗粒悬浮液来说，添加适量的分散剂，可使大的二次团聚颗粒分散成小的二次团聚或一次颗粒，悬浮液良好的分散性可显著降低黏度，显著提高产品质量，也便于操作。

例如，用烷基链不同的 LAS（烷基苯磺酸钠）作分散剂，50％的 Fe_2O_3 悬浮液的黏度、ζ电位、吸附量和悬浮液的 pH 值与分散剂浓度的关系如图 6-15 所示。可以看出，由于添加了 LAS，悬浮液的黏度由原来的 10000mPa·s 降

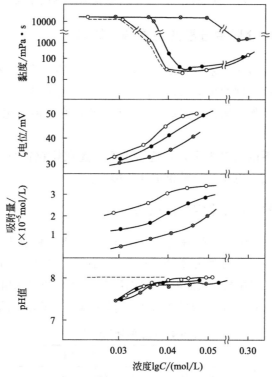

图 6-15　烷基苯磺酸钠的烷基链长度与 Fe_2O_3 悬浮液（50％）的黏度、

ζ电位、吸附量和 pH 值的关系[15]

⊚—C_8BS；●—$C_{10}BS$；○—$C_{12}BS$

低到 $10mPa \cdot s$。

烷基链越长，效果越好；ζ 电位和吸附量也与其对应增加。但是，如果 LAS 的浓度过高，也会导致悬浮液的黏度增大。这与低浓度悬浮液的稳定性随分散剂浓度增大而急剧降低的现象相一致。烷基链短（C_8），在 Fe_2O_3 颗粒表面上的吸附量小，ζ 电位也小。悬浮液的黏度相对降低也小。分散剂对高浓度悬浮液的黏度降低也与低浓度悬浮液相似，其结果也可用 DLVO 理论解释。

在使用与颗粒表面荷相反电荷的分散剂时，在低浓度下为了消除颗粒表面的电荷需要加入充足量的分散剂，也就是说，分散剂的亲水基在颗粒表面的荷电部位附着，其疏水基朝向水相，颗粒表面形成疏水性而分散性变差。但是，如果加大分散剂用量，被吸附的分散剂的疏水基与其它游离的分散剂的疏水基吸引形成双分子层吸附，随着分散剂浓度的增大分散性得到提高。另外，对于荷有与颗粒表面相同电荷的分散剂，分散剂在颗粒表面的吸附形式是疏水基朝向颗粒的表面而亲水基朝向水相，颗粒表面的荷电量随分散剂浓度增加而增大，分散性变好。因此，为了提高其分散性，增加分散剂的用量是非常必要的。

6.3.2　在非水介质中分散的主要调控因素

非水体系比水溶液体系更为复杂，因为非水体系不存在确定的离子组分，且非水体系中难以控制的少量水常常产生令人困惑的效果。但是，非水体系有着广泛的应用，例如油漆、印刷油墨、电复制中的显影液、化妆品、干洗剂及机油等。

影响非水体系的因素很多，在这里主要阐述颗粒粒径与稳定性机理的关系、水的影响以及 ζ 电位对分散稳定性的影响。

6.3.2.1　颗粒粒径与稳定性的关系

由于在非水体系中离子的解离量少，作用于颗粒间的静电排斥势能与颗粒的表面电位、粒径以及分散介质的介电常数成比例。因此，分散介质确定后，静电排斥作用能只与颗粒的表面电位和粒径有关，所以可以求出体系的 V_{max}。在 Hamaker 常数 $A = 10^{-19} J$，介电常数为 2.3 的条件下，计算求出的势垒值见表 6-4。

表 6-4　V_{max} 的计算值[16]

φ_0 / mV	V_{max}/kT		
	$d = 10^{-4} cm$	$d = 10^{-5} cm$	$d = 10^{-6} cm$
25	13	—	
35	26	1	—

φ_0/mV	$V_{\text{max}}/k\text{T}$		
	$d=10^{-4}\text{cm}$	$d=10^{-5}\text{cm}$	$d=10^{-6}\text{cm}$
50	62	4	—
75	152	11	—
100	286	20	1
150	662	54	4

分散稳定性的大致标准为 $V_{\text{max}}>15k\text{T}$。当 $\varphi_0=50\text{mV}$ 时，粒径 $d=10^{-4}\text{cm}$，$V_{\text{max}}=62k\text{T}$；当 $d=10^{-5}\text{cm}$ 时，$V_{\text{max}}=4k\text{T}$；当 $d=10^{-6}\text{cm}$ 时，V_{max} 变为负值，即颗粒间产生吸引作用力。从表 6-4 中可见，在粒径较大而 φ_0 值较小时，$V_{\text{max}}>15k\text{T}$，分散体系稳定，相反，粒径较小，$\varphi_0$ 值即使增大，V_{max} 值也小于 $15k\text{T}$。也就是说，粒径变小，只靠静电排斥力难以实现分散，这种情况下，必须采用空间位阻作用实现分散体系的稳定性。可见在粒径较大时通过静电排斥力实现分散的稳定性是适当的，对于粒径较小的情况，空间位阻作用更为有效。

长链烃表面活性剂在非水介质中，也能形成胶团，但是因环境和水介质不同，而且离子型表面活性剂在非水介质中的电离度很小，因此胶团的聚集数小（通常在 10 以下），没有明显的 CMC 值[17]。但是，当有极性颗粒存在时，表面活性剂很容易在颗粒表面定向排列，以非极性基朝向本体溶液，使颗粒间形成空间位阻作用。S. S. Papell 将 $30\mu\text{m}$ 的 Fe_3O_4 颗粒，在油酸存在的正庚烷介质中研磨至 $10\mu\text{m}$ 左右，制成稳定分散的磁流体[18]。许多研究者照此方法制备了铁氧体系的磁流体。它们的共同特点在于都必须要使用油酸或油酸钠。这说明是油酸的活性基团在颗粒表面吸附，形成位阻效应，克服了粒间范德华力和磁吸引力，替代双电层，促使颗粒稳定悬浮于烃类油中。

6.3.2.2 水分对颗粒表面 ζ 电位的影响

在非水体系中的微量水很难被除去，这会影响颗粒表面电位，从而反过来影响分散体系的稳定性，因为水的可离解的质子和氢氧根离子被选择性吸附，使颗粒表面带碱性[19]。

水量的增加会引起颗粒表面形成的水层中吸附或溶解的阳离子量增加。另一方面，所生成的荷正电的水层对介质中的负电荷有亲合力，从而使得 ζ 电位达到极大值后又随水量的增加而降低。这种行为典型地表现在 TiO_2-煤油-NaOT 体系，如图 6-16 所示。

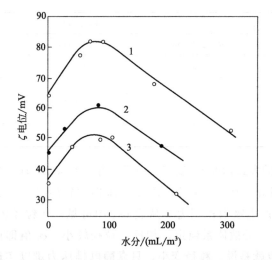

图 6-16　TiO$_2$-煤油-NaOT 体系中水对颗粒表面 ζ 电位的影响[20]

1—NaOT 含量为 0.001mol/L；2—NaOT 含量为 0.004mol/L；3—NaOT 含量为 0.02mol/L

6.3.2.3　ζ 电位对分散稳定性的影响

McGown 和 Parfitt[21] 对 TiO$_2$ 在 Aerosol OT-二甲苯溶液中的絮凝速度作了研究。图 6-17 表示稳定度（W）与 ζ 电位的关系，突发絮凝的临界区域大约为 35～45mV。Cooper 与 Wright[22] 对 Aerosol OT-庚烷溶液中的酞菁铜分散体系进行的研究也得到类似的稳定度与 ζ 电位的关系。

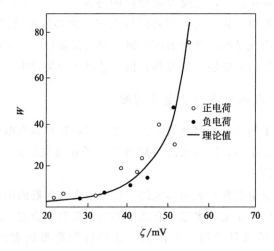

图 6-17　分散在 Aerosol OT-二甲苯溶液中的 TiO$_2$ 的稳定性与 ζ 电位的关系

6.3.2.4 介电性质对颗粒分散性能的影响

北原等人研究了 α-Fe$_2$O$_3$ 颗粒在非水介质中的分散与团聚行为。图 6-18 表示出了 α-Fe$_2$O$_3$ 颗粒分散性能与非水介质的介电常数的关系。如图 6-18 所示，在介电常数为 10~50 的非极性介质中，AOT 对 α-Fe$_2$O$_3$ 颗粒起团聚作用，而介电常数大于 70 的极性介质中呈分散作用。在没有分散剂存在时，无论如何改变介质的介电常数，其分散性几乎没有变化。这可能是由于 AOT 在介电常数为 2 的非极性介质中或在介电常数为 70 以上的介质中的溶解性降低，其吸附性改善所致。

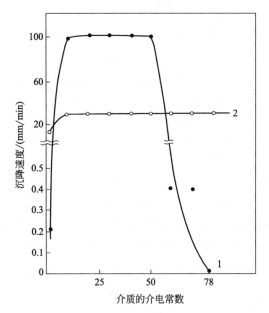

图 6-18　α-Fe$_2$O$_3$ 颗粒分散性能与非水介质的介电常数的关系[23]

1—AOT 存在时；2—AOT 不存在时

6.3.2.5 表面包覆对颗粒分散稳定的影响

（1）St 包覆 TiO$_2$ 颗粒

Yu 等[24]研究了二次聚合方法包覆二氧化钛制备电泳 TiO$_2$ 颗粒。以 St 为单体，二乙烯基苯为交联剂将 St 包覆到二氧化钛表面。图 6-19 是 St 包覆 TiO$_2$ 颗粒前后的沉降曲线。由图 6-19 可以看出，包覆后的 TiO$_2$ 颗粒沉降速度大大减小，聚合物包覆层对于增强电泳颗粒的分散性，阻止颗粒间团聚起到了显著作用。

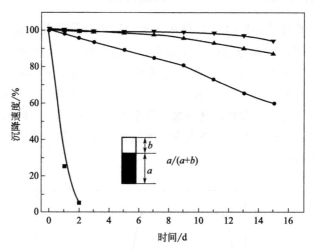

图 6-19　聚合物包覆前后 TiO$_2$ 颗粒沉降曲线

■—TiO$_2$；●—TMA-5；▲—TMA-10；▼—TMA-15

(2) 聚合物包覆 Black-1G 黑颗粒

孙世伟[25]和孟宪伟研究了 NBMA、HMA 及 LMA 均聚物包覆对 Black-1G 黑颗粒分散稳定性的影响（图 6-20）。由图 6-20 可见，不同聚合物包覆的 Black-1G 颗粒之间的分散行为有很大的差异，PNBMA 和 PHMA 单体包覆的 Black-1G 颗粒的分散行为，在开始的 150min 内分散稳定性好，当大于

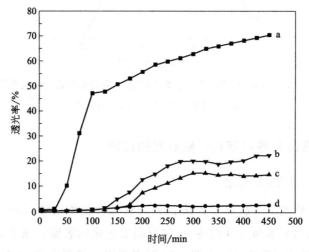

图 6-20　几种均聚物包覆对 Black-1G 黑颗粒的分散稳定性影响

a—Black-1G；b—Black-1G-NBMA；c—Black-1G-HMA；d—Black-1G-LMA

150min 后，出现了明显的差异，NBMA 包覆的 Black-1G 颗粒的分散稳定性
要比 HMA 包覆的稍差，LMA 包覆的 Black-1G 颗粒具有很好的分散稳定性。
由于单体的极性或者亲疏水性与支链长度有关，支链越长的极性越小或者越疏
水，所以用支链越长的单体进行包覆修饰后，聚合物与低介电常数溶剂的相容
性越好，聚合物链段越舒展，能提供的空间位阻也越大，颗粒之间越不容易发
生团聚，分散稳定性也就越好，可以在很长的时间范围内保持稳定。

图 6-21 是 MMA、St 及 TBMA 作为共聚单体时不同摩尔分数包覆 Black-
1G 黑颗粒的分散稳定性随时间的变化曲线。由图 6-21 看出，共聚单体成分量
对 Black-1G 黑颗粒分散稳定性的影响，随着共聚单体从 MMA 到 TBMA 的变
化，5％和 15％摩尔分数的共聚单体包覆的 Black-1G 黑颗粒的分散稳定性发
生了一个很有趣的变化。当 MMA 作为第二单体时，由于其极性很大，所以
15％样品的分散稳定性要比 5％的好很多，差异明显；当 St 作为第二单体时，
由于其极性减小，5％样品的分散稳定性和 15％的样品之间的分散稳定性差异
变小很多，15％样品的分散稳定性比 5％的稍好；当 TBMA 作为第二单体时，

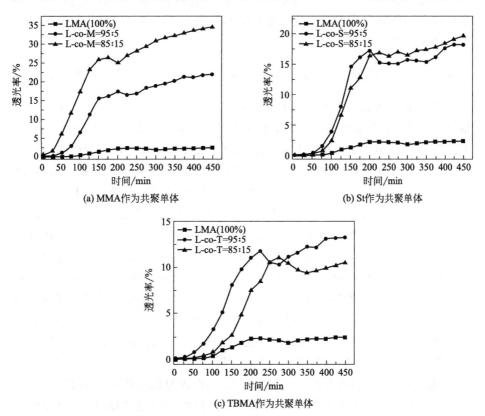

图 6-21　共聚单体包覆对 Black-1G 黑颗粒分散稳定性的影响

共聚包覆后，15％样品的分散稳定性竟然比5％的差，也就是说此时15％摩尔分数的 TBMA 单体包覆的 Black-1G 黑颗粒要比5％的分散稳定性要稍好。

聚合物层之所以能提供空间位阻是由于当颗粒相互靠近时，彼此之间的聚合物层会发生接触，引起吉布斯自由能的变化。当采用与溶剂相容性非常好的单体进行包覆时，比如 LMA，此时聚合物的构象熵的变化对空间位阻起主导作用，颗粒相互靠近后，彼此之间的聚合物层发生相互渗透或者压缩，聚合物的链段构象熵急剧下降，导致这不是一个自发的反应，所以颗粒趋向于分开，从而得到分散稳定。当加入极性大的单体时，聚合物层的极性也逐渐增加，它们与非极性溶剂的相容性也逐渐减小，链段自身发生团缩甚至坍塌，此时链段的构象熵不会发生较大的变化，相反当颗粒靠近时，由于极性成分的相互吸引，颗粒主动发生吸引，从而团聚，分散性变差。当少量的极性单体加入聚合物层时，由于它们的量很少，所以仍然具有很好的溶剂相容性，此外，由于极性成分的存在，聚合链段相互吸引时会将链段之间的溶剂排挤出去，从而与体系产生一个渗透压差，被排出的溶剂有更大的自由能，这也驱使熵值向正值变化，进而产生一定的空间位阻，可以弥补链段构象变少给自由能带来的损失。

6.3.2.6 聚合物层功能基团对 Black-1G 黑颗粒电泳速率及电位的影响

孙世伟[25]和孟宪伟研究了在聚合物包覆层中加入含有氨基或者氟基功能基团单体增强颗粒表面与分散剂的相互作用，提高颗粒表面电位及电泳响应率。图 6-22 是单体加入量对 Black-1G 黑颗粒电泳速率及 ζ 电位的影响。

如图 6-22(a) 和图 6-22(b) 所示，以 Span80 为分散剂的体系，单体 VP 的加入量对 Black-1G 黑颗粒的电泳速率和 ζ 电位的影响，随着 VP 的加入量增加逐渐增大，Black-1G 黑颗粒表面的 ζ 电位和电泳速率也越来越大，当 VP 的加入量为 0 时，电泳速率和 ζ 电位都为负值，随着 VP 的加入，其会与 Span80 发生酸碱反应，从而使其表面带上正电，ζ 电位和电泳速率逐渐向正的方向增大，并且在 VP 加入量为 10％时达到最大值。在不加 VP 时，Black-1G 黑颗粒的 ζ 电位和电泳速率是负值并且绝对值较大，原因是酸碱反应本身是相对的，其质子转移的方向是随着双方酸碱性的变化而变化的，当颗粒包覆层中没有 VP 加入时，其碱性较弱，酸性较强，此时 Span80 就充当碱的作用，夺取质子，而聚合物层提供质子，从而带负电。

如图 6-22(c) 和图 6-22(d) 所示，在 T161A 分散剂体系，TFEMA 单体加入量对 Black-1G 黑颗粒的电泳速率和 ζ 电位的影响趋势和加入 VP 单体的情形相似，在不加 TFEMA 时，此时 ζ 电位和电泳速率都较小，电泳速率甚

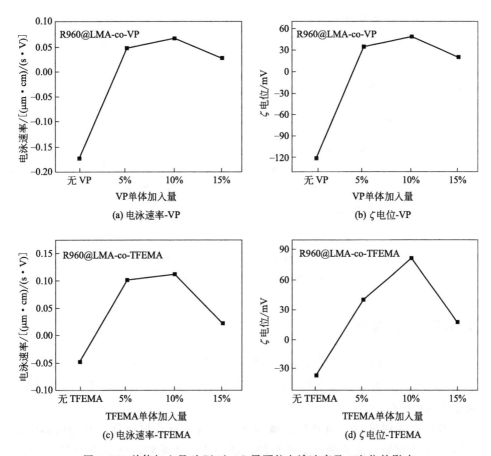

图 6-22　单体加入量对 Black-1G 黑颗粒电泳速率及 ζ 电位的影响

至几乎为 0，随着 TFEMA 的加入量的增加，ζ 电位和电泳速率会达到一个最佳值，然后下降。

6.3.2.7　聚异丁烯丁二酰亚胺分散剂对氟功能化 TiO$_2$ 颗粒稳定性的影响

温婷[26] 和唐芳琼研究了聚异丁烯丁二酰亚胺（PIBSI）对氟功能化 TiO$_2$ 颗粒稳定性的影响。如图 6-23 所示，在不加 PIBSI 的电泳介质中，氟功能化 TiO$_2$ 颗粒的粒径接近 3000nm；加入 PIBSI 后，氟功能化 TiO$_2$ 颗粒的粒度随 PIBSI 的浓度增加而减小，当 PIBSI 浓度为 2mg/mL 时，氟功能化 TiO$_2$ 颗粒的粒径可从接近 3000nm 减小到 400nm 左右；当 PIBSI 浓度为 15～35mg/mL 时，氟功能化 TiO$_2$ 颗粒的粒径控制在 210～280nm 范围；当 PIBSI 浓度继续增大，浓度为 40～50mg/mL 时，粒度继续减小到 150nm 左右。

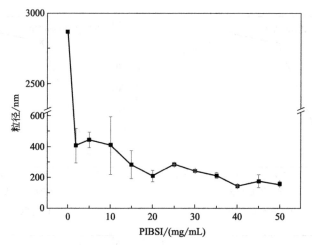

图 6-23　PIBSI 浓度对氟功能化 TiO_2 颗粒电泳液粒度的影响

氟功能化 TiO_2 颗粒的浓度为 10%

6.3.3　体系温度

温度是体系热力学过程中重要的影响因素[27]。它直接影响着颗粒在液体介质中的布朗热运动及过程自发发生趋向。研究证实[8]，温度对悬浮体的稳定性有显著的影响。

图 6-24 为温度对二氧化硅、碳酸钙、滑石和石墨颗粒分散行为的影响。从图 6-24 中可见，无论是亲水性颗粒，还是疏水性颗粒，也不论是在极性的水和乙醇介质中，还是在非极性的煤油介质中，它们均遵循着同一个规律，即随着温度的升高，悬浮体的分散稳定性迅速变差，颗粒间的相互团聚速度加快，团聚增强，反之，温度降低，颗粒间的团聚减弱，分散性变好。因此，在实施悬浮体分散时应充分考虑温度影响，并尽可能使体系处于较低温度状态。

分散剂在颗粒表面的吸附性能与体系温度的变化有着密切的关系。在物理吸附时，体系的温度升高，分散剂的吸附量减小，反之，温度下降，吸附量增大。与此相反，在化学吸附的情况下，温度升高，一般是吸附量增加的。

非离子型分散剂作为有机颜料和染料的分散剂被广泛应用，但是它的分散性能往往受温度的强烈影响，温度升高，其亲水性降低从而显著影响它的分散性能。图 6-25 是温度对小分子量的聚乙烯的分散性能的影响。可以看出，分散性能随着温度的升高而逐渐得到改善并存在一个最佳的分散温度（即用最小的分散剂用量达到最佳分散效果时的温度）。温度进一步升高，分散性急剧降

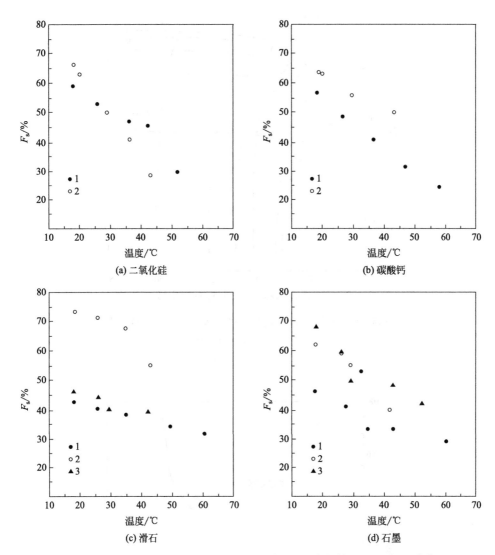

图 6-24 不同颗粒在水、乙醇及煤油介质中分散率与体系温度的关系[28]
1—水；2—乙醇；3—煤油

低。同样温度对炭黑分散的影响也是如此。

另外，温度对分散剂与颗粒间的相互作用也有显著的影响。结果表明，随着温度的升高，为获得最低黏度所需的分散剂的量随之增加。图 6-26 为添加 PAA 分散剂的 Al_2O_3 悬浮液的稳定图谱，该图可清晰地看出温度与分散剂用量的相互关系。分散剂浓度越低，悬浮液的稳定性对温度越敏感，当分散剂浓度高于 1％时，悬浮液的稳定性与温度关系不大。

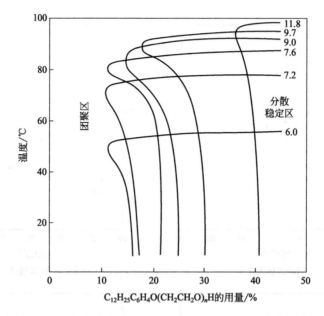

图 6-25　温度对用 $C_{12}H_{25}C_6H_4O(CH_2CH_2O)_nH$ 分散聚乙烯

（M_w 2000）的稳定性的影响

聚乙烯 L10% 的悬浮液

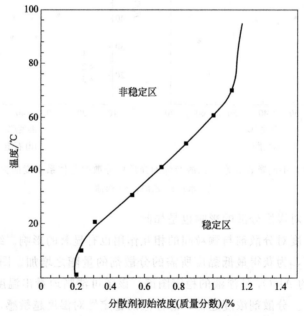

图 6-26　添加 PAA 分散剂的 Al_2O_3 悬浮液的稳定图谱[29]

6.4 颗粒在液相中的分散与调控

颗粒悬浮液分散与调控途径大致有介质调控、分散剂调控、机械搅拌和超声调控四种。

6.4.1 介质调控

根据颗粒表面的性质选择适当的分散介质，可以获得充分分散的悬浮液。选择分散介质的基本原则是，非极性颗粒易于在非极性液体中分散，极性颗粒易于在极性液体中分散，即所谓相同极性原则。

颗粒的分散行为除了受粒间相互作用之外，还受颗粒与分散介质作用的影响。介质不同，颗粒的分散行为有着明显的差异。图 6-27 为亲水性颗粒及疏水性颗粒在水、有机极性介质及有机非极性介质中润湿性与分散性的关系[30]。亲水性颗粒在水、有机极性介质及有机非极性介质中的分散行为截然不同，在水和有机极性介质中均具有较好的分散性，但在有机非极性介质中它们几乎不能分散。亲水性颗粒在水、有机极性介质及有机非极性介质中的分散性顺序为：水＞有机极性介质＞有机非极性介质。在水、有机极性介质及有机非极性介质中，疏水性颗粒与亲水性颗粒具有截然相反的分散行为特征，表现为疏水性颗粒在水中具有显著的团聚行为，且团聚行为较亲水性颗粒在有机非极性介质中的团聚速度慢，强度弱，在有机极性介质中均有良好的分散行为。疏水性颗粒在这三种介质中的分散性顺序为：有机非极性介质＞有机极性介质＞水。颗粒表面亲液程度越强，则其分散性越好，反之，分散性差。

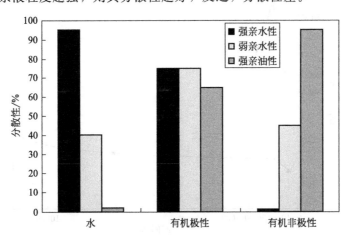

图 6-27　颗粒的分散性能与其表面性质及分散介质的关系

图 6-28 为用激光法合成的硅基纳米颗粒（SiC、Si_3N_4、Si/C/N）在不同有机介质中的分散行为，可以看出，硅基颗粒在酰胺中的分散效果最好，纳米颗粒分散粒径最小。通过优化分散工艺，可使纳米 Si_3N_4 的分散粒径达到21nm，达到了单体纳米颗粒的分散程度。纳米 Si_3N_4 在二甲基酰胺（DMF）中经优化分散工艺，可保持悬浮体系相对稳定性。利用有效的分散剂制备的纳米 Si_3N_4 分散悬浮体系在长达 417 天的储存之后，分散颗粒粒径的变化非常小，如图 6-29 所示。几种颗粒在液相介质中分散性能比较见表 6-5 和表 6-6。

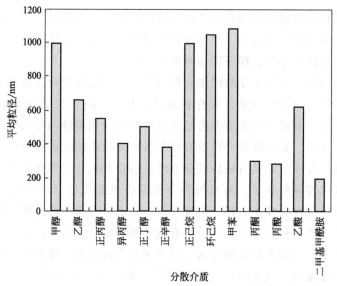

图 6-28　纳米 Si/C/N 在不同介质中的平均粒径[31]

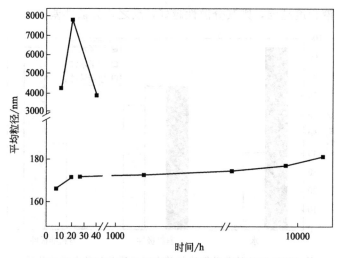

图 6-29　纳米 Si_3N_4 在 DMF 中的分散时效曲线[31]

表 6-5 颗粒在液相介质中分散性能比较

颗粒	与水接触的液体				
	石蜡油	戊醇	四氯化碳	苯	乙基乙醚
高岭土	W	W(S)	W(S)	W	W(S)
CaF_2	WS	WS	W(S)	W(S)	W(S)
石膏	S	WS	W	SW	WS
$BaSO_4$	W(S)	WS	WS	SW	WS
Mg	WS	WS	WS	WS	WS
孔雀石	SO	S	S	S	SW
ZnS	S	S	S	S	SW
PbS	SO	SO	S	S	SW
硒	SO	SO	SO	S	S
硫	SO	SO	O(S)	SO	S
硫化亚汞	S	S	—	S	S
PbI_2	S	OS	—	S	S
AgI	OS	S	—	S	S

注：W—在水中移动；O—在油中移动；S—在界面移动；颗粒开始用水沾湿。

表 6-6 表面处理前后的金属氧化物颗粒的分散性

粉体	水	苯	苯/水	乙醇/水	水/四氯化碳
硅胶	O	O	X/O	X/O	O/X
乙醇处理后的硅胶	X	O	O/X	O/X	X/O
Fe_3O_4	O	O	△/O	△/O	θ/O
乙醇处理后的 Fe_3O_4	X	O	O/X	O/X	X/O
ZnO	O	O	O/X	X/θ	X/△
乙醇处理后的 ZnO	O	O	O/X	O/X	X/O
氧化铝	O	O	θ/θ	θ/θ	X/O
乙醇处理后的氧化铝	O	O	θ/X	θ/X	X/O
四氯化碳处理后的氧化铝	X	O	O/X	O/X	X/O
$BaO \cdot 6Fe_2O_3$	O	O	X/O	X/O	O/X
乙醇处理后的 $BaO \cdot 6Fe_2O_3$	X	O	O/X	O/X	X/O
γ-氧化铁	O	O	X/O	X/O	O/X
乙醇处理后的 γ-氧化铁	X	O	O/X	O/X	X/O

注：O—分散性好；X—分散性差；△—分散性较好；θ—分散性一般。

当然，极性相似原则只是悬浮液分散的原则之一。极性颗粒在水中可以表现出截然不同的分散团聚行为。这说明分散体系的一系列物理化学条件调控也至关重要，通过物理化学条件调控才能保证颗粒在极性相似的液体中互相排斥，从而实现良好的分散。

6.4.2 分散剂调控

在液相中颗粒的表面力分散调控原则，主要是通过添加适当的分散剂来实现的。它的添加显著增强了颗粒间的相互排斥作用，为颗粒的良好分散营造出所需要的物理化学条件。增强排斥作用主要通过以下三种方式来实现[32]：

① 增大颗粒表面电位的绝对值，以提高颗粒间的静电排斥作用；

② 通过高分子分散剂在颗粒表面形成的吸附层之间的位阻效应，使颗粒间产生很强位阻排斥力；

③ 调控颗粒表面极性，增强分散介质对它的润湿性，在满足润湿原则的同时，增强了表面溶剂化膜，提高了它的表面结构化程度，使结构化排斥力大为增强。

颗粒在水介质中分散时适宜分散剂选择见表 6-7。

表 6-7 颗粒在水介质中分散时适宜分散剂选择

颗粒名称	分散介质	分散剂
Al_2O_3	水	非离子表面活性剂"Span20"
刚玉磨料		酒精
锌粉		六偏磷酸钠 0.1%
$BaSO_4$		六偏磷酸钠 0.1%
磷酸钙		酒精
$BaTiO_3$		非离子表面活性剂"Tween20"
金刚石		六偏磷酸钠
水泥		异辛烷、非离子表面活性剂"Span20"
煤		甘油、酒精
铜粉		Teepol
$Cu(OH)_2$		六偏磷酸钠
石墨		非离子表面活性剂"Tween20"
氧化铁		六偏磷酸钠

续表

颗粒名称	分散介质	分散剂
煤粉	水	异辛烷、非离子表面活性剂"Span20"
MgO		六偏磷酸钠
碳酸锰		六偏磷酸钠、非离子表面活性剂"Span20"
石英		Teepol
CaCO$_3$		六偏磷酸钠
WC		Teepol
TiO$_2$		六偏磷酸钠
石膏		乙二醇、柠檬酸

不同分散剂的分散机理不尽相同。下面对三大类分散剂——无机电解质、表面活性剂和高分子分散剂分别进行讨论。

6.4.2.1　无机电解质

这类分散剂如聚磷酸钠、硅酸钠等。前者的聚合度一般在 20～100 之间，后者在水溶液中往往生成硅酸聚合物。通常，硅酸钠在强碱性介质中使用。

笔者对无机分散剂对不同颗粒的分散行为进行过较系统研究[8]。图 6-30 给出了六偏磷酸钠和硅酸钠对二氧化硅、碳酸钙、滑石和石墨颗粒在水中的分散作用，图 6-31 为 AR、六偏磷酸钠和硅酸钠对二氧化硅颗粒的分散性、表面润湿性及 ζ 电位影响。可以看出，颗粒的分散行为与其润湿性和 ζ 电位有很好的对应关系：颗粒表面 ζ 电位绝对值越大，润湿性越强，则分散性越好。图 6-32 表示三聚磷酸钠、六偏磷酸钠、水玻璃及单宁对金红石、锰铁矿颗粒的电动电位的影响，由图 6-32 可见，除单宁外，其他三种分散剂均对颗粒的电动电位有明显影响。

研究结果表明，无机电解质分散剂在颗粒表面的吸附，不仅能显著地提高颗粒表面电位的绝对值，从而产生强大的双电层静电排斥作用，而且无机电解质也可增强水对颗粒表面的润湿程度。无机电解质在颗粒表面的吸附还增强表面的润湿性，增大溶剂化膜的强度和厚度，从而进一步增强颗粒的互相排斥作用。

6.4.2.2　高分子分散剂

高分子分散剂的致密吸附膜对颗粒的团聚/分散状态有非常显著的作用。

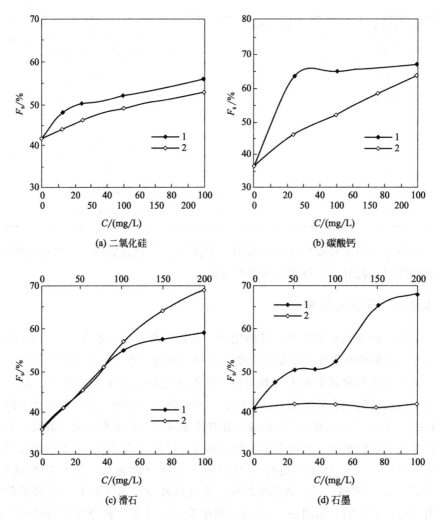

图 6-30　分散剂浓度对颗粒分散的影响[8]

1—六偏磷酸钠；2—硅酸钠

常用的有机高分子链上几乎均匀分布着大量的极性基团，因此，有机分子在颗粒表面的致密吸附必然导致颗粒表面的亲水化，增强表面对极性液体的润湿性。根据分散调控第一原则，这有利于颗粒分散。高分子作为分散剂主要是利用它在颗粒表面的吸附膜的强大空间位阻排斥效应。由于高分子分散剂的吸附膜厚度通常能达到数十纳米，几乎与双电层的厚度相当甚至更大，因此它的作用在颗粒相距相当远时便开始表现出来，由于作用距离过长，使其他的表面力无法显现。图 6-33 中的单宁的分散作用便主要是由于位阻效应

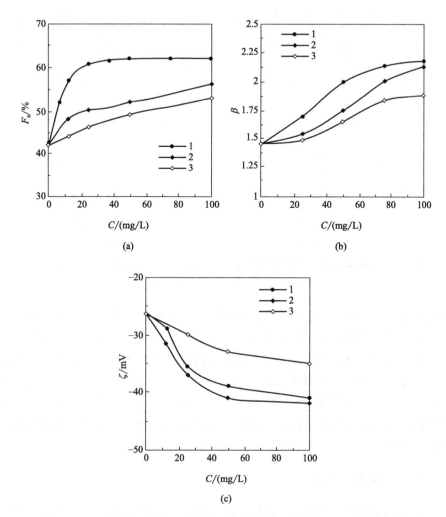

图 6-31　分散剂对二氧化硅颗粒的分散性、表面润湿性及 ζ 电位影响[8]

1—AR；2—LPL；3—GSN

所产生。

高分子分散剂是常用的调节悬浮液分散/团聚状态的化学药剂。由于聚合物电解质易溶于水，通常用作以水基悬浮液的分散剂；其它的高分子分散剂，如分子型高分子及高分子表面活性剂则往往用于以非水介质的颗粒分散。

高分子分散剂的分散和团聚作用是可以转化的。一般而言，当在颗粒表面的高分子吸附层的覆盖率远低于一个单分子层时，高分子起粒间桥连作用，使

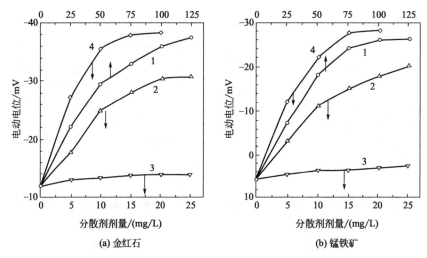

图 6-32　三聚磷酸钠、六偏磷酸钠、水玻璃及单宁对颗粒的电动电位的影响[33]

1—S.S；2—SHA；3—TAN；4—SHP

颗粒絮凝，因而是絮凝剂；当表面吸附层的覆盖率接近或大于一个单分子层时，空间压缩作用成为主导，颗粒受位阻效应而呈空间稳定分散，高分子是分散剂。当颗粒对高分子聚合物产生负吸附时，颗粒表面层的高分子浓度低于溶液的体相浓度，在颗粒表面形成空缺层（Depletion layer）。在低浓度的溶液中，空缺层的重叠导致颗粒相互吸引，颗粒发生空缺团聚。在高浓度的溶液中，粒间排斥作用占优势，颗粒呈空缺稳定分散。高分子作用的转化如图 6-33 所示。

6.4.2.3　表面活性剂

表面活性剂作为分散剂在涂料和颜料工业中已经获得广泛应用。阳离子型、阴离子型及非离子型表面活性剂均可用作分散剂。

作者研究了表面活性剂的非极性基和极性基对颗粒分散的影响。研究结果表明，非极性基团长度对超细 $CaCO_3$ 颗粒改性分散具有显著作用。如图 6-34 所示，在环己烷中，随着非极性基碳链增长，对 $CaCO_3$ 颗粒表面改性分散效果降低，当碳链长度达到 12 个碳原子时，分散度仅达 65% 左右，碳链长度进一步增加，改性分散作用得到明显增强。当碳链长度为 18 个碳原子时，其分散度可达到 90% 左右。在水中，非极性基碳链越长，表面改性分散作用越强，当碳链长度大于 12 个碳原子时，非极性基长度对改性分散作用无明显影响，分散度可达 85%。

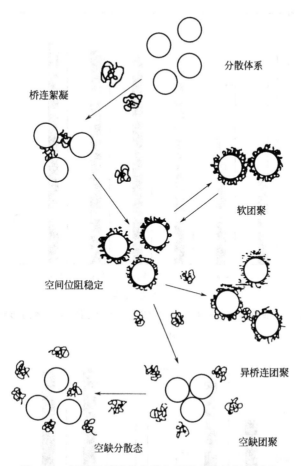

图 6-33　颗粒悬浮液的分散与团聚状态的相互转化

不同极性基团与颗粒表面的相互作用是研究颗粒表面改性分散的一个重要依据，为了获得相关极性基团结构对 $CaCO_3$ 颗粒表面改性分散的信息，研究了不同极性基团对颗粒表面改性分散的影响。如图 6-35 所示，在不同介质中，对 $CaCO_3$ 颗粒的改性分散具有不同的规律。

在环己烷中，不同极性基团对超细 $CaCO_3$ 表面改性分散强弱顺序为：—SO_3H＞—$COOH$＞—$CONHOH$＞钛铝酸酯＞—$PO(OH)_2$＞—SiX_3＞钛酸酯。

在水中，不同极性基团对超细 $CaCO_3$ 表面改性分散强弱顺序为：—$COONa$＞—$CONHOH$＞—SO_3H＞钛酸酯＞—$PO(OH)_2$＝硅烷。

表面活性剂在不同分散介质中对颗粒的分散作用比较复杂。首先表现在它对颗粒表面润湿性的调整。对于亲水性颗粒，在表面活性剂的浓度较低时使它

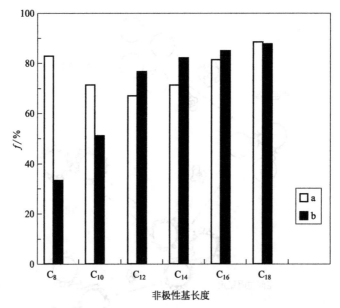

图 6-34　非极性基碳链长度对 $CaCO_3$ 颗粒表面改性分散的影响[34]

a—环己烷；b—水

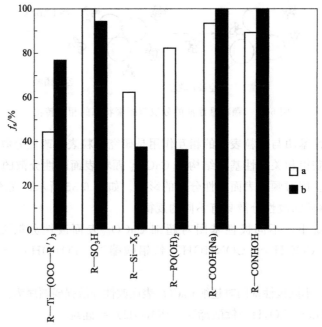

图 6-35　不同极性基团对 $CaCO_3$ 颗粒表面改性分散的影响[34]

a—环己烷；b—水

们的表面疏水化,从而诱导产生疏水作用力,使颗粒在水中产生疏水团聚;而对于强疏水颗粒,表面活性剂的作用恰好相反,它的烃链通过疏水缔合作用在表面吸附,而将极性基团朝外,使表面亲水化。这就是疏水颗粒添加润湿剂的主要作用。以油酸为例,作进一步的讨论。

图 6-36 是油酸在水、乙醇及煤油介质中对碳酸钙和滑石颗粒的分散行为及其润湿接触角 (θ) 的影响。如图 6-36 所示,在水介质中,当油酸浓度较低时,油酸对碳酸钙和滑石颗粒均显示出强烈团聚作用;当油酸浓度达到 $(1.0 \sim 1.8) \times 10^{-3}$ mol/L 时,它们几乎完全团聚,体系中团聚粒度变大,团聚加快;当油酸浓度大于 $(1.0 \sim 1.8) \times 10^{-3}$ mol/L 时,碳酸钙和滑石的团聚行为随浓度进一步增大而逐渐减弱,逐渐由强团聚过渡到弱团聚直至呈分散状态。在乙醇中,油酸对碳酸钙和滑石颗粒几乎不起作用。在煤油中,随着油酸浓度增大,油酸对碳酸钙有较强的分散作用,当油酸浓度达到一定数值时,它对分散再无促进作用,与在水中的分散作用相比,油酸在煤油中对碳酸钙的分散作用截然不同;油酸在煤油中对滑石的分散作用影响非常特殊,随着油酸浓度的增大,分散与团聚行为呈周期性变化。

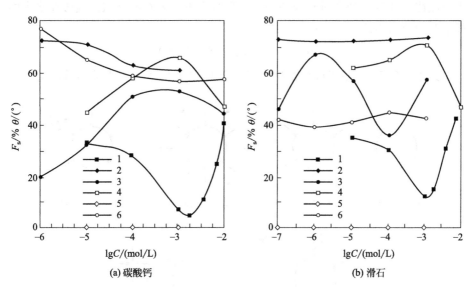

(a) 碳酸钙   (b) 滑石

图 6-36 在不同介质中,油酸对颗粒分散行为 (F_s) 及润湿接触角 (θ) 的影响[35]

1—水-F_s;2—乙醇-F_s;3—煤油-F_s;4—水-θ;5—乙醇-θ;6—煤油-θ

通过油酸在不同介质中对颗粒分散特征的比较可以得出:在适量油酸作用下,碳酸钙颗粒表面疏水化,这决定了它的分散行为在水及煤油中截然相反。在水中分散性差,在煤油中分散性好,反之亦然,呈反消长关系。油酸对滑石颗粒在水及煤油中的分散行为则不存在一定的对应关系。与水和煤油相比，油酸在乙醇中对碳酸钙和滑石颗粒均无明显的分散作用，亲疏水性的概念看似失去了作用。

其根本原因是在较高浓度时，表面活性剂在表面形成了表面胶团，从而使表面重新亲水。

油酸对颗粒的分散与团聚行为的影响主要是受颗粒表面性质、介质性质及颗粒表面与油酸的作用形式所支配。对于亲水性颗粒，当油酸钠的浓度增加达到一定值时，反而开始对颗粒产生分散作用，浓度进一步增大，悬浮体的分散性更好。油酸对颗粒的分散与团聚行为特征的影响可用如下吸附层结构模型来解释（图 6-37）。在水中，当浓度较低时，油酸分子通过化学或物理吸附在颗粒表面形成以疏水基朝水相的局部单分子层，使颗粒表面疏水性增强，颗粒周围的水分子有排挤"异己"的趋向，为减小固-液界面，降低体系的自由能，迫使疏水性颗粒互相靠拢产生团聚作用；当浓度大到一定数值时，由于油酸分子烃链间的缔合作用，形成表面胶团[36]，使油酸的亲水基再次朝向水中，使颗粒表面重新亲水化，引起颗粒的分散；当浓度进一步增大，油酸在水中也将生成胶团，此时，油酸对颗粒的分散团聚行为不再做新的贡献。油酸在水中的标准胶团化自由能可用式(6-3) 描述：

$$\Delta G = 2.303RT \lg(\text{CMC}/W) \tag{6-3}$$

式中，CMC 为临界胶束浓度，W 为温度在 T 时每升纯水的物质的量。

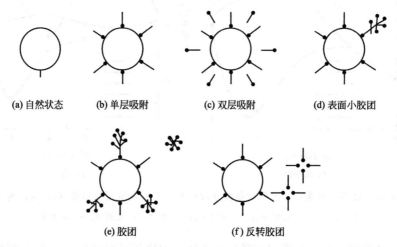

图 6-37　在水和煤油中，油酸在颗粒表面吸附模型示意[5]

在乙醇中，由于乙醇分子中既含有极性的羟基又含有非极性的烷基，它对油酸的极性基团和非极性基团均有较好的相溶性，不论颗粒与油酸的作用形式如何（油酸的非极性基或极性基朝向乙醇液体），颗粒表面与其周围的乙醇介质作用均无较大差异。因此，油酸对颗粒的表面润湿性及分散行为几乎无明显影响。

在煤油中，油酸的极性基与碳酸钙颗粒表面亲和形成一层疏水基朝油相的单分子层，使颗粒表面疏水亲油化，呈分散状态；当油酸浓度进一步增大时，由于分子间的疏油化作用，将以极性基为核，相互聚集形成反转胶团，这时它对碳酸钙颗粒分散不再起作用。反转胶团的形状和大小取决于油酸的浓度、溶剂性质和温度等因素。反转胶团与水溶液中的胶团相比，其凝聚数要小得多。其标准胶团化自由能可用式(6-4)描述：

$$\Delta G = -2.303RT\lg\beta_n \tag{6-4}$$

式中，β_n 为胶团形成的总平均常数。

在煤油中，油酸对滑石颗粒的润湿接触角无明显影响，而对分散团聚行为的影响呈周期性变化，对这一特殊现象的起因尚未有充分的证据加以解释，还有待进一步深入研究。

实验还表明，亲水性颗粒的分散团聚转折浓度高于疏水性颗粒的转折浓度，前者大约是后者的 2 倍，如图 6-38 所示。

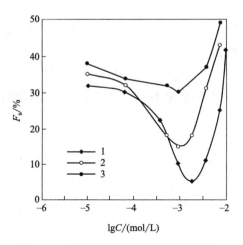

图 6-38　油酸钠对颗粒的分散性的影响

1—碳酸钙；2—滑石；3—石墨

6.4.3　机械搅拌分散

机械搅拌分散是指通过强烈的机械搅拌方式引起液流强湍流运动而使颗

粒团聚碎解悬浮。这种分散方法几乎在所有的工业生产过程都要用到。机械分散的必要条件是机械力（指流体的剪切力及压应力）应大于颗粒间的黏着力。

团聚的碎解[37,38]必须分成能量和体积因素考虑。团聚碎解这一过程发生的总体概率 P_T 可分为两部分：①团聚进入能够发生碎解的有效区域的概率 P_t；②当团聚在有效区域内时，存在的能量密度能够克服原生颗粒团聚在一起的作用力的概率 P_ε。

对于悬浮体 V_T 体系，只有一部分体积 V_{eff} 能够在分散机械力作用下，对进入其中的团聚产生碎解作用。假定团聚在某一时刻总数为 N_n，并均匀分布于整个悬浮体中，则有 $\dfrac{N_n V_{eff}}{V_T}$ 数目的团聚处于有效碎解区域内，能够发生碎解。这样在某一微分时间 dt 内，团聚的数目减少 dN_n，可假定正比于在有效区域内团聚的数目，即：

$$-\frac{dN_n}{dt} = k N_n \frac{V_{eff}}{V_T} \tag{6-5}$$

积分该式得

$$\frac{(N_n)_t}{(N_n)_{t=0}} = e^{-k\frac{V_{eff}}{V_T}t} \tag{6-6}$$

在时间 t 时，未碎解的团聚和已碎解的团聚数目满足总的团聚数目恒定原则。对团聚数目作衡算得

$$(N_n)_{t=0} = (N_d)_t + (N_n)_t \tag{6-7}$$

则在时间 t 时，团聚已碎解的概率，即团聚进入有效区域概率 P_t：

$$P_t = \frac{(N_d)_t}{(N_n)_{t=0}} = 1 - e^{-k\frac{V_{eff}}{V_T}t} \tag{6-8}$$

这里有一个隐含假设，所有进入有效区域 V_{eff} 内的团聚在足够高的能量密度下全部发生碎解，即碎解总概率的第二部分 $P_\varepsilon = 1$。①和②是串联不相干过程。因此，$P_T = P_t P_\varepsilon$。事实上，P_ε 并不一定等于 1，它取决于张力强度和能量密度等因素的大小。

对于均匀张力 σ 的团聚，只有当能量密度 E_N/V 超过张力强度时，碎解才成为可能。因此，随着 $E_N/V\sigma$ 的增加，团聚数目的减少可认为正比于悬浮体中团聚的数目，即

$$-\frac{dN_n}{d\left(\dfrac{E_N}{V\sigma}\right)} = a N_n \tag{6-9}$$

对上式在 $E_N/V\sigma=0$ 到 ε 范围内积分，化为指数形式

$$\frac{(N_n)_\varepsilon}{(N_n)_{\varepsilon=0}}=\mathrm{e}^{-\frac{aE_N}{\sigma V}}\qquad(6\text{-}10)$$

同样进行团聚数目衡算得到在一定能量密度 ε 时团聚的碎解概率

$$P_\varepsilon=\frac{(N_d)_\varepsilon}{(N_n)_{\varepsilon=0}}=1-\mathrm{e}^{-\frac{aE_N}{\sigma V}}\qquad(6\text{-}11)$$

无因次常数 a 的值代表能量输入团聚的碎解，a 越大，能量传输给团聚的效率越高，即 a 为能量效率因子。因此，颗粒团聚的碎解总概率：

$$P_T=P_t\cdot P_\varepsilon=\frac{N_d}{N_n}=(1-\mathrm{e}^{-k\frac{V_{\mathrm{eff}}}{V_T}t})(1-\mathrm{e}^{-\frac{aE_n}{\sigma V}})\qquad(6\text{-}12)$$

颗粒团聚的碎解概率与颗粒所处衡算有效区域的体积分数、输入体系的能量及其有效率和团聚的张力强度大小有密切关系。

颗粒被部分浸湿后，用机械的力量可使剩余的团聚碎解。浸湿过程中的搅拌能增加团聚的碎解程度，从而也就加快了整个分散过程。事实上，强烈的机械搅拌是一种碎解团聚的简便易行的方法。图 6-39 表示机械搅拌强度（用搅拌叶轮转速 n 表示）对不同粒级颗粒的聚沉度 E_{eq} 的影响。可见随着搅拌强度的增大，颗粒的聚沉度显著降低，当搅拌转速达到 1000r/min 时，聚沉度降低到零，这意味着所有的因聚沉而形成的团聚均被打散。

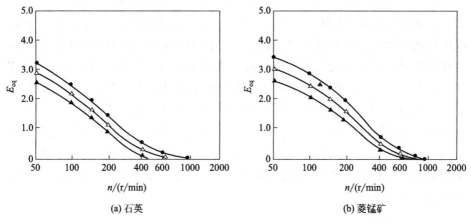

图 6-39　机械搅拌强度对颗粒分散团聚行为的影响[39]

●—5μm；△—5～10μm；▲—10～20μm

机械分散离开搅拌作用，外部环境复原，它们又可能重新团聚。因此，采用机械搅拌与化学分散方法结合的复合分散手段通常可获得更好的分散效果。

6.4.4 超声分散

频率大于 20kHz 的声波，因超出了人耳听觉的上限而被称为超声波[40]。超声波因波长短而具有束射性强和易于提高聚焦集中能力的特点，其主要特征和作用是[41]：①波长短，近似于直线传播，传播特性与处理介质的性质密切相关；②能量容易集中，因而可形成很大的强度，产生剧烈的振动，并导致许多特殊作用，如液相中的空化作用等，其结果是产生机械、热、光、电化学及生物等各种效应。超声波分散就是利用超声的能量作用于物质，改变物质的性质或状态。在颗粒分散中，超声处理主要用于以下几个方面：

① 超声乳化，主要用于分散难溶于液态药剂和难以相溶的两种或多种液态物质；

② 超声分散，用于颗粒在液体介质中的分散，如在测量颗粒粒度时，通常使用超声分散预处理；

③ 超声清洗，用于清除颗粒表面微粒覆盖层及药剂的吸附膜；

④ 超声雾化。

6.4.4.1 超声乳化

超声乳化与机械搅拌相比，超声乳化可以使一些不相溶的液态变成较稳定的、分散液珠更小的乳状液。因而可以明显提高某些难溶、不溶药剂的药效，减少药剂的用量。如应用油酸浮选萤石，在 14℃ 时用 22kHz 超声处理 1min 的浮选效果与 32℃ 时无超声处理时的浮选效果相当。再如，超声乳化可使煤油乳化为 1~2μm 乳状分散体系，且当频率由 15kHz 增大至 35kHz 时，可以在降低声强 20%~25% 的情况下获得相同的乳化度。超声还可以碎解表面活性剂的胶束，增强药效。另外，超声波的这种均化作用在食品工业中也得到了应用，例如用于生产番茄酱、蛋黄酱及其它此类混合食品。在化学中，这种特别精细的乳状液为不相溶液态之间提供了大量的相互接触面积，从而可以加速它们之间的化学反应。

6.4.4.2 超声分散

颗粒在液体介质中的分散涉及颗粒分散在液体中的多相反应，其反应速率仍将取决于可能参与的反应面积与物质传质。

微细粒子在液体中分散、混合或反应时，通用的技术仍是对液体进行搅拌和扰动。为了达到预期的性能要求，这种处理过程常常要延续很长时间。另外，采用这种扰动混合方法为使直径小于 $10\mu m$ 的颗粒分散在液体中，颗粒的混合速率及质量转移速率都会达到极大值而变成常量。搅拌和扰动再加强也不会使它再增加。超声辐射则为解决这一难题提供了途径，因此可以大大加速混合。超声辐射的另一个优点是它可以粉碎颗粒，使其粒度进一步减小。

6.4.4.3 超声雾化

大量研究表明，超声波既可使过饱和溶液的颗粒产生迅速而平缓的沉淀，又可用于加速晶体生长。乍一看来，似乎与超声分散颗粒的效应相矛盾，其实不然，这些都只不过是在不同条件下，产生能量转换的表现形式，即效应不同罢了。换言之，在某种条件下，表现为简单的团聚，而在另外情况下，又可能表现为晶体生长。

有关超声处理促进颗粒团聚及引起颗粒分散的报道均有。25kHz 超声处理可加速煤泥沉降，从而显著减小高分子的用量。另有报道表明，$1.2\sim$ $2.5MHz$、$0.2\sim0.5W/cm^2$ 的超声处理石英悬浮液可获得较好的团聚效果。研究表明，超声可引起高铁铝矾土的分散。颗粒的超声团聚与分散主要是由超声频率及颗粒粒度的相互关系所决定，如图 6-40 所示。由图 6-40 可见，超声团聚只在图中直线附近才会发生。

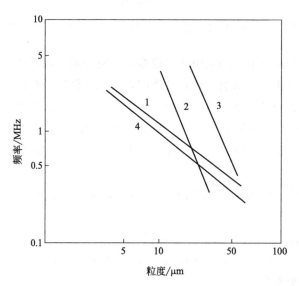

图 6-40 颗粒的超声团聚与分散界限
1—PbS；2—CuS；3—γ-Fe$_2$O$_3$；4—SiO$_2$

另外，超声波可以使已形成的絮团碎解。例如，用超声波处理 Fe$_3$O$_4$ 悬浮液可以防止磁团聚的形成或破坏已形成的磁团聚。超声波对高分子絮团有显著的破坏作用，这种作用主要是通过空化作用使高分子桥连断裂所致，但吸附在颗粒表面的高分子难以被超声波解吸。

超声波分散是分散方法中较为有效的方法之一。实验证明，对于悬浮体的分散存在着最适宜的超声频率，超声频率取决于被悬浮颗粒的粒度。例如，平均粒度为 100nm 的 $BaSO_4$ 的水悬浮液，在超声分散时，其最大分散作用的超声频率为 960~1600kHz，粒度增加，其频率相应降低。图 6-41 表示出 $BaSO_4$-水体系的分散度与超声频率的关系。

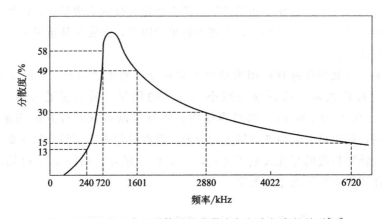

图 6-41　$BaSO_4$-水悬浮体系的分散度与超声频率的关系[42]

超声波在颗粒分散中的应用研究较多，研究证明，超声波的第一个作用是在介质中产生空化作用所引起的各种效应，第二个作用是在超声波作用下体系中各种组分（如分子、集合体、颗粒、液珠、气泡等）的共振而引起的共振效应。介质可否产生空化作用，取决于超声的频率和强度。如图 6-42 所示，在低声频的场合易于产生空化效应，而高声频时共振效应仍起支配作用。共振效应可分为三个区。

① Ⅰ低频区（50kHz）：调控气泡分散度，使悬浮颗粒密度和粒度在介质中有效分层。

② Ⅱ中频区（50~700kHz）：改善药剂的溶解。

③ Ⅲ高频区（大于 700kHz）：显著改变水的结构，乳化作用增强，强化扩散过程及团聚现象。

为了得到明显的空化效应，超声波脉冲宽度不能选取太窄。这是因为液体中空化现象的建立总是要比开始作用时刻延迟一段时间。如果脉冲太宽，它释放超声能量的时间势必太短，以致不足以形成空化现象。图 6-43 给出

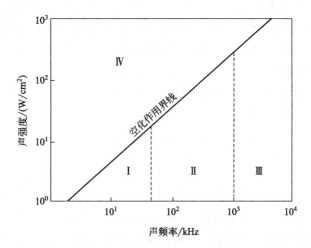

图 6-42　介质为水时的空化作用界线

Ⅰ，Ⅱ，Ⅲ—共振效应区；Ⅳ—空化效应区

了水中空气泡的半径随超声时间的变化规律。由图 6-38 可见，5MHz 超声波的周期 $T=1/f=200\mu s$；当超声时间 $t=T/8=25\mu s$ 时，气泡半径增长很小，约 5% 左右；当 $t=50\mu s$ 时，半径增长约 30%；$t=75\mu s$ 时，气泡才有较大的增长，接近原始半径的 2 倍。

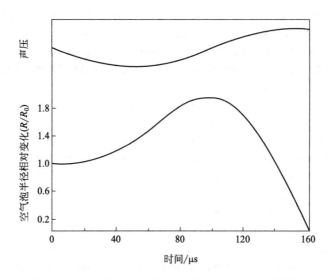

图 6-43　水中空气泡的半径随超声时间的变化规律（超声频率为 5MHz）

超声波对降低纳米颗粒团聚更为有效，利用超声空化时产生的局部高温、高压或强冲击波和微射流等，可较大幅度地弱化纳米颗粒间的作用能，有效地防止纳米颗粒团聚而使之充分分散，但应避免使用过热超声搅拌，因为随着热能和机械能的增加，颗粒碰撞的概率也增加，反而导致进一步的团聚。因此，应该选择最低限度的超声分散方式来分散纳米颗粒。粒径为 25nm 的纳米氧化锆粉体经过不同超声时间（每超声 30s，停 30s，整个过程为一个周期），测得的平均颗粒尺寸见表 6-8，结果表明，适当的超声时间可以有效地改善粉体的团聚状况，降低颗粒的平均粒径尺寸。

表 6-8　超声时间对纳米粉体平均粒径的影响[43]

超声/次数	0	1	2	3	4	5
平均粒径/nm	896.3	808.9	594.3	454.1	371.6	423.8

纳米 $CrSi_2$ 颗粒（平均粒径 10nm）加入丙烯腈-苯乙烯共聚物的四氢呋喃溶液中，经超声分散可得到聚合物包覆的纳米晶体。利用超声分散技术将 ZnO_2 颗粒分散到电镀液中以制备金属基功能复合涂层[44]。

参考文献

[1]　Tadres T F. Industrial Applications of Dispersions [J]. Advances in Colloid and Interface Science, 1993, (46): 1.

[2]　Paefitt G D. Dispersion of Powders in Liquids [M]. Applid Science Publishers Ltd., 1981.

[3]　卢寿慈. 粉体加工技术 [M]. 北京: 中国轻工业出版社, 1998.

[4]　任俊, 卢寿慈. 颗粒的分散 [J]. 粉体技术, 1998, 4 (1): 25-33.

[5]　任俊, 卢寿慈, 沈健, 等. 微细颗粒在水、乙醇及煤油中的分散行为特征 [J]. 科学通报, 2000, 45 (6): 583-586.

[6]　REN J, LU S C, SHEN J, el al. Dispersion Characteristics of Fine Particles in Water, Ethanol and Kerosene [J]. Chinese Science Bulletin, 2000, 45 (15): 1376-1379.

[7]　任俊, 卢寿慈. 固体颗粒在液相中的分散 [J]. 北京科技大学学报, 1998, 20 (1): 1-7.

[8]　任俊. 微细颗粒在液相及气相中的分散行为与新途径研究 [D]. 北京: 北京科技大学, 1999.

[9]　任俊, 卢寿慈, 黄岭, 等. SiO_2 颗粒在极性介质中的分散稳定性 [C]. 北京: 第六届全国粉体工程学术大会论文集, 2000: 163.

[10]　任俊, 卢寿慈. 亲水性及疏水性颗粒在水中的分散行为研究 [J]. 中国粉体技术, 1999, 5 (2): 6-9.

[11]　森山登, 竹内节. 第50回アメリカコロイド及び界面科学シンポジウム（日）, 1976.

[12]　Biggs S, Heaiy T W. Electrosteric Stabilization of Colloidal Zirconia with Low-molecular-weight Polyacrylic-acid—An Atomic-force Microscopy Study [J]. J. Chem. Soc. Faraday Trans, 1994, 90 (22): 3415-3421.

[13]　Moriyama N. Effects of Added Sodium Salt on Stabilities of Aqueous Ferric-oxide Suspensions [J]. J. Colloid Interface Sci., 1975, 53 (1): 142-144.

[14] Moriyama N. Stability of Aqueous Ferric-oxide Suspension [J]. J. Colloid Interface Sci., 1975, 50 (1): 80-88.

[15] Moriyama N. Apparent Viscosities of Ferric Oxide-water Suspensions [J]. Bull. Chem. Soc. Japan, 1975, 48 (6): 1713-1719.

[16] Koelmens H, Overbeek J T G. Stability and Electrophoretic Deposition of Suspensions in Non-aqueous Madis [J]. Dispersion Faraday Soc., 1954, (18): 52-63.

[17] 赵国玺. 表面活性剂合成物理化学 [M]. 北京：北京大学出版社，1984.

[18] 王果庭. 胶体稳定性 [M]. 北京：科学出版社，1990.

[19] Kitahara A, Watanabe A. 界面电现象 [M]. 邓彤，赵学范，译. 北京：北京大学出版社，1992. 103-123.

[20] McGown D N L, Parfitt F D, Ellis E. Stability of Nob-aqueous Dispersions 1. Relationship between Surface Potential and Stability in Hydrocarbon Media [J]. J. Colloid Sci., 1965, 20 (7): 650.

[21] McGown D N L, Parfitt F D. Stability of Non-aqueous Dispersions 4. Rate of Coagulation of Rutile in Aerosol OT+ P-xylene Solutions [J]. Discuss. Faraday Soc., 1966, 42: 225.

[22] Cooper W D, Wright P. Flocculation of Copper Phthalocyanines in Low Permittivity Media [J]. J. Colloid Interface Sci., 1976, 54 (1): 28-33.

[23] Kandori K, Kon-no K, Kitahara A. The Dispersion Stability of Colloidal Particles in Dioxane-water Mixtures [J]. Bull. Chem. Soc. Japan, 1984, 57 (12): 3419-3425.

[24] YU D G, AN J H. Preparation and Characterization of Titanium Dioxide Core and Polymer Shell Hybrid Composite Particles Prepared by Two-step Dispersion Polymerization [J].Polymer, 2004, 45 (14): 4761-4768.

[25] 孙世伟. 电子墨水的设计制备与应用研究 [D]. 北京：中国科学院研究生院，2012.

[26] 温婷. 彩色电泳显示器中的轻质功能球的制备及其在电子墨中的应用研究 [D]. 北京：中国科学院研究生院，2012.

[27] 郑忠. 胶体科学导论 [M]. 北京：高等教育出版社，1989: 3-43.

[28] REN J, SONG S, Lopez-Valdivieso A, et al. Dispersion of Silica Fines in Water Ethanol Suspensions [J]. J. Colliod. Interface and Sci., 2001, 238 (2): 279-284.

[29] GUO L C, ZHANG Y, Uchida N, et al. Influence of Temperature on Stability of Aqueous A-lumina Slurry Containing Polyelectrolyte Dispersant [J]. J. Eur. Ceram. Soc., 1997, 17 (2-3): 345-350.

[30] REN J, WANG W M, LU S C, et al. Characteristics of Dispersion Behaviors of Fine Particles in Different Liquid Media [J]. Powder Technology, 2003, 137: 91-94.

[31] 徐国财，张立德. 纳米复合材料 [J]. 北京：化学工业出版社，2002.

[32] Moriyama N. Marked Viscosity Depressions of 50 Wtpercent Titanium-dioxide Suspensions by Additions of Anionic Surfactants [J]. Colloid and Polymer Sci., 1977, 255 (1): 65-72.

[33] 卢寿慈. 工业悬浮液 [M]. 北京：化学工业出版社，2003: 113.

[34] 任俊，卢寿慈，唐芳琼. 超细粉体在液相中的分散技术与应用 [C]. 中国颗粒学会第六届学术年会暨海峡两岸颗粒技术研讨会论文集，2008: 154-156.

[35] REN J, LU S C, SHEN J. Dispersion of Solid Particles in Liquid Media [C]. Beijing: Trird

Joint China/USA Chemical Engineering Conference, 2000. 53-57.

[36] Luuk K, 顾惕人, 卢寿慈. 浮选物理化学原理的某些进展 [J]. 化学通报, 1995（10）: 19.

[37] Winker J, Klinke E, Dulog L. Theory for the Deagflomeration of Pigment Clusters in Dispersion Machinery by Mechanical Forces. 1. [J]. Journal of Coating Technology, 1987, 59（754）: 35-41.

[38] Winker J, Klinke E, Sathyanarayana M N. Theory for the Deagflomeration of Pigment Clusters in Dispersion Machinery by Mechanical Forces. 2. [J]. Journal of Coating Technology, 1987, 59（754）: 45-53.

[39] 卢寿慈. 粉体加工技术 [M]. 北京: 中国轻工业出版社, 1998.

[40] 冯若, 李化茂. 声化学及其应用 [M]. 合肥: 安徽科学技术出版社, 1995: 27.

[41] 卢寿慈, 翁达. 界面分选原理及应用 [M]. 北京: 冶金工业出版社, 1992: 94.

[42] 李廷盛, 尹其光. 超声化学 [M]. 北京: 科学出版社, 1995.

[43] 孙静, 高谦, 郭景坤. 分散剂用量对几种纳米氧化锆粉体尺寸表征的影响 [J]. 无机材料学报, 1999, 14（3）: 465.

[44] 黄新民, 吴玉程, 郑玉春. 纳米功能复合涂层 [J]. 功能材料, 2000（4）: 419.

7

颗粒在空气中的分散与调控

　　颗粒在空气中分散是一个古老而崭新的课题，一直无人进行过系统研究，但是，事实是这一问题自始至终一直困扰着颗粒技术及其它相关工业领域，特别是随着超细颗粒及纳米技术的发展，颗粒团聚问题显得尤为突出，解决颗粒的团聚难题成为当今急迫的课题[1]。过去及现在，人们一直采用干燥处理或机械等强制性分散手段实现之。近年来也有人探索用消除颗粒间引力来实现颗粒分散。下面首先对颗粒在空气中团聚的起因作一分析，然后再讨论实现分散的途径。

7.1　颗粒的团聚行为

　　超细颗粒的粒度小、表面积大、表面能高，非常容易产生自发的凝并，表现出了强烈的团聚特性，特别容易团聚生成粒径较大的二次颗粒。团聚的结果导致了超细颗粒材料性能的严重劣化，实际上已经劣化成为微米级颗粒的性能[2]。表 7-1 给出了 $CaCO_3$ 颗粒的真粒径（一次颗粒）与实际团聚粒径（二次颗粒）。可以看出，$CaCO_3$ 颗粒的实际团聚粒径是其真粒径的 2～32 倍。

表 7-1　颗粒的真粒径与实际团聚粒径

颗粒	真粒径/μm	实际团聚粒径/μm
$CaCO_3$	0.5	3.5
	1.5	7.0
	5.6	9.5
	0.05	1.8
	0.11	2.0

7.2 颗粒团聚的根源

7.2.1 颗粒的带电

通常情况下，颗粒与气体、液体或固体接触时可以带电。这种带电又可引起其它不同现象。颗粒间的团聚现象就是其中之一。图 7-1 表示出了不同金属氧化物的带电极性。金属氧化物的带电极性大体可以用构成氧化物的金属原子在元素周期表上位置预测。碱土金属氧化物带正电，酸性金属氧化物带负电。图 7-2 是氧化物颗粒的带电量与组成氧化物的金属离子的电负性的关系。可以看出，二者呈较好的线性关系。不仅金属氧化物，即使硫化物、氟化物等也同样存在类似关系。一般接触带电引起的作用力是吸引力。

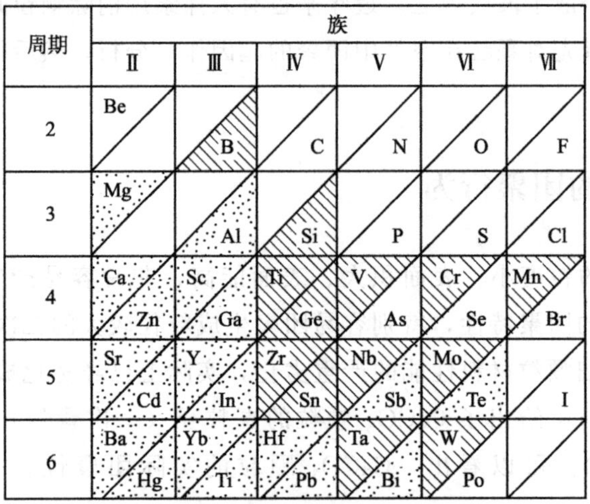

周期	族					
	II	III	IV	V	VI	VII
2	Be	B	C	N	O	F
3	Mg	Al	Si	P	S	Cl
4	Ca / Zn	Sc / Ga	Ti / Ge	V / As	Cr / Se	Mn / Br
5	Sr / Cd	Y / In	Zr / Sn	Nb / Sb	Mo / Te	I
6	Ba / Hg	Yb / Tl	Hf / Pb	Ta / Bi	W / Po	

图 7-1　各种金属氧化物颗粒的接触带电极性[3]

元素表示氧化物；◹（＋）带电；◺（－）带电

7.2.2 表面吸附对颗粒团聚的作用

7.2.2.1 水分子吸附对颗粒间抗张强度的影响

颗粒在一定的蒸气环境中，由于蒸气压的不同和颗粒表面不饱和力场的作用，颗粒均要或多或少凝结或吸附一定量的蒸气，在其表面形成液膜。其厚度

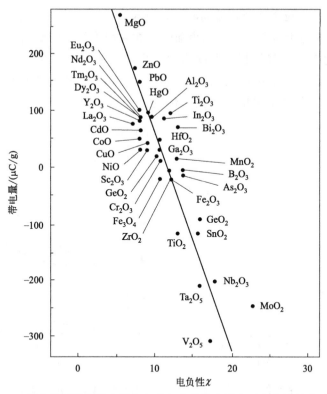

图 7-2　氧化物颗粒的带电量与组成氧化物的金属离子电负性的关系[3]

与颗粒表面的亲液程度和蒸气湿度有关。亲液性越强，湿度越大，则液膜越厚。颗粒接触点处形成环状的液相桥连，产生抗张强度。图 7-3 是不同相对湿度的水蒸气气氛对 $CaCO_3$ 颗粒间的抗张强度的影响。图 7-4 为 $CaCO_3$ 颗粒间抗张强度与水蒸气相对湿度的关系。可以看出，随着相对湿度的增加，颗粒间的抗张强度随之增大。这是由于相对湿度越高，颗粒表面对水分的吸附量越大，形成较完整的液膜桥连所致。

7.2.2.2　空气湿度对不同颗粒团聚的影响

当空气的相对湿度超过 65% 时，

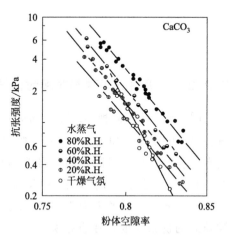

图 7-3　不同相对湿度的水蒸气气氛中，
$CaCO_3$ 颗粒间的抗张强度
与空隙率的关系[4]

水蒸气开始在颗粒表面及颗粒间凝集，颗粒间因形成液桥而大大增强了团聚作用。图 7-5 为相对湿度对不同表面性质颗粒团聚作用的影响。可见，颗粒之间的黏附率随空气的相对湿度增大而提高，另外疏水化颗粒的表面可通过减少蒸气在其上的吸附削弱黏结力，即使在湿度很小的环境中，疏水化对颗粒在平板上的黏附也有明显的影响。

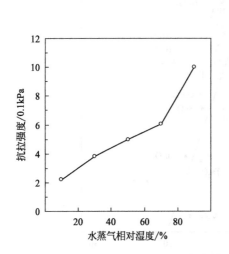

图 7-4　CaCO₃ 颗粒间抗张强度与
水蒸气相对湿度的关系

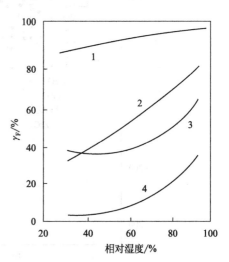

图 7-5　未处理及处理过的玻璃球在
玻璃板上的黏附[5]

1—玻璃球与玻璃板的黏附率；2—玻璃板经过
硅烷化处理；3—玻璃球经过硅烷化处理；
4—玻璃板及玻璃球均经过强化处理

7.2.2.3　吸附分子种类对颗粒间抗张强度的影响

图 7-6 为在不同种类的蒸气气氛下不同吸附物质对 $CaCO_3$ 和 SiO_2 颗粒间抗张强度的影响。如图 7-6 所示，吸附物质的种类对 $CaCO_3$ 颗粒间抗张强度具有显著的影响。吸附物质的种类对颗粒间抗张强度具有很大差异。其中，20℃的水、乙醇、丙酮的表面张力分别是 0.0728N/m、0.0226N/m、0.0225N/m，乙醇的表面张力是水表面张力的 1/3。吸附物质的表面张力与颗粒间的抗张强度存在直接关系，表面张力大，粒间抗张强度就大。但是，乙醇和丙酮的表面张力相近，其粒间抗张强度也存在较大差异，可以认为粒间抗张强度不仅与表面张力有关，而且与粒间接触点上的蒸气吸附量也有直接关系。

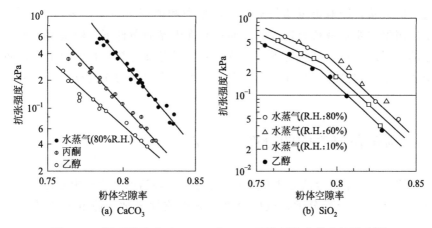

图 7-6 不同吸附物质对 $CaCO_3$ 和 SiO_2 颗粒间抗张强度的影响[6]

7.2.3 粒间作用力与颗粒直径的关系

一般而言，颗粒在空气中具有强烈的团聚倾向，其团聚的根源是粒间存在吸引力。分子之间总是存在着范德华力，此力的作用距离较短，是吸引力，大小与分子间距离的六次方成反比，但作用范围大于化学键力。随着粒间距离的增大，范德华力的衰减程度明显变慢，这是因为存在着多个分子的综合相互作用之故。颗粒间范德华力的有效距离可达 50nm，是长程力[5]；其次由于大多数颗粒在干空气中是自然荷电的，从而产生静电引力；另外，颗粒间还存在着液桥引力、磁吸引力和固体架桥力等。其中，范德华力、静电力和液桥力三种引力对颗粒在空气中的团聚行为是最为重要的[7]。

由第 3 章中所述各种作用力的表达式可以看出，范德华力、液桥力、静电力的大小都随颗粒半径的增大呈线性增大的趋势。图 7-7 描述了各种力的最大值与颗

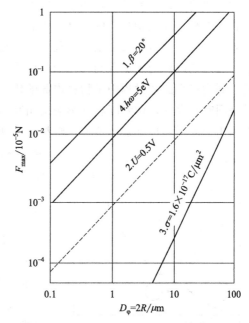

图 7-7 颗粒间的各种作用力与颗粒直径的关系[8]

1—液桥力；2—导体的静电力；

3—绝缘体的静电力；4—范德华力

粒直径的关系，同时也说明静电力比液桥力和范德华力小得多。在空气中，颗粒的团聚主要是液桥力造成的，而在非常干燥的条件下，则是由范德华力引起的。因此，在空气状态下，保持颗粒干燥尤其是超细颗粒的干燥是防止团聚非常重要的措施。另外，采用助剂、表面改性剂的涂覆也都是极有效的方法。

7.3 颗粒在空气中的分散与调控

颗粒在空气中的分散方法有多种，但是在实际科研和生产中通常采用的主要分散方法有：干燥分散、机械分散、表面改性分散、静电分散及复合分散等。

7.3.1 干燥分散

7.3.1.1 加热干燥分散

在潮湿空气中，颗粒间形成的液桥是颗粒团聚的主要原因。因此，杜绝液桥产生或消除已形成的液桥作用是保证颗粒分散的主要手段。干燥是将热量传给含水物料，并使物料中的水分发生相变，转化为气相而与物料分离的过程。固体物料的干燥包括两个基本过程：首先是对物料加热并使水分汽化的传热过程；然后是汽化的水扩散到气相中的传质过程。水分从物料内部借扩散等作用输送到物料表面的过程则是物料内部的传质过程。因此，干燥过程中传热和传质是同时共存的，两者既相互影响又相互制约。在几乎所有的有关生产过程中都采用加温干燥预处理。例如，颗粒在干式分级前，加温至200℃左右，以除去水分，保证颗粒的松散。干燥处理是一种简单易行的分散方法。

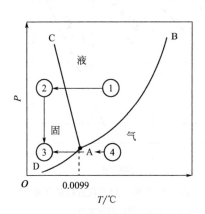

图 7-8 H_2O 的相图

7.3.1.2 冷冻干燥分散[9]

冷冻干燥分散主要是利用水的液-固-气三态转变的特性，水的三相图转化如图 7-8 所示。AC 为水的固-液相变曲线，AB 是水的液-气相变曲线，AD 是水的气-固相变曲线；①表示水，②、③表示水转化成冰，④表示冰转化成水蒸气；0.0099 为水的三态共存点。

在胶粒聚沉形成网状结构的凝胶过程中，大量的分散介质（水）吸附（包留）于其中，相应地形成大量的毛细管。干燥过程中表面张力和表面能的作用使凝胶收缩聚结，造成颗粒间的团聚。因此，采用普通干燥方法得到的粉体比表面积和孔体积小，粒子间的团聚相当严重。冷冻干燥分散就是利用水的升华原理，先使物料在低温下冻结，使其所含水分结冰，然后放在真空环境下加热，让水分不经液态而直接由固态升华为气态直接挥发，从而达到去水干燥、分散的目的。图 7-9 为冷冻干燥法的分散机制示意。

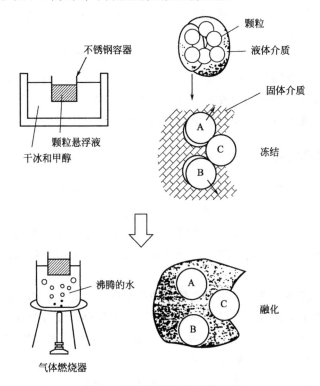

图 7-9 冷冻干燥法的分散机制

真空冷冻干燥分散装置由干燥室、加热系统、真空系统、制冷系统和控制系统组成。先进行预处理，使物料中的水变成固态的冰，然后将物料送入干燥室。干燥室是一个真空密闭容器，是干燥过程中传热传质的主要场所。物料干燥所需热量由加热系统提供，供热方式主要有传导、辐射和介电（微波）加热三种，使冰在低于共晶点的温度下升华。随着干燥过程的进行，物料表面产生大量的水蒸气，水蒸气和干燥室内不凝气体由真空系统抽出，以维持干燥室内水分升华所需的真空度。其中水蒸气被冷阱冷凝除去，冷阱温度一般控制在 $-50 \sim -40℃$，以保证升华出来的水蒸气具有足够的扩散动力，同时避免水蒸气进入真空机组。当干燥室内物料含水率达到平衡含水率时，干燥过程结束，得到干燥产品。物料干燥前的预冻处理和干燥过程中冷阶的冷耗均由制冷系统提供，各系统由控制系统统一控制操作。

冷冻干燥分散作为一种新的分散技术，具有操作简单、分散效果好的特点。该方法已成功用于分散 TiO_2 颗粒。将含乙醇的水溶液注入装有 TiO_2 颗粒的标量瓶中，使颗粒在水中完全浸润。将 TiO_2 悬浮液放置到冰冻的载物台上，进行快速冷冻，使其中的水迅速冷冻到冻点。水冻结后，随即将其移至真空室内抽真空使冰升华，从而制备出分散 TiO_2 颗粒。该方法制备的 TiO_2 颗粒具有较好的分散性。

冷冻干燥分散法充分利用了水的特性，当水冻成冰时，其体积膨胀，使得原先彼此相互靠近的凝胶粒子适当分开；固态水分子与颗粒之间的界面张力远小于液态水分子与颗粒间的界面张力。因此，从理论上分析，冷冻干燥分散法可以在很大程度上解决干燥过程中粒子的团聚问题。

7.3.2 机械分散[10]

机械分散是指用机械力把颗粒团聚打散。这是一种应用最广泛的分散方法。机械分散的必要条件是机械力（指流体的剪切力及压应力）应大于颗粒间的黏着力。通常，机械力是由高速旋转的叶轮或高速气流的喷嘴及冲击作用引起的气流强湍流运动而造成的。这一方法主要是通过改进分散设备来提高分散效率。

机械分散较易实现，但由于它是一种强制性分散方法，相互黏结的颗粒尽管可以在分散器中被打散，可是颗粒间的作用力犹存，没有改变，排出分散器后又可能迅速重新黏结团聚。机械分散的另一些问题是脆性颗粒有可能被粉碎、机械设备磨损后分散效果下降等。

Yamada Y. 等人[11]研制的喷嘴式分散机（Nozzle-jet-type Disperser）由装有颗粒给料口（二次气体吸入口）的上环和装有排料口的下环构成。上环和下环为拧入式的，通过两环形成环状的一次空气流道（环状喷嘴），并由压缩机鼓入压缩空气，发生高速气流。颗粒和二次空气从给料口自动吸入，同时使分散颗粒从下方排料口排出。增田弘昭等人[12]研制的搅拌型分散机（Mixer-type Disperser），它由涡轮、传动部件、分散筒、给料管以及排料管构成。在分散筒内，涡轮高速转动产生高速旋回气流，并在气流中心形成负压区，自动吸入的颗粒被旋回气流所分散。该分散机可用涡轮转速控制空气排出量，排出的分散颗粒的分散性与附着特性的关系如图 7-10 所示。增田弘昭等人曾对搅拌型分散机的分散性能进行了研究。图 7-11 为转子旋转速度1570r/min的条件下获得的分散颗粒粒度分布，图 7-11 中点线为颗粒在液相中分散后，通过电子显微镜求得的在完全分散状态时的粒度分布。结果表明，在颗粒供给流量 W 小于 $0.77 \times 10^{-3} kg/s$ 时，分散颗粒的粒度分布与完全分散状态的粒度分布几乎吻合。但是，如果颗粒供给流量增大，粒度分布向大粒径方向移动。图 7-12 为不同操作条件下分散颗粒的中位径计算结果。颗粒供给流量减小或转子转速增加，分散颗粒的中位径减小。图 7-12 中斜线部分表示完全分散状态的操作区域。

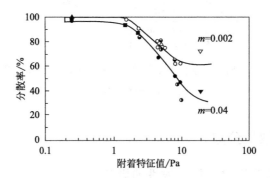

图 7-10　颗粒分散性与附着特征值的关系[13]

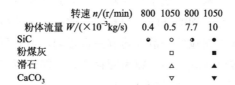

转速 $n/(r/min)$	800	1050	800	1050
粉体流量 $W/(\times 10^{-3} kg/s)$	0.4	0.5	7.7	10
SiC	◐	○	⊙	●
粉煤灰		□		■
滑石		△		▲
CaCO₃		▽		▼

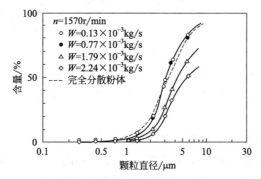

图 7-11　转子旋转速度 1570r/min 的条件下，分散粉煤灰
（$d_{50} = 3.3\mu m$）颗粒的粒度分布[13]

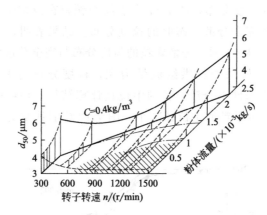

图 7-12　不同操作条件下，分散粉煤灰（$d_{50} = 3.3\mu m$）颗粒的
中位径计算结果[13]

7.3.3　表面改性分散[14]

7.3.3.1　表面改性对颗粒分散性的影响

　　表面改性是指采用物理或化学方法对颗粒表面进行处理，有目的地改变其表面物理化学性质的技术，以赋予颗粒新的机能并提高其分散性。表 7-2 给出了用不同有机溶剂改性处理的碳酸钙颗粒的分散性能。乙醇、苯、三氯甲烷和吡啶四种试剂对碳酸钙颗粒的分散性均有一定影响，但效果不明显。这可能是因为易挥发性试剂难以在碳酸钙颗粒表面存在，不能形成有效的涂膜使其疏水或由降低碳酸钙的 Hamaker 常数造成的。

表 7-2　有机溶剂处理碳酸钙颗粒的分散性能[15]

药剂名称	自然情况	乙醇	苯	三氯甲烷	吡啶
滑动摩擦锥角/(°)	24.97	27.28	29.40	28.77	28.17
分散指数	1.000	1.117	1.177	1.152	1.28

　　表面活性剂包括阳离子型、阴离子型及非离子型表面活性剂，它们均可作为表面改性剂使用。

　　笔者对表面活性剂的非极性基团和极性基团与颗粒在空气中的分散性能关系进行了较系统研究。研究结果表明，非极性基团长度对超细 $CaCO_3$ 颗粒改性分散具有显著作用。如图 7-13 所示，非极性基团碳链越长，对 $CaCO_3$ 颗粒的分散性能越好，当碳链长度为 18 个碳原子时，其分散度可达到 65% 左右；颗粒间的抗张强度随非极性基团碳链增长而减小。

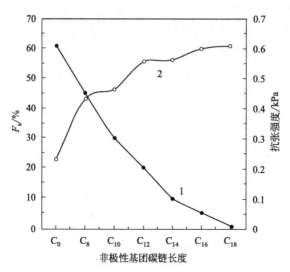

图 7-13　非极性基团碳链长度对颗粒分散及抗张强度的影响[16]

1—颗粒间的抗张强度；2—颗粒的分散性能

　　不同极性基团与颗粒表面的相互作用是研究颗粒表面改性分散的一个重要依据，为了获得相关极性基团结构对 $CaCO_3$ 颗粒分散的信息，研究了不同极性基团对 $CaCO_3$ 颗粒的分散作用。如图 7-14 所示，对 $CaCO_3$ 颗粒的分散具有不同的规律。几种不同类型改性剂对超细 $CaCO_3$ 颗粒分散作用的强弱顺序为：—CONHOH＞—COOH＞—PO(OH)$_2$＞钛酸酯＞—SO$_3$H＝硅烷。

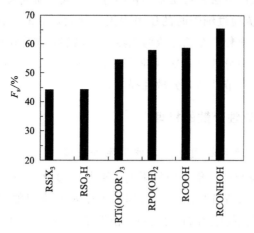

图 7-14　不同极性基团对 $CaCO_3$ 颗粒分散性能的影响[16]

　　图 7-15 为 OL、SDS 和 LSZ 改性碳酸钙颗粒及 R_{204}、R_{315} 和 LSZ 改性滑

石颗粒在空气中的分散性能与表面活性剂浓度的关系。由图 7-15 可见，通过表面活性剂改性的碳酸钙和滑石颗粒在空气中均有良好的分散性能。对碳酸钙来说，OL 在 0.6％较低浓度下，即可使其分散指数提高到 1.427，LSZ 在 1.6％用量下可达到 1.388，SDS 在 1％用量下也可达到 1.4％左右。

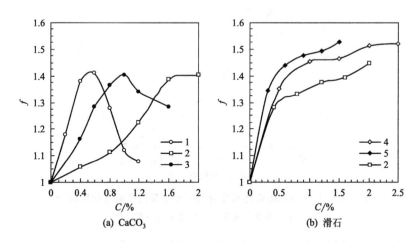

图 7-15 表面活性剂浓度对颗粒分散指数的影响[17]

1—OL；2—LSZ；3—SDS；4—R_{204}；5—R_{315}

　　山本英夫等人通过改变颗粒间作用力对颗粒干式分散的影响做过研究，通过在水、乙醇、丙酮气氛中调整 $CaCO_3$ 颗粒的表面性质和粒间作用力，再用高速气流喷嘴分散的方法进行团聚颗粒的分散试验。研究表明，随着气流压力差 ΔP（ΔP 是气流通过细管时的压力损失）变大，分散颗粒的粒径变小，颗粒团聚体分散成小颗粒。在乙醇或丙酮蒸气中调整，团聚比在水蒸气时更小的分散力即可容易地分散至一次颗粒［图 7-16(a)］。SiO_2 颗粒的分散实验也同样证明了用乙醇调节试料，分散性提高。

7.3.3.2 表面改性分散的机理[18-20]

（1）表面改性导致粒间范德华作用显著减弱

　　表面改性对粒间范德华作用的影响主要是通过改变 Hamaker 常数来实现的。由碳酸钙表面改性前后的 A_{131} 和体积半径 R 可求得如图 7-17 所示的范德华作用能 V_A 与颗粒间距离 H 的关系。由图 7-17 可见，由于颗粒表面改性后大大降低了颗粒的 Hamaker 常数 A_{131}，粒间的范德华作用得到显著削弱，在粒间距相同的条件下，表面改性使碳酸钙颗粒间的范德华作用能较改性前降低近 3/4。

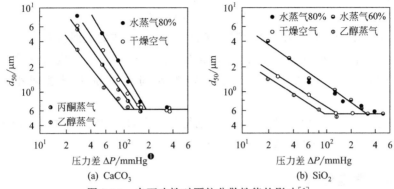

(a) CaCO₃   (b) SiO₂

图 7-16　表面改性对颗粒分散性能的影响[6]

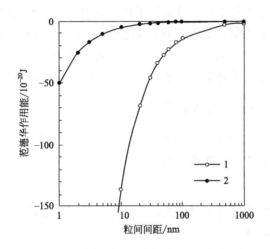

图 7-17　碳酸钙粒间的范德华作用能与颗粒间距离的关系

1—改性前；2—改性后

（2）液桥力的消除

对大多数颗粒，特别是对亲水性较强的颗粒来说，在潮湿空气中由于蒸气压的不同和颗粒表面不饱和力场的作用，颗粒均要或多或少凝结或吸附一定量的水蒸气，在其表面形成水膜，产生液桥力。

水对碳酸钙的润湿接触角为 10°，属于不完全润湿性物质。液桥可由

---

❶1mmHg=133.222Pa。下同。

式(7-1)表示：

$$F_y = -2\pi R\sigma\cos\theta \tag{7-1}$$

式中，R 为颗粒半径，θ 为润湿接触角，σ 为液体的表面张力。

所以，表面改性前，碳酸钙的液桥力 $F_y = -1.97\pi R\sigma$，则改性后，$F_y = -0.75\pi R\sigma$。由此可见，改性后碳酸钙颗粒间的液桥力显著减小，降低了 62%。

总之，表面改性大幅度减小粒间范德华力和液桥力，这对减弱颗粒间团聚，提高颗粒分散效果无疑是极为有利的。

7.3.4 静电分散[5,14,19,20]

根据库仑的同性电荷相排斥，异性电荷相吸引原理，静电已在静电喷涂、静电分选及静电除尘等工业领域得到了广泛应用。为了解决超细颗粒制备技术中存在的颗粒团聚难题，笔者提出了静电分散设想。静电分散就是给颗粒荷上同极性的电荷，利用荷电粒间的库仑斥力达到颗粒完全、均匀散开的过程。本节对静电分散的几个重要影响因素进行讨论，同时探讨静电分散的机制。

7.3.4.1 静电分散的主要因素

静电分散的影响因素很多，但在这里主要介绍电压、颗粒粒径、空气湿度、放置时间等对静电分散的影响。

（1）电压

电压是静电分散过程中可调控的一个重要因素。它的大小直接影响静电分散器的电流和分散效果。

电压对电流及碳酸钙和滑石颗粒静电分散效果的影响如图 7-18 所示。可以看出，静电分散法对碳酸钙和滑石在空气中均具有良好的分散作用。碳酸钙和滑石颗粒在不用静电分散处理时，其分散指数为 1，随电压的升高，电流迅速增大，碳酸钙和滑石颗粒的分散效果提高。电流与颗粒的分散效果具有较好的对应关系，即电流增大，颗粒的分散效果提高，电流减小，分散效果降低。电压为 25kV，电流达 1.16mA，电压增大到 29kV 时，碳酸钙和滑石颗粒的分散指数分别可达到 1.430 和 1.422，分散指数分别提高了 0.430 和 0.422，说明静电分散效果显著。电压超过 29kV 时，电场开始发生击穿现象，静电分散器不能正常工作。因此，静电分散的电压极限为 29kV。

（2）颗粒粒径

颗粒粒径对其比表面积和总表面能具有显著影响。比表面积和总表面能与

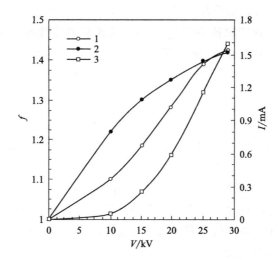

图 7-18 电压对电流及颗粒分散指数的影响

1—碳酸钙；2—滑石；3—电流

颗粒半径呈反比关系。因此，颗粒半径减小，其比表面积和总表面能等比例增大，颗粒间的黏附力迅速增大，团聚增强。图 7-19 是不同颗粒粒级对颗粒静电分散效果的影响。颗粒的粒径大于 $25\mu m$，颗粒的分散性较好，团聚现象较弱，且分散性差别不太明显。粒径越小，其分散性越差，团聚现象越强。当颗

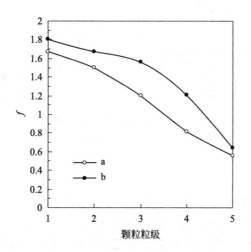

图 7-19 粒径对碳酸钙颗粒分散指数的影响

1—37～45μm；2—25～37μm；3—10～25μm；4—2～10μm；5—小于 2μm

a—自然状态；b—29kV 电压荷电后

粒粒径小于 25μm 时，随着粒径进一步减小，其分散性迅速变差，团聚行为急剧加强。特别是当颗粒粒径小于 2μm 时，颗粒静电分散前后的分散指数较原粒级试料的自然分散指数分别降低了 0.439 和 0.359。静电分散对粒径 2～25μm 范围颗粒的作用最强。而对小于 2μm 的颗粒的分散性不太有效。

（3）空气湿度

随着季节气候的不同，空气的湿度也不尽相同。亲水性越强，湿度越大，则水化膜越厚。当表面水多到颗粒接触点处形成透镜状或环状的液相时，开始产生液桥力，加速颗粒的团聚。

图 7-20 表示出了颗粒吸水前后的静电分散效果。由图 7-20 可知，颗粒吸水后较吸水前的分散性显著降低，随着电压的增加，其分散性差异增大，说明颗粒间的液桥作用力在团聚过程中起着重要作用。因此，在空气中分散时，应尽量降低颗粒的水分含量。

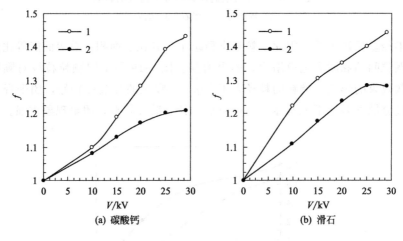

(a) 碳酸钙　　　　　　(b) 滑石

图 7-20　颗粒吸水前后的静电分散行为
1—吸水前；2—吸水后

（4）放置时间

颗粒在存放过程中，会产生自然团聚现象，但在许多行业却需要分散性好的微粉。因此，放置时间就成了衡量分散颗粒产品质量的一个重要参数。

静电分散后颗粒的放置时间是衡量超细颗粒分散性能好坏的重要标志。在空气相对湿度 70% 的环境下，颗粒的静电分散时效性实验结果如图 7-21 所示。荷电后，超细颗粒的分散性与放置时间（t）呈递减关系，且分散性与放置时间的关系可分为三个阶段。在 72h 内，分散性衰减速度较缓，为分散稳定区；

在 72～168h 内，分散性的衰减速度较快，为再团聚区；在 168～240h 内，分散性衰减又趋缓，为准失效区。因此，在空气相对湿度 70%、温度 20℃时，静电分散的有效期为 72h。根据物理学原理，荷电物质随着放置时间增长，其荷电量将逐渐减小。静电分散时效性实验结果可能就是由于荷电颗粒失电现象引起的。

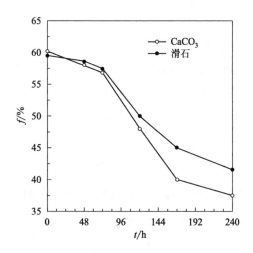

图 7-21　放置时间对分散后颗粒的分散指数的影响

7.3.4.2　静电分散的适用极限判据[7,14,19,20]

通常，自然界存在的最普通的力都是作用在颗粒的体积上的质量力，例如重力、惯性力、离心力等，它们的大小都等于质量乘以其加速度，与颗粒的体积成正比。实际上这些质量力在静电分散中不起什么作用，可忽略不计。静电分散过程中颗粒间主要受静电排斥力（F_{ek}）、范德华力（F_w）及液桥力（F_y)的作用。理论意义上讲，只有在颗粒间的排斥力大于其吸引力的条件下，颗粒才能分散，即颗粒分散的充要条件为：

$$F_{ek} \geqslant F_w + F_y \tag{7-2}$$

因此，可将作用在颗粒上的静电排斥力与范德华力及液桥力和之比定义为静电分散的适用极限判据 g：

$$g \geqslant \frac{F_{ek}}{F_w + F_y} \tag{7-3}$$

则颗粒分散的充要条件应为 $g \geqslant 1$，g 值越大，颗粒的分散性越好。

将静电排斥力（F_{ek}）、范德华力（F_w）及液桥力（F_y）代入式(7-3)，得：

$$g = \frac{36\left(\dfrac{\varepsilon_r}{\varepsilon_r+2}\right)^2 \times \dfrac{R^3}{(2R+H)^2}E_0^2}{\dfrac{A_{11}}{12H^2}+h\pi\sigma} \tag{7-4}$$

式中　A_{11}——Hamaker 常数，J；

$\quad\quad E_0$——电场强度，V/m；

$\quad\quad \sigma$——表面张力，N/m；

$\quad\quad \varepsilon_r$——介电常数。

通常认为，颗粒间最小接近距离为 $H=0.4\text{nm}$，所以，它与颗粒半径 R 相比很小，可忽略不计，式(7-4) 又可变为：

$$g = \frac{9\left(\dfrac{\varepsilon_r}{\varepsilon_r+2}\right)^2 E_0^2 R}{\dfrac{A_{11}}{12H^2}+h\pi\sigma}E_0^{\ 2} \tag{7-5}$$

根据静电分散的充要条件 $g \geqslant 1$，可得颗粒静电分散的最小极限半径为：

$$R \geqslant \left(\frac{A_{11}}{108H^2}+\frac{h\pi\sigma}{9}\right)\times\left(1+\frac{2}{\varepsilon_r}\right)^2\times\frac{1}{E_0^2} \tag{7-6}$$

当颗粒间液桥力作用消失时，其静电分散的最小极限半径则为：

$$R \geqslant \frac{A_{11}}{108H^2}\left(1+\frac{2}{\varepsilon_r}\right)^2\times\frac{1}{E_0^2} \tag{7-7}$$

从式(7-6) 和式(7-7) 可知，静电分散的最小极限半径与颗粒性质、形成液桥的液体表面张力及荷电场强有关，它与电场强度的平方成反比，与液体的表面张力成正比。在颗粒及分散环境条件一定时，最小极限半径与电场强度的平方成反比。因此，可通过提高电场强度来减小静电分散的颗粒极限半径。

图 7-22 给出了电场强度与静电分散的极限粒径的关系。可以看出，对某一颗粒来说，静电分散的极限粒径只是电场强度的函数，与电场强度的平方成反比，即电场强度越高，静电分散的极限粒径越小。

碳酸钙和滑石颗粒静电分散的最小极限粒径见表 7-3。

表 7-3　颗粒静电分散的最小极限粒径　　　　　　　单位：μm

物料颗粒	有液桥力时	无液桥力时
碳酸钙	8.58	1.48
滑石	7.24	1.24

颗粒在空气中自然存放时，粒间始终存在着较大的吸引力，呈强烈的团聚

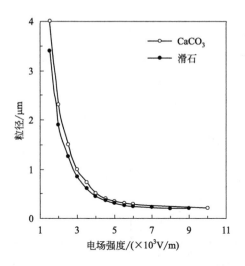

图 7-22 静电分散的极限粒径与电场强度的关系

状态，特别是在颗粒很细的情况下，由于其表面能极高，质量很小，颗粒的质量力将远远小于范德华力等吸引力，这就是实际中经常遇到的在颗粒粒径小到一定程度时，机械方法难以有效进行分散的根本原因。

荷电能使粒间产生强大的静电排斥力（图 7-23）。对于超过某一极限的超细颗粒，静电力将远远大于范德华力和液桥力之和，所以微粒的力学行为将如同只受静电力作用一样，即使有液桥力作用，也可在较粗颗粒间（碳酸钙 $d >$ $8.56\mu m$，滑石 $d > 7.24\mu m$）产生排斥作用力，形成分散体系，颗粒小于该粒度，则粒间存在吸引力，颗粒之间仍处于团聚状态。如果消除颗粒间的液桥力作用，颗粒间产生排斥作用力的粒度下限显著减小，碳酸钙和滑石颗粒最小极限粒径可由原来的 $8.58\mu m$ 和 $7.24\mu m$ 分别降低到 $1.48\mu m$ 和 $1.24\mu m$。因此，对于粒径大于这个极限值的颗粒，静电分散是有效的，粒径小于该值，静电分散将失去其有效性；消除液桥力作用是静电分散的关键因素之一。

7.3.5 复合分散[19,20]

已证明，静电分散法对颗粒在空气中有显著的分散作用，使碳酸钙和滑石颗粒的分散指数由 1 分别提高至 1.430 和 1.422。为了进一步提高颗粒在空气中的分散性能，强化其分散作用，笔者提出了颗粒表面改性与静电分散结合的复合分散新途径，并进行了系统研究。复合分散是集表面改性与静电分散两者优点于一体的高效分散方法，因此它更适用于要求分散性高，且单一分散方法

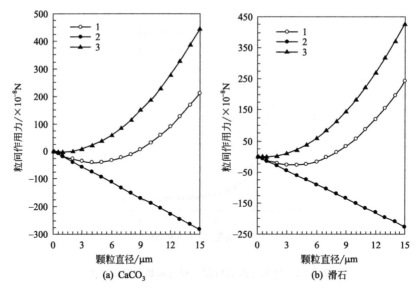

图 7-23　颗粒间作用力与粒径的关系[14]

$1—F_w+F_y+F_{ek}$；　$2—F_w+F_y$；　$3—F_w+F_{ek}$

难以有效实现充分分散的场合。

7.3.5.1　复合分散对同质颗粒的分散

图 7-24 为不同表面活性剂对碳酸钙和滑石颗粒表面改性之后，再进行静电分散的电压与分散指数的关系。由图 7-24 可见，复合分散法可使碳酸钙和滑石颗粒的分散指数由 1 分别提高到 1.531～1.564 和 1.543～1.682 左右。复合分散法对碳酸钙和滑石分散前后的颗粒体形貌说明，颗粒在分散前表面粗糙，凸凹起伏，呈强烈的团聚状态；复合分散后表面平整光滑，分散效果明显，而且其分散作用远强于静电分散法。

7.3.5.2　复合分散对异质颗粒的分散

在对同质颗粒分散作用研究的基础上，为了进一步证实复合分散法的分散效果，进行了异质混合颗粒（碳酸钙∶滑石为 1∶1）的复合分散研究。如图 7-25 所示，复合分散对异质碳酸钙和滑石混合颗粒具有明显的分散效果，但是分散效果弱于对同质颗粒的分散效果。

7.3.5.3　复合分散优化工艺条件及分散结果

综合上述试验结果，优选出各种颗粒分散工艺的操作条件，并进行综合试

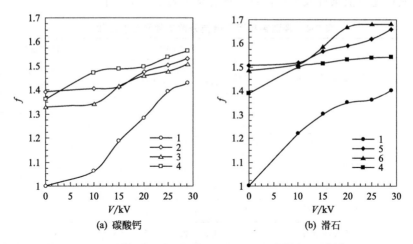

图 7-24　电压对表面改性前后颗粒分散指数的影响[14]

1—改性前；2—OL；3—SDS；4—LSZ；5—R$_{204}$；6—R$_{315}$

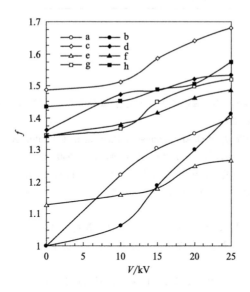

图 7-25　电压对碳酸钙和滑石表面改性前后

及其混合颗粒分散指数的影响[14]

a，b—滑石、碳酸钙改性前；c—R$_{315}$改性滑石；d—LSZ 改性碳酸钙；

e—碳酸钙＋滑石；f—碳酸钙＋R$_{315}$改性滑石；g—LSZ 改性碳酸钙＋滑石；

h—LSZ 改性碳酸钙＋R$_{315}$改性滑石

验。其优化分散条件及其分散颗粒评价结果列于表 7-4 中。

表 7-4　碳酸钙和滑石最佳分散条件及分散结果[14]

分散方法	颗粒及药剂名称	试验条件					试验指标		
		电压/kV	pH 值	药剂用量/%	浓度/%	温度/℃	改性时间/min	滑动摩擦锥角 α/(°)	分散指数 f
复合分散方法	OL 改性碳酸钙	29	9.0	0.6	50	45	15	38.23	1.531
	SDS 改性碳酸钙	29	8.5	1.0	50	45	15	37.63	1.507
	LSZ 改性碳酸钙	29	9.0	1.6	50	50	15	39.05	1.564
	R_{204} 改性滑石	29	6.0	2.0	35	55	15	40.91	1.662
	R_{315} 改性滑石	29	8.0	1.5	35	55	15	41.40	1.682
	LSZ 改性滑石	29	8.5	2.0	35	55	15	38.00	1.543
	碳酸钙＋R_{315} 改性滑石	29	8.0	1.5	35	55	15	37.81	1.351
	LSZ 改性碳酸钙＋滑石	29	9.0	1.6	50	50	15	37.80	1.351
	LSZ 改性碳酸钙＋R_{315} 改性滑石	29						39.56	1.351

参考文献

[1] 任俊, 卢寿慈, 沈健, 等. 颗粒在气相中的抗团聚分散研究 [C]. 第六届全国粉体工程学术大会论文集, 2000: 82-86.

[2] REN J, LU S, SHEN J, et al. Anti-aggreation Dispersion of Ultrafine Particles by Electrostatic Technique [J]. Chinese Science Bulletin, 2001, 46 (10): 740-743.

[3] 小口寿彦. 粉体的带电及其应用 [J]. 粉体工程会志 (日), 1987, 24 (12): 816-821.

[4] 山本英夫, 盐路修平. 微细粒子的附着力有分散性的关系 [J]. 粉体工学会志 (日), 1990, 27 (3): 159-163.

[5] 卢寿慈. 粉体加工技术 [M]. 北京: 中国轻工业出版社, 1998.

[6] 山本英夫, 松山达. 微细粒子的附着·分散性 [J]. 粉体工学会志 (日), 1991, 28 (3): 188-193.

[7] 任俊, 卢寿慈, 沈健, 等. 超细颗粒的静电抗团聚分散 [J]. 科学通报, 2000, 45(21): 2286-2292.

[8] 盖国胜. 超微粉体技术 [M]. 北京: 化学工业出版社, 2004: 144.

[9] 崛内贵洋. 团聚粒子在液相中的分散机理研究 [J]. 粉体工程会志 (日), 1996, 33 (5): 434-436.

[10] 任俊, 沈健, 卢寿慈. 粉体分散技术与工业应用 [J]. 中国粉体技术, 2001, 7 (专辑): 13-17.

[11] Yamada Y, Yasuguchi M, Ikumi K. Effects of Particle Dispersion and Circulation Systems

on Classification Performance [J]. Powder Technology, 1987, 50(3): 275-280.

[12] 增田弘昭, 后藤邦彰. 干式分散机的性能评价 [J]. 粉体工学会志（日）, 1993, 30(10): 703-708.

[13] 增田弘昭, 川口哲司, 后藤邦彰. 粉体流量及转子转速对搅拌式分散机的分散性能影响 [J]. 粉体工学会志（日）, 1990, 27(8): 515-519.

[14] 任俊. 微细颗粒在液相及气相中的分散行为与新途径研究 [D]. 北京: 北京科技大学, 1999.

[15] 卢寿慈, 任俊. 微细颗粒在空气中的分散 [J]. 化工冶金（增刊）, 1999, 20: 188-197.

[16] 任俊. 南京大学博士后研究工作报告 [D]. 南京: 南京大学, 2001.

[17] 卢寿慈. 粉体技术手册 [M]. 北京: 化学工业出版社, 2004: 310.

[18] REN J, LU S, SHEN J, et al. Dispersion Characteristics of Fine Particles in Water, Ethanol and Kerosene [J]. Chinese Science Bulletin, 2000, 45（15）: 1376-1380.

[19] REN J, LU S C, SHEN J, et al. Research on the Composite Dispersion of Ultra Fine Powder in the Air [J]. Materials Chemistry and Physics, 2001, 69: 204-209.

[20] REN J, LU S, SHEN J, et al. Electrostatic Dispersion of Particles in the Air [J]. Powder Technology, 2001, 120（3）: 187-193.

[9] Thomas D G A, et al. Powder Technology, 1982, 5(2): 125-127.
[10] Abhinav, et al. 合成工业技术及进展, 2017, 6(21): 98-107; 刘文博, 等. 石油化工, 2006: 30-50.

8

液-液乳化分散

  乳状液是一种或多种液体分散在另一种不相溶溶液中的一种多相分散体系。分散相粒径一般在 $0.1 \sim 10 \mu m$ 之间,有的属于粗分散体系,甚至用肉眼即可观察到其中的分散相颗粒[1]。它是热力学不稳定体系,有一定的动力稳定性,在界面电性质和团聚不稳定性等方面与胶体分散体系极为相似,故将它纳入胶体与界面化学研究领域。乳状液存在巨大的界面,所以,界面现象对它们的形成和应用起着重要的作用。

8.1 乳状液

  通常,将乳状液中以液珠形式存在的一相称为内相,另一相称为外相。若其中一相为水,则称为"水相",另一相不溶于水的有机液体称为"油相"。内相为水,外相为油的乳状液,称为油包水型乳状液,用 W/O 表示;内相为油,外相为水的乳状液,称为水包油型乳状液,用 O/W 表示。前者如牛奶,后者如原油乳状液。这种简单的 O/W 型或 W/O 型乳状液称为简单(普通)乳状液。乳状液内相的大小范围多在 $10^{-7} \sim 10^{-5} m$,微乳液内相则为 $10^{-8} m$ 或更小。

  近年来,又出现了所谓的双重或多重乳状液。这种乳状液有两种或两种以上的不互溶液相所组成,即在相当于简单乳状液的分散相或内相中又包含了尺寸更小的分散相,通常称为包胶相。类似于简单乳状液,多重乳状液也有两种类型,即 W/O/W 型和 O/W/O 型。前者为不互溶的油相将两个水相隔开,后者则是不互溶的水相将两个油相隔开。普通乳状液和多重乳状液的结构如图 8-1和图 8-2 所示。

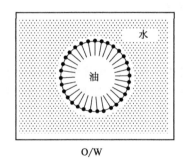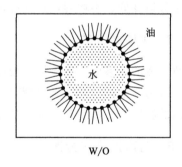

图 8-1　水包油（O/W）型和油包水（W/O）型简单乳状液的结构示意

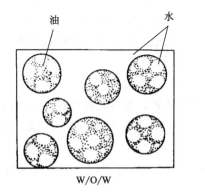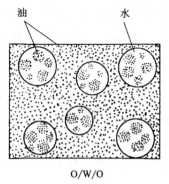

图 8-2　W/O/W 型和 O/W/O 型多重乳状液的结构示意

8.2　乳化分散的类型

　　根据热力学理论，乳状液是不能自发形成的。因此，要使一个油/水体系变成乳液，必须由外界提供能量。

　　制备乳状液的主要方法是乳化分散法，即通过搅拌、超声波作用或其它机械分散作用使两种流体充分混合，最终使得一相分散在另一相中。不同的混合方法或分散方法常常直接影响乳状液的稳定性及其类型。

8.2.1　混合方式

8.2.1.1　机械搅拌分散

　　用较高速度（4000～8000r/min）螺旋桨搅拌器搅拌乳化分散是实验室和工业生产中经常使用的一种分散方法。此方法的优点是设备简单、操作方便，其缺点是分散度低、不均匀，且易混入空气。

8.2.1.2 胶体磨分散

将待分散的体系由进料斗加入胶体磨中，在磨盘间剪切力的作用下使待分散物料分散为极细的液滴，乳状液由出料口放出。上下磨盘间的隙缝可以调节，国内的胶体磨可以制备 $10\mu m$ 左右的液滴。

8.2.1.3 超声波乳化分散

用超声波乳化分散制备乳状液是实验室中常用的乳化分散方式，它是靠压电晶体或磁致伸缩方法产生的超声波破碎待分散的液体。大规模制备乳状液的方法则是用哨子形喷头，将待分散液体从一小孔中喷出，射在一极薄的刀刃上，刀刃发生共振，其振幅和频率由刀的大小、厚度及其它物理因素来控制。

8.2.1.4 均化器乳化分散

均化器实际上是机械与超声波的复合装置。将待乳化分散的液体加压，从一可调节的狭缝中喷出，在喷出过程中超声波也在起作用。均化器设备简单，操作方便，其优点是分散度高，均匀，空气不易混入，液滴的细度高达 $0.5\mu m$ 左右，乳状液可保存 2 年不分层。均化器已在轻工、农药等行业中普遍使用。

8.2.2 乳化剂的加入方式

8.2.2.1 自然乳化分散法

将乳化剂加入油相中，制成乳油溶液，使用时将乳油直接加入水中并稍加搅拌，就可形成 O/W 型乳状液。一些易于水解的农药都用此法乳化分散制得 O/W 型乳状液而用于喷洒。

8.2.2.2 瞬间成皂法

将脂肪酸加入油相，碱加入水相，两相混合，在界面上即可瞬间生成作为乳化剂的脂肪酸盐。用这种分散方法只需要稍微搅拌即可制得液滴小而稳定的乳状液。但此法只限于用皂作乳化剂的体系。

8.2.2.3 界面复合物生成法

在油相中溶入一种乳化剂，在水相中溶入另一种乳化剂。当水和油相混合并剧烈搅拌时，两种乳化剂在界面上形成稳定的复合物，此法所得到的乳状液虽然十分稳定，但使用上有一定的局限性。

8.2.2.4 转相乳化分散法

将乳化剂溶于油中，在剧烈搅拌下缓慢加水，加入的水开始以细小的液滴分散在油中，是 W/O 型乳状液。再继续加入，随着水量增多，乳状液变稠，最后转相变成 O/W 型乳状液。也可将乳化剂直接加入水中，在剧烈搅拌下将油加入，可得 O/W 型乳状液。如欲制备 W/O 型乳状液，则可继续加油，直至发生变型。用这种方法制得的乳状液液滴大小不均，且偏大，但方法简单。若用胶体磨或均化器再加处理，可得均匀而又较稳定的乳状液。

8.3 乳化分散的稳定性及其主要影响因素

8.3.1 乳化分散的稳定性

8.3.1.1 乳化分散的不稳定过程

乳状液虽然是热力学不稳定体系，但在适当条件下却能长期保存相对的动态稳定。其条件主要是界面存在刚性吸附膜。尽管乳状液的最终破坏是液珠的完全聚结，分成油、水两相，但是通常乳析、转相、聚结、Ostwald 陈化等都是乳化分散不稳定的直观表现，并且将促进聚结。下面分别讨论各种不稳定过程及乳化分散剂的稳定作用。

(1) 沉降 (Sedimentation) 或乳析 (Creaming)

由于油、水之间存在密度差，在重力场中，分散相粒子受一个净力的作用：

$$F = V(\rho_2 - \rho_1)g \tag{8-1}$$

粒子沉降半径为：

$$R = \left[\frac{9\eta_0 v}{2(\rho_2 - \rho_1)} \right]^{\frac{1}{2}} \tag{8-2}$$

式中，V 为粒子的体积，cm^3；R 为粒子半径，cm；v 为沉降速度，cm/s；g 为重力加速度，$9.81m/s^2$；ρ_1 和 ρ_2 分别为连续相和分散相的密度，g/cm^3。当 $\rho_1 > \rho_2$ 时，粒子沉降；反之，当 $\rho_1 < \rho_2$ 时，粒子上升，称为乳析。

在离心力场中，粒子所受到的离心加速度较重力加速度大得多，因此更易发生沉降或乳析。则在离心力场中的粒子沉降半径为[2]：

$$R = \left[\frac{8100\eta_0 v}{2\pi^2 (\rho_2 - \rho_1) n^2 x} \right]^{\frac{1}{2}}$$ (8-3)

式中，n 为转速，x 为粒子距旋转中心的距离。

在离心力场中，粒子运动的速度不是常数，而是随距离 x 而变化。

一般来说，对连续相黏度不高的乳状液，分散相粒子多呈球形，在运动中可能会发生变形。但如果界面存在分散剂的吸附膜，则粒子将表现出刚性，因此完全可以应用 Stokes 沉降定律。

由于沉降引起了粒子的浓度差，此浓度差是扩散的推动力。根据 Fick 定律，粒子受到的扩散力 $F_{扩}$ 为：

$$F_{扩} = -kT \frac{\partial \ln c}{\partial x} = -\frac{kT}{c} \frac{\partial c}{\partial x}$$ (8-4)

式中，k 为 Boltzman 常数，T 为热力学温度，c 为粒子浓度，$\partial c / \partial x$ 为粒子浓度随距离的变化率。

当乳状液达到平衡时，粒子沿高度 h 方向呈现某种分布：

$$c = c_0 \exp \left[\frac{-mg(1 - \rho_1/\rho_2)h}{kT} \right]$$ (8-5)

式中，$m(1 - \rho_1/\rho_2) = V\Delta\rho$ 为粒子的有效质量。

从以上分析可以得出：分散相粒子越小，乳化分散将越稳定。在制备乳状液时，由于加入了乳化分散剂，降低了粉碎粒子所需的能量，因此可以得到较小的粒子。

（2）转相

当温度升高时，水溶性分散剂转为油溶性，相应地导致 O/W 型乳状液转变成 W/O 型乳状液。Shinoda 等人[3]的研究表明，用非离子型分散剂稳定的乳状液，其稳定性与温度有关，在 PIT 附近，乳状液的稳定性显著降低。所以相转变可认为是一种不稳定过程。离子型分散剂稳定的 O/W 型乳状液，温度对其的稳定性影响不太显著，但是无机反离子或醇可使其转变为 W/O 型乳状液[4]。因此，无机反离子或醇可导致乳化分散的不稳定。

（3）聚结（Coalescence）

聚结的液珠间液膜边界可用图 8-3 来表示。在膜的中间，界面是平的，不产生附加压力，膜压等于外压；但在弯曲处，即所谓的 Plateau 边界，由于存在 Laplace 附加压力，使得膜压小于外压，即 $P < P_0$。在膜较厚时，即厚膜阶

段，重力的作用导致连续相膜中的流体发生排泄，使液膜变薄。在所谓的薄膜阶段，重力排泄变成次要的，Plateau 边界处的压力差迫使连续相膜中的流体流向 Plateau 边界，使液膜进一步变薄，当膜厚低于某一临界膜厚时，膜破裂，发生聚结。

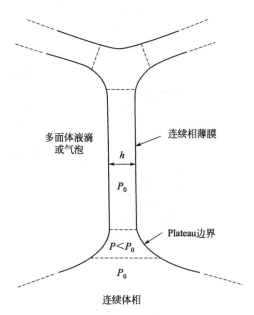

图 8-3　液珠与连续相流体间的边界（Plateau 边界）示意[5]

（4）Ostwald 陈化（Ostwald Ripening）[5]

在定义乳状液时，把内外两相视为互不相容的两种液体，在实际中通常不是这样，特别是一些具有一定极性的有机液体与水是有一定的互溶度的。比如，在 25℃ 时，苯在水中的溶解度可达到 0.180%，水在苯中的溶解度为 0.027%。对多分散体系来说，根据 Kelvin 方程式，小的粒子要比大的粒子具有更大的溶解度，因此小粒子将不断溶解，而大粒子将不断长大。这一过程称为 Ostwald 陈化。这种陈化是分散相经过连续相介质的分子扩散来完成的，它导致体系的粒子半径随时间增大，因此是一个不稳定过程。图 8-4 为乳化分散的各种不稳定过程。

8.3.1.2　乳化分散的稳定性

Davies 和 Rideal 在胶体理论的基础上，提出了在乳化分散中液滴聚结速度的定量描述。在分散体系中，由扩散控制球形粒子的聚结速度时，可用

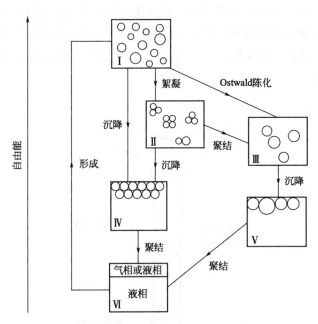

图 8-4 乳化分散的各种不稳定过程[6]

式 (8-6) 关系式表示：

$$-\frac{\mathrm{d}n}{\mathrm{d}t}=4\pi Drn^2 \tag{8-6}$$

式中，D 为扩散系数，r 为碰撞半径（聚结开始时，两个粒子中心之间的距离），n 为单位体积内的粒子数。

假定粒子的每次碰撞都是有效的，并以此来计算粒子数目的减少。故对每一种分散体系来说都存在一个对聚结的能垒 E，所以有：

$$-\frac{\mathrm{d}n}{\mathrm{d}t}=4\pi Drn^2\mathrm{e}^{-\frac{E}{kT}} \tag{8-7}$$

在给定温度下对式 (8-7) 积分，得：

$$\frac{1}{n}=4\pi Drtn^2\mathrm{e}^{-\frac{E}{kT}}+C \tag{8-8}$$

式中，C 为积分常数。根据 Einstein 方程：

$$D=\frac{kT}{6\pi\eta R} \tag{8-9}$$

式中，R 为粒子的平均半径。

假定粒子在接触时（$r=2R$），即发生聚结，则：

$$\frac{1}{n} = \frac{4kT}{3\eta} t e^{-\frac{E}{kT}} + C \tag{8-10}$$

用 $1/n$ 对 t 作图，由曲线的斜率来估计 E 值。可以看出，E 随乳状液中粒子大小和数量的变化而变化。

假设 $\overline{V} = V/n$ 为粒子的平均体积，其中 V 为分散相的体积分数，则：

$$\overline{V} = \frac{4VkT}{3\eta} t e^{-\frac{E}{kT}} + C \tag{8-11}$$

对式(8-11)求导，得出粒子聚结速度的表达式：

$$\frac{\mathrm{d}\overline{V}}{\mathrm{d}t} = \frac{4VkT}{3\eta} t e^{-\frac{E}{kT}} = A e^{-\frac{E}{kT}} \tag{8-12}$$

式中，A 对于给定分散体系为常数，称为碰撞因子。

从聚结能垒 E 的数值可以看出乳化分散剂的影响，E 包括机械能垒和电子能垒两部分。式(8-12)可说明乳化分散的稳定性，也被称为 Davies 速度方程。

8.3.2 乳化分散的主要影响因素

8.3.2.1 界面膜的性质

在乳化分散中，被分散液体的液滴以匀速运动，它们之间通常发生碰撞，在碰撞时，两个碰撞的液滴周围的界面膜破裂，为了降低体系的自由能，两液滴将聚结形成一个较大的液滴，如果该过程继续进行，则分散相将从乳状液中分离出来，同时乳化分散被破坏。所以，界面膜的机械强度是决定乳化分散体系稳定性的一个主要因素。

为了达到最大的机械强度，压缩吸附分散剂形成的界面膜，使其具有强的横向分子间力，并表现出高的膜弹性。液晶的形成可以稳定乳状液。通过在围绕分散粒子界面上的积累，粒子周围的液晶形成高黏度区域，这一区域阻止单个液滴的聚结，并为阻止分散粒子彼此接近到引力发挥作用的距离而提供一个空间势垒。例如，油溶性和水溶性分散剂混合使用的例子，Span（失水山梨醇酯）和 Tween（聚氧乙烯失水山梨醇酯）的混合物是一个具有多种用途的乳化分散剂。由于 Tween 与水溶性分散剂可产生较大的相互作用，在界面膜中彼此接近的两种物质的疏水基团更加靠近，疏水基团的相互作用十分强烈。图 8-5 为在界面上的混合结构。

若在分散剂中加入少量脂肪醇、脂肪酸或脂肪胺等极性有机物，生成的乳状液的稳定性可大大提高。在甲苯-0.01mol/dm³ 十二烷基硫酸钠体系中加入

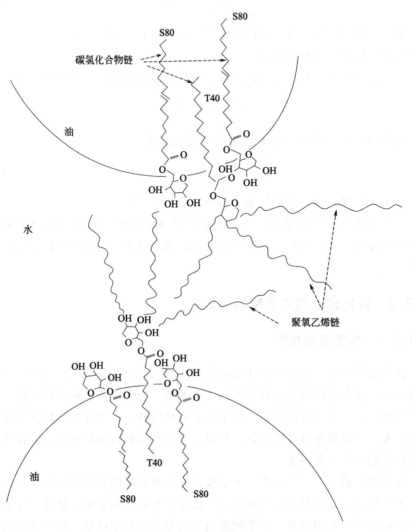

图 8-5　在油水界面上 Span（80）和 Tween（40）
之间的多元结构[7]

十六醇，界面张力可降低到接近零的程度（图 8-6），界面张力的降低导致界面吸附量的增加，再加上乳化分散剂分子与极性有机物分子之间的相互作用，使界面膜中分子的排列更紧密，膜强度也因此增加。对于离子型分散剂，界面吸附量的增加还使界面上的电荷增加，因此液珠间的排斥力变大。研究认为，界面膜具有非常强的横向分子间作用力。它具有一种良好的扩张定向性，使膜的弹性大大提高。由于在 W/O 型乳状液中，水滴几乎不带有电荷，对于液滴的界面不存在电子势垒。因此，这种类型的膜对于 W/O 型乳状液是非常必要的。

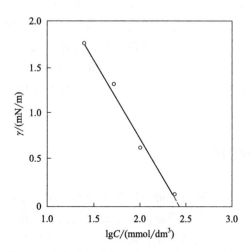

图 8-6　混合乳化分散剂降低油/水界面张力[8]

8.3.2.2 界面张力

乳化分散是相界面很大的多分散体系，液珠有自发凝并特性，以降低体系总界面能的倾向。显然，油/水界面张力的降低有助于乳化分散的稳定。例如，石蜡油-水体系，油/水界面张力为 0.041N/m，得到的乳状液极不稳定。水相中加入少量油酸（10^{-3} mol/L），界面张力降低到 0.031N/m，乳化分散仍然不稳定。用 NaOH 将油酸中和成油酸钠，油/水界面张力降到 0.0072N/m，乳化分散变得很稳定。若在水相中加入 NaCl，当浓度达到 10^{-3} mol/L，则油/水界面张力降到 0.00001N/m，乳化分散变得非常稳定。如果用橄榄油代替石蜡油，油/水界面张力可降到 0.002mN/m 以下，因此发生自发乳化分散过程。这些事实说明界面张力的降低在乳化分散时的重要作用。

8.3.2.3 外相的黏度

根据 Einstein 公式可以知道，当降低液滴的扩散系数时，粒子的碰撞频率及它们的聚结速度都会降低。提高悬浮粒子的数量时，外相的黏度增高，这就是许多乳状液在浓缩时比稀释时更稳定的原因。所以，经常在乳状液中加入一些特殊的化学成分以提高外相的黏度，这些成分主要是一些天然或合成的增稠剂。

8.3.2.4 温度

温度的变化会引起在两相间界面张力、界面膜的性质及分散粒子的热运动等的变化。因此，体系的温度通常对乳化分散的稳定性影响十分显著。它可以使乳状液转换类型或破坏乳状液。当温度接近乳化分散剂在它所溶解的溶剂中溶解能力的最低点时，乳化分散剂的效果最好，这是由于在该点上它们的表面活性最大。由于乳化分散剂的稳定性一般是随温度的变化而变化，因此乳化分散的稳定性也随之变化。

8.4 乳化分散的转换

乳化分散中的任何一种液体都可以作为分散介质，也可以作为分散相，这是乳化分散的重要特性。但是形成何种类型的乳状液，除了受两种液体本身的影响外，还要受乳化分散剂的性质、浓度以及外界条件如温度等诸多方面的影响。当改变这些条件时，会使乳状液由一种类型变成另一种类型，这就是乳化分散的转换。

8.4.1 乳化分散的转换机制

乳化分散的转换机制可用图 8-7 来描述。以胆固醇和十六烷基硫酸钠作混合乳化分散剂时，由于它能形成致密的混合膜及带上负电荷，形成稳定的 O/W 型乳状液，如图 8-7(a) 所示。如果在乳状液中加入高价阳离子如 Ca^{2+}、Ba^{2+} 等，则它会中和油滴界面的负电荷。由于界面上的负电荷减少或消失，

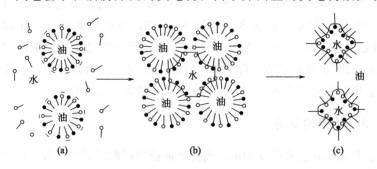

图 8-7　O/W 型乳状液向 W/O 型转换机制[9]

(a) 被胆固醇及十六烷基硫酸钠形成混合膜及带负电荷稳定的 O/W 型乳状液

(b) 加入高价阳离子后，界面电荷被中和而形成复杂结构的粒团

(c) 油滴粗化而形成新连续相，水则形成不规则形状，并转换完成

液滴间的范德华吸引力相对增大，使液滴靠拢。这样一方面将界面之间的水排挤出来，另一方面又将各界面空间的水包围起来，形成中间的水滴，四周被油滴所包围的复杂结构的团粒，如图 8-7(b) 所示。当油滴进一步粗化而连接起来形成连续相时，水相则形成不规则的液滴，并进一步变成小球珠，这样乳状液就由 O/W 型转变为 W/O 型。

8.4.2　相对体积分数与乳化分散转换的关系

　　乳化分散中分散相与分散介质的相对体积比与乳化分散的类型有着密切的关系。当它们的相对体积比发生变化时，乳化分散可能从一种形式转变成为另一种形式。W. V. Ostwald 提出的"相对体积理论"就是讨论它们之间的相互关系。当等径的刚性球形颗粒堆积在一起时，有两种最紧密的堆积方式，就是棱锥形及四面体形的最紧密堆积形式，如图 8-8 所示。

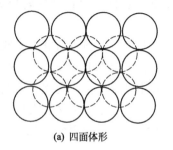 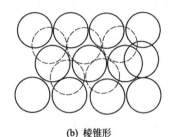

(a) 四面体形　　　　　　　　　　　(b) 棱锥形

图 8-8　等径球形颗粒最紧密堆积的两种形式

　　最紧密堆积的相对密度为 74.02%，即分散相占相对体积 74.02%，分散介质只占 25.98%，此时的分散相达到最紧密堆积的程度。若分散相的相对体积大于 74.02%，则分散相只有相互聚结，最后变为连续相，这就发生乳化分散的转换。因此，发生乳化分散转换的条件是分散相与分散介质的体积比为 26/74，但是由于液滴实际上不是刚性球粒，并不需要达到最紧密堆积才发生聚结，所以实际情况并非完全如此。例如，苯-硬脂酸钠水溶液所形成的乳状液在 25℃下相对体积比与乳化分散类型的关系如表 8-1。

表 8-1　苯与硬脂酸钠的相对体积比与其乳化分散类型的关系

体积比率(V_W/V_O)	95/5	75/25	50/50	25/75	5/95
乳状液类型	O/W	O/W	W/O	W/O	W/O

注：V_W—水相的相对体积；V_O—油相的相对体积。

　　由此可见，该乳状液在相对体积比为 1 的情况下发生转换。另外在橄榄油-氢氧化钠水溶液的乳状液中,发生转换的相对体积比大约是 0.1,产生这种偏差的原因是实际情况并不符合两个条件:一是液滴不是刚性体,只要堆积密度发生变化,它就会随之发生变形,可能形成不规则的多面体;另一个是乳状液中液滴也不可能是等径球形颗粒,它往往是由许多大小不同的液滴所组成,而这种不同大小球形颗粒的堆积将会得到更高的堆积密度。因此,乳状液的相对体积比完全有可能小于 26/74 而发生转换。乳化分散发生转换时的相对体积比并不都为 26/74,有的高而有的低,但是可以肯定的是当相对体积比变化到一定程度时,是极有利于转换发生的。

8.4.3 对抗性乳化分散剂与乳化分散转换的关系

若在 O/W 型乳状液中加入适量的高价金属离子皂类作为对抗性乳化分散剂,取代已被吸附在膜上的单价金属离子皂类,这样便转变为 W/O 型乳状液。例如 O/W 型酪蛋白质乳状液加入 Al、Fe 或 Ti 盐可以使它转换成 W/O 型乳状液。

要使乳状液发生转换,除了考虑加入适当种类的对抗性乳化分散剂外,还要考虑加入一定的数量,否则达不到转换的目的。例如卵磷脂是 O/W 型乳状液的良好乳化分散剂,而胆固醇则是 W/O 型乳状液良好的乳化分散剂。在橄榄油-水体系中加入这两种乳化分散剂的混合物,则它们的数量比与所形成乳状液类型的关系见表 8-2。由表 8-2 可见,当卵磷脂与胆固醇的比值等于 8.0 时,则发生乳化分散的转换。

对抗性乳化分散剂的数量与其本身性质及原乳状液的性质有关。若对抗性乳化分散剂为电解质,则所加入的数量与离子的价数有关。电解质的转换能力强弱顺序为:$Al^{3+} > Cr^{2+} > Ni^{2+} > Pb^{2+} > Ba^{2+} > Sr^{2+}$、$Ca^{2+}$、$Mg^{2+}$。

表 8-2 混合乳化分散剂对橄榄油-水乳化分散转换的影响

卵磷脂：胆固醇	乳状液的类型
19.4	O/W 型
10.0	O/W 型
8.0	不能确定
6.0	W/O 型
4.1	W/O 型

8.4.4 乳化分散转换的稳定效应

根据 Griffin 的 HLB 值定义,HLB=7 表示亲水性和亲油性达到平衡。于是 Bancroft 规则可以用半定量的 HLB 值的规则来描述。若乳化分散剂的 HLB 值大于 7，形成 O/W 型乳状液，反之，若 HLB 值小于 7，则形成 W/O 型乳状液。这一规则可用聚结动力学来解释[10]：

$$\ln\left(\frac{A_1 K_{W/O}}{A_2 K_{O/W}}\right) = 2.2\theta(HLB-7) \tag{8-13}$$

式中，$K_{O/W}$ 和 $K_{W/O}$ 分别为 O/W 型和 W/O 型乳液液珠的聚结速度常数，θ 为表面活性剂的覆盖率，A_1 和 A_2 分别是 O/W 型和 W/O 型乳液液珠的碰撞因子。

$$A = \frac{4\phi RT}{3\eta_0} \tag{8-14}$$

式中，η_0 为连续相的黏度，Pa·s；ϕ 为分散相的体积分数。当 $\phi = 0.5$，水油两相的黏度相等时，$A_1 = A_2$，此时，$K_{O/W}$ 和 $K_{W/O}$ 分别为 O/W 型和 W/O 型乳液液珠的聚结速度。假定机械作用对形成 O/W 型和 W/O 型乳液相同，则最终形成哪种类型的乳状液取决于油或水的液珠聚结速度，聚结速度快的将成为连续相。于是有：

HLB＝7，$K_{O/W} = K_{W/O}$，既可形成 O/W 型乳状液，也可形成 W/O 型乳状液；

HLB＞7，$K_{O/W} < K_{W/O}$，形成 O/W 型乳状液；

HLB＜7，$K_{O/W} > K_{W/O}$，形成 W/O 型乳状液。

需要指出的是，HLB 值和 HLB 是两个不同的概念。HLB 值是一个具体的数值，它只取决于分散剂的分子结构，而不考虑温度和油/水两相的性质。而 HLB 是指分散剂在实际体系中的亲水亲油平衡，除了与分散剂的分子结构有关外，HLB 还随油的种类、温度、体系中添加剂的类型及数量的变化而变化。

非离子型分散剂在水、油两相中的溶解度是温度的函数。当表面活性剂溶于水时，随着温度的升高，亲水基与水形成的氢键强度减弱，直至断裂，致使表面活性剂从水溶液中析出，这就是浊点现象。

在水-油-非离子型分散剂三元体系中，分散剂在水油两相中的分布取决于温度。低温时，分散剂主要分布在水相；高温时，则主要分布在油相。而浊点与体系的组成有关，油和水的存在分别影响非离子型分散剂在水相和油相中的浊点。另外，当有胶团存在时，油和水分别在水溶液胶团和非水胶团中的增容量也是温度的函数。如图 8-9 所示，非离子型分散剂在水、油两相中的聚结状态（胶团）随温度而变。温度低时，由于亲水性大于亲油性，分散剂在水相形成胶团；而温度高时，亲油性变大，亲水性减弱，分散剂在油相形成反胶团；在某个中间温度则形成层状胶团，此时分散剂的亲水性和亲油性达到了平衡。

因此，非离子型分散剂的亲水亲油平衡是温度的函数。

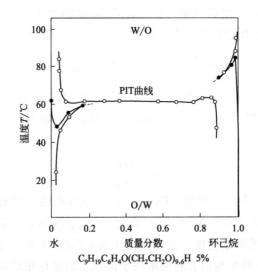

图 8-9　水-油-非离子型表面活性剂体系的相转变温度（PIT）、浊点和增容量随相体积的变化[6]
体系为：水-环己烷-5％壬基酚聚氧乙烯醚

　　根据 Bancroft 规则，在水-油-分散剂三元体系中，低温下得到 O/W 型乳状液，高温下则得到 W/O 型乳状液。此种变形时的温度即为相转变温度（PIT）。由于这一温度，与分散剂形成层状胶团结构以及出现水、油、分散剂三相区（图 8-10）的温度相对应，是分散剂亲水性与亲油性达到真正平

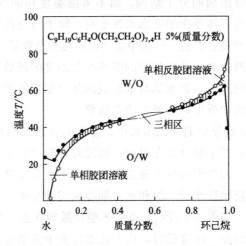

图 8-10　水-油-非离子型表面活性剂体系的相行为与温度的关系[6]
体系为：水-环己烷-5％壬基酚聚氧乙烯醚

衡的温度，因此 Shinoda 又定义其为 HLB 温度。因此 PIT 和 HLB 温度虽然名称不同，但指的是同一个温度。讨论乳状液时，常用前者，而在讨论分散剂时，则常用后者。

乳化分散的转换受体系温度的影响。当温度升高或降低时，可以使乳化分散发生转换，此时的温度称为相转换温度，用 PIT 表示。例如以钠皂为乳化分散剂的水/苯型乳状液，升高温度可以使它转换成苯/水型乳状液，相转换温度随着乳化分散剂的浓度增加而升高。图 8-11 给出了由离子型分散剂硬脂酸钠及软脂酸钠稳定的乳状液的 PIT 与乳化分散剂浓度的关系。

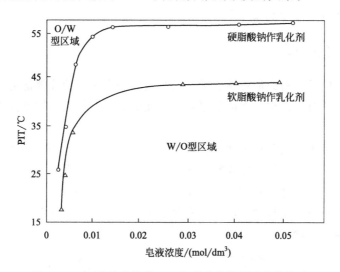

图 8-11　水/苯乳状液的 PIT 与乳化分散剂浓度的关系

图 8-11 中曲线的右下方为 W/O 型乳状液的稳定区，上方为 O/W 型乳状液的稳定区。当乳化分散剂的浓度很低时，PIT 对浓度极为敏感，但在高浓度下，PIT 几乎不随浓度的变化而变化。曲线接近水平时的温度相当于分散剂的 Krafft 温度（T_K）。所谓 Krafft 温度是离子型分散剂的溶解度随温度升高而急剧升高的转折温度。低于这一温度时，增加分散剂的浓度只能导致沉淀的析出，而不能导致胶团的形成。当达到这一温度而浓度超过形成胶团所需要的最低浓度（临界胶束浓度 CMC）时，胶团化开始发生。对于非离子型分散剂，如聚氧乙烯型的分散剂，情况有些不同。由于它在水中的溶解是靠聚氧乙烯基与水形成氢键而发生，随着温度升高，这一氢键被削弱，因而溶解度反而下降。所以，聚氧乙烯型非离子型分散剂所制得乳状液随温度升高会由 O/W 型乳状液转变成 W/O 型乳状液。相对于图 8-11，上方（高温）为 W/O 型区域，下方（低温）为 O/W 型区域。

PIT 值与乳化分散的稳定性有着密切的关系。帕金森指出：最大的 PIT 值会得到最好的乳化分散稳定性。PIT 值可以由实验测定。因此，根据分散体系的 PIT 值，选择合适的乳化分散剂的浓度就可以得到乳化分散转换的目的。

8.5 乳化分散的稳定方法

乳状液在实用中常常遇到各种各样的破坏作用。这就要求它们具有能抵御这些外来因素作用的分散稳定性。这些分散稳定措施大致可分为化学稳定、机械稳定、冻融稳定和贮藏稳定四种。

8.5.1 化学稳定

化学稳定是指对添加各种化学药剂产生的冲击作用的分散稳定。由于这些物料中电解质对乳液粒子双电层厚度及表面电荷影响甚大，故也多指对电解质的稳定性。

乳液分散中阴离子型表面活性剂（乳化剂）赋予乳液粒子表面以负电荷，分散在水中带负电荷的乳液粒子又通过吸引体系中的反离子构成双电层。图 8-12 表明不同乳化剂稳定的烯类乳液与阳离子原子价的关系。由图 8-12 可知，随乳液粒子亲水程度的增大和吸附层水合力的增大，乳液的相对凝聚值减小，化学稳定性增大。

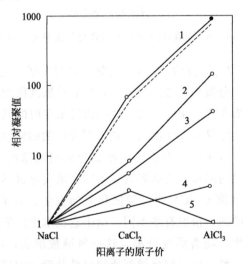

图 8-12　阳离子原子价与它对乳液相对凝聚值的关系（虚线为 Schulze-Hardy 法则曲线）
1—PSt-阴离子乳化剂；2—PVAc-阴离子乳化剂；3—PVAc-无乳化剂；
4—PVAc-非离子乳化剂；5—PVAc-PVA

　　改善乳液分散化学稳定性的方法有两种：一是通过少量亲水性单体共聚（如用不饱和酸共聚加以改性）以提高乳液粒子亲水度的方法；二是提高乳液粒子保护层厚度即形成水合力大的乳化剂或水溶聚合物的保护层（如在乳液聚合中采用环氧乙烷加成物质的量大的非离子乳化剂或与阴离子乳化剂并用以及后加乳化剂的方法）。图 8-13 给出了非离子乳化剂后加量对聚苯乙烯乳液化学稳定性的影响。如图 8-13 所示，环氧乙烷加成物质的量越大，化学稳定性的提高越明显。Heller 认为这是由于吸附的聚乙二醇的空间保护作用随分子量增大提高了对疏水乳液粒子稳定性的结果。

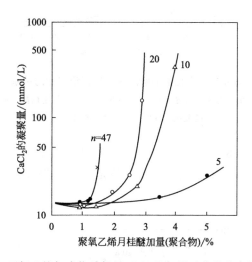

图 8-13　环氧乙烷加成物质的量（n）及加量对化学稳定性的影响

8.5.2　机械稳定

　　机械稳定是指对搅拌或输送时施加的机械剪切作用的稳定性。因为这些作用赋予乳液粒子以足够的动能促使它们能克服静电排斥作用能垒相互接近而聚集在一起。

　　对氯-偏共聚乳液而言，室井发现提高乳化剂浓度，也即增大它在乳液粒子表面的吸附率时，机械稳定性也随即提高，如图 8-14 所示。由图 8-14 可见，当吸附率在 $80\%\sim90\%$ 以下时，随着乳化剂吸附率的提高，机械稳定性迅速上升；当吸附率进一步增加时，机械稳定性将逐渐趋于一定值，在该范围内它不仅与吸附率无关也与乳化剂类型无关。另一方面当乳化剂吸附率低时，机械稳定性则取决于乳化剂的类型，按 PNE＜PNS＜DBS 顺序降低。

　　聚苯乙烯乳液聚合中非离子型乳化剂如环氧乙烷加成物质的量和加量对机

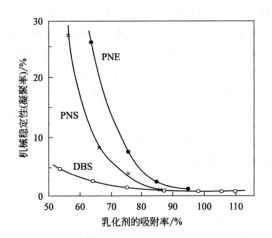

图 8-14 乳化剂的吸附量与机械稳定性的关系

PNE—聚氧乙烯壬酚醚（$n=30$）；PNS—聚氧乙烯壬酚醚（$n=20$）
硫酸钠；DBS—十二烷基苯磺酸钠

械稳定性的影响如图 8-15 所示。当 $n=5 \sim 10$ 时，非离子乳化剂的添加对机械稳定性不起作用，但随 n 的增大，机械稳定性显著提高，这可归结为水合层带来的稳定效果。

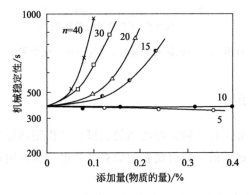

图 8-15 非离子乳化剂的环氧乙烷加成物质的量（n）对机械稳定性的效果

8.5.3 冻融稳定

冻融稳定是指对低温放置下乳液冻结使产生作用的稳定性。因为聚合物乳液一旦被冻结，形成的冰晶体膨胀时对乳液粒子产生的挤压作用足以使乳液粒子发生破坏。

冻结对乳液的破坏是水相冻结形成的冰晶对乳液粒子产生的压力引起粒子相互融合的结果，如果乳液粒子周围的水合层也被冻结时，则乳液粒子将承受更大的破坏力的作用。因此，采用任何防止乳液冻结或推迟冰晶生长速度以及阻碍冰晶压缩而使乳液粒子融合成一体的方法均能改善乳液的冻融稳定性。

图 8-16 给出了室井关于聚苯乙烯和聚醋酸乙烯乳液的冻融稳定性的研究结果。由图 8-16 可见，在聚苯乙烯乳液粒子表面达到饱和吸附之前，冻融稳定性均随阴离子乳化剂吸附率增加而上升，但一旦达到饱和吸附时，则几乎不再变化。另外，防冻剂的加入也有助于改善冻融稳定性。

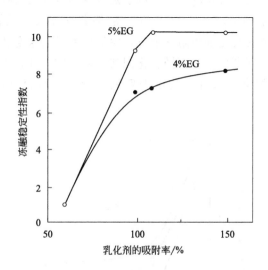

图 8-16　冻融稳定性与乳化剂的吸附
阴离子型聚苯乙烯乳液

不同乳化剂对冻融稳定性的影响见表 8-3。可以看出，不同的乳化剂其冻融稳定性不大一样，但它们似乎又不存在明确的关系。

表 8-3　冻融稳定性和乳化剂类型的关系

乳化剂类型	粒径/μm	冻融稳定性(加乙二醇 5%)
聚氧乙烯壬酚醚($n=16$)(PNE)	0.09	9
十二烷基苯磺酸钠(DBS)	0.07	9
聚氧乙烯壬酚醚($n=20$)硫酸钠(PNS)	0.07	2
PNE($n=20$)-DBS	0.10	6
PNE($n=20$)-PNS(1∶1)	0.08	10

8.5.4 贮藏稳定

贮藏稳定性是指对聚合物乳液在贮藏中因布朗运动和重力等物理作用以及可能产生的化学变化的抵御能力。

在贮藏稳定性中因重力作用引起的沉降或上浮可用式(8-15)表示：

$$u = 2r^2(\rho - \rho_0)g/9\eta \qquad (8\text{-}15)$$

式中，r 和 ρ 分别为聚合物乳液粒子的半径和密度，η 和 ρ_0 各为溶液的黏度和密度，g 为重力加速度。

乳液贮藏中的化学变化的代表性例子是含氯单体乳液的脱氯化氢反应和醋酸乙烯聚合物的水解反应。图 8-17 给出氯-偏共聚乳液的脱氯化氢反应的结果。可以看出，随着乳化剂吸附率上升，脱氯化氢反应速度迅速减小，而在达到饱和吸附点以上逐渐变缓。不同乳化剂其效果各异，含非离子型乳化剂的体系分解速度明显提高，这可能是由于聚氧乙烯链会对脱氯化氢起促进作用所致。

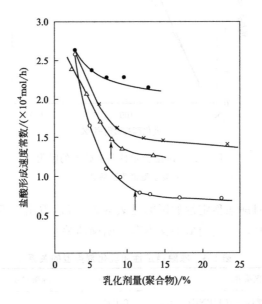

图 8-17　乳化剂吸附黏度与 PVDC 乳液的脱氯化氢反应的关系

○—聚合中加单体量 3％的十二烷基苯磺酸钠；△—3％磺丁二酸二辛酯钠盐；×—3％十二烷基苯磺酸钠＋聚氧乙烯壬酚醚（$n=20$）；

●—3％十二烷基苯磺酸钠＋聚氧乙烯月桂酸（$n=20$）；

箭头标明处为临界胶束浓度

各种乳化剂对合成树脂乳液的稳定作用见表 8-4。

表 8-4 各种乳化剂对聚合物乳液稳定性的影响[11]

乳化剂	化学稳定	机械稳定	冻融稳定	贮藏稳定
阴离子乳化剂				
羧酸型	△	○	△～×	△～×
硫酸酯型	△	○	△～×	△
磺酸型	△	◎	△	○
磷酸酯型	◎	○	△	◎
平均	△	◎	△	○
非离子型乳化剂				
聚氧乙烯烷基醚	◎	○	○	○
聚氧乙烯烷芳醚	◎	○	○	○
聚乙二醇和酰胺缩合物	○	△	○	○
平均		△	○	○

注：◎—效果大；○—效果一般；△—效果小；×—无效果。

8.6 微乳液

微乳液是含有两种互不相溶液体，粒子直径在 10～100nm 范围内的透明的多分散体系。微乳液的液滴比乳状液的要小，而比胶团要大，乳状液的粒子直径一般在 500～10000nm 之间，胶团大小不超过 10nm。微乳液的稳定性很高，长时间放置不会分层，而且还能自动乳化，因此有人认为微乳液是平衡体系。从粒子的大小来说，微乳液是介于乳状液和胶团溶液之间的。如果在乳状液中加入更多量的分散剂，并加入适量的辅助剂，就能使它转变为微乳液。另外，如果在浓的胶团溶液中加入一定数量的油及辅助剂，也可以使胶团溶液变成微乳液。故有人把它称为"胶团微乳液"。图 8-18 描述了胶团经过微乳液变成乳状液的情况，当分散剂水溶液的浓度大于 CMC 值时，就会形成胶团。此时，若加入油，则其分子会进入胶团中被分散剂分子的非极性端所包围，而呈现出"加溶作用"。如图 8-18(a) 所示，随着这一过程的进行，进入胶团中的油量增加，使胶团溶胀而变成小油滴——微乳液，如图 8-18(b)、图 8-18(c) 所示。过程继续进行，变成乳状液滴，如图 8-18(d) 所示。与此同时，Overbeek 估计出各种不同大小液滴上分散剂的数量。表 8-5 列出了在离子型分散剂稳定的 W/O 微乳液中，液滴薄膜及体相表面活性离子的数目。

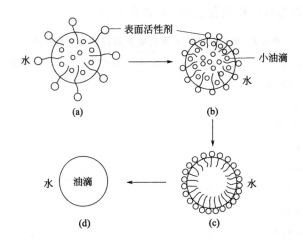

图 8-18　从胶团溶胀（a）转变成微乳液滴（b）（c）到最后变成乳状液（d）的过程[12]

表 8-5　液滴半径 R 与其表面及体相中分散剂离子数 N_s、N_b 之间的关系

乳化分散状态	R/nm	N_s/个	N_b/个
(a)	0.7	1.2×10^0	1×10^{-3}
(b)	3.0	2.25×10^2	1×10^{-1}
(c)	30.0	2.25×10^4	7×10^1
(d)	300.0	2.25×10^6	7×10^4

　　要形成微乳液除了要在油-水体相中加入较大量的乳化分散剂外，还需要加入一些辅助剂。若以离子型分散剂作乳化分散剂时，辅助剂选用带有中等键长的醇类。例如在十二烷烃-水体系中加入作乳化分散剂用的油酸盐及作辅助剂的十六烷基醇，则形成 O/W 型的微乳液，其经过如图 8-19 所示。

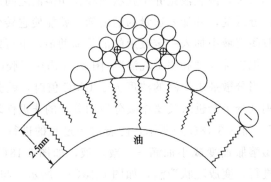

图 8-19　被油酸盐及十六烷基醇稳定的十二烷烃-水微乳液滴的结构示意[12]
⊖————油酸盐；————十二烷烃；○————十六烷基醇；水；⊕正离子

作为乳化分散剂的油酸盐是离子型分散剂，它在水中离解出正离子，而带负电荷的油酸根吸附在界面上，带负电端插入水中，烃链长 2.5nm，截面积 0.2nm^2，这样便构成界面层厚度为 2.5nm 的微乳液滴。不同大小的液滴，界面层所占体积分数是不相同的。表 8-6 列出了它们之间的关系。

表 8-6　不同大小的微乳液滴界面层所占体积分数

微乳状液滴的直径/nm	界面层占体积/%
100	14
75	19
50	27
25	49
10	88

微乳液是由水、油、乳化分散剂和辅助剂所组成的，在它们的一定组成区域内才能形成微乳液。因此，可以用正四面体的四元相图来描述微乳液出现的区域。但为方便起见，也可以用其投影图来描述，即在一定辅助剂条件下，用水、油和乳化分散剂的三元相图来描述。Prince 提出了如图 8-20 所示的假想平衡相图。

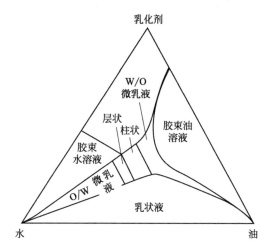

图 8-20　Prince 假想的能显示出胶团溶液、乳状液和微乳液
存在区域的水-油-乳化分散剂三元平衡相图

由图 8-20 可见，在水-油-乳化分散剂三元体系中都有可能形成胶团溶液（包括水溶性及油溶性）、乳状液和微乳液（包括 O/W 型及 W/O 型）。微乳液也像普通乳状液那样具有 O/W 型和 W/O 型，而且在一定条件下，如果改变

温度或加入对抗性乳化分散剂，都可能发生转换。例如 W/O 型微乳液在一定条件下先转变成被油包围的水柱，进而变成油溶性的分散剂夹层，在夹层中间为水相，最后转变成 O/W 型微乳液。

参考文献

[1] Becher P. Emulsion, Theory and Practice [M]. 2 nd ed. New York: Reinhold, 1966: 2.

[2] 孙玉波. 重力选矿 [M]. 北京: 冶金工业出版社, 1982.

[3] Shinoda K, Friberg S. Emulsion and Solubilization [M]. Chapter 4. John Wiley and Sons, 1986.

[4] Shinoda K, Friberg S. Emulsion and Solubilization [M]. Chapter 1. John Wiley and Sons, 1986.

[5] Vincent B. Surfactants [M]. Chaper 8. Academic Press, 1984.

[6] 崔正刚, 殷福珊. 微乳化技术及应用 [M]. 北京: 中国轻工业出版社, 1999.

[7] 李葵英. 界面与胶体的物理化学 [M]. 哈尔滨: 哈尔滨工业大学出版社, 1998: 206.

[8] 周祖康, 顾惕人, 马季铭. 胶体化学基础 [M]. 北京: 北京大学出版社, 1991.

[9] 胡纪华, 杨兆禧, 郑忠. 胶体与界面化学 [M]. 广州: 华南理工大学出版社, 1997.

[10] Tadros T F, Vincent B. Encyclopedia of Emulsion Technilogy. Basic Theory [M]. New York and Basel: Marcel Dekker, 1983.

[11] 三中仓元治. 高分子加工 [J]. 1980, 29 (8): 9-15.

[12] 沈钟, 王果庭. 胶体与表面化学 [M]. 北京: 化学工业出版社, 1997.

9

气-液分散

气体在液体中分散是一个极不稳定体系。原因在于：一方面气体的密度远远小于液体的密度，另一方面气体与液体的界面极性相差大。在气-液分散过程中，气体在被分散成单个细小气泡的同时，所形成的小气泡又会相互兼并成大气泡，这是两个相反的过程。

9.1 气体在液体中分散的方法

在许多工业过程中要求在液相中产生或分散大量且充分弥散的气泡。在实际中，吸入或由风机压入液体中的气流或溶于液体中的气体，可通过不同方式使之形成单个小气泡。常用的气-液分散方法有机械搅拌分散法、气泡自溶液析出分散法和气体通过多孔介质分散法等[1-3]。

9.1.1 机械搅拌分散

通过各种形式的叶轮等机械搅拌装置，向液相中导入气体，气流被叶轮的叶片甩向液相，形成大量旋涡，并进一步被分散成微细气泡，如图 9-1 所示。

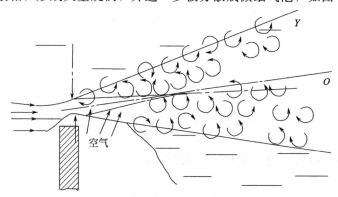

图 9-1   机械搅拌形成的液相涡流示意

  Van Dierendonck 等人观测了分散气泡的最小搅拌转速（n_0）。如图 9-2 所示，气体体积分数 ϕ 随着搅拌转速的加快而增大。在表观气体流速（V_s）低时，可使气体体积分数 ϕ 与搅拌转速（n）之间的经验关系曲线向 $\phi = 0$ 延伸后，用外插法近似地确定 n_0。

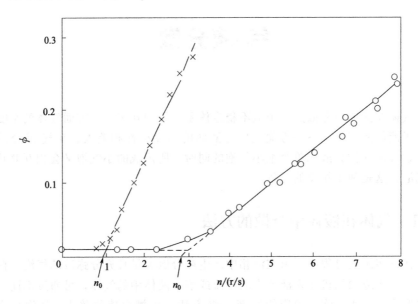

图 9-2　搅拌转速与气体体积分数的关系

体系：氨基己酰胺水溶液-空气；$V_s = 0.005\text{m/s}$；$\times d = 0.30\text{m}$，

$D = 0.45\text{m}$，$H = D$；$\bigcirc d = 0.14\text{m}$，$D = 0.29\text{m}$，$H = D$；

n_0—气泡分散所需的最小搅拌转速

  分散气泡的最小搅拌转速（n_0）为：

$$\left(\frac{n_0 d^2}{D}\right) / (gD)^{1/2} = 0.07 \quad D < 1.0\text{m} \tag{9-1}$$

$$\left[\frac{\mu n_0 d^2}{D\sigma}\right]\left[\frac{\rho\sigma^3}{g\mu^4}\right] = 2.0\left[\frac{H-C}{D}\right]^{1/2} \quad D > 1.0\text{m} \tag{9-2}$$

  研究表明，当空气与液相的相对运动速度差越大，液相流越紊乱，气-液界面的表面张力越小，气体被分割成气泡的过程越易进行，且形成的气泡也越小。

  由湍流分散的气泡，其大小可用式(9-3)表示：

$$d = d_0^{\frac{2}{3}}\left(\frac{\gamma_{gl}}{k'\rho}\right)^{\frac{3}{5}}\frac{1}{v^{6/5}}\left(\frac{\rho}{\rho_1}\right)^{\frac{1}{5}} \tag{9-3}$$

式中　d——气泡尺寸，m；

　　　　d_0——气泡的初始尺寸，m；

　　　　γ_{gl}——气-液界面的表面能，J；

　　　　k'——气泡阻力系数；

　　　　ρ_1——气体密度，kg/m³；

　　　　ρ——液体密度，kg/m³；

　　　　v——均一的各向同性流的速度。

由此可以看出，降低气-液界面张力，并强烈搅拌，对气泡在液体中的充分分散有利。

9.1.2　气体通过多孔介质分散

气泡通过多孔介质时，使气泡碎解形成微小气泡。空气通过细孔形成气泡形貌如图 9-3 所示。利用这种方法可以使大气泡均匀分散在液相中，空气的压力要适当。压力过小，因不能克服介质阻力，空气不能透过介质形成气泡；压力过大，则又易形成喷射气流而不能形成气泡。

空气通过微孔介质产生的气泡大小与微孔孔径的关系可用式（9-4）表示：

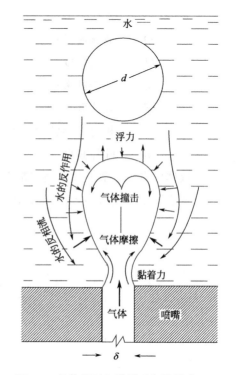

图 9-3　气体通过细孔形成气泡示意

$$R_b = 6\sqrt[4]{r^2\gamma_{gl}} \qquad (9\text{-}4)$$

式中　R_b——气泡半径，m；

　　　　r——气泡分散器的孔隙半径，m；

　　　　γ_{gl}——液-气界面张力，N/m。

该式适用于 r 小于 2mm。由式（9-4）可以看出，降低液-气界面张力对气泡在液相中的分散有利。

9.1.3　从液体中自析分散

研究表明，在标准状态下，空气在水中的溶解度为 2％左右。当降低压力或提高温度时，因气体膨胀，溶解的气体将呈过饱和状态并从溶液中自析形成分散气泡。这种方法生成的气泡具有直径小、分散度高、有很大的气-液表面积等特点。

在机械搅拌过程中，在旋转着的搅拌叶轮的叶片后方，会形成压力降，因而会从溶液中析出气泡。在搅拌叶轮后方形成的压力降 Δh，可用式（9-5）表示：

$$\Delta h = \frac{30QH}{\pi nZSb}\varphi \qquad (9\text{-}5)$$

式中　　φ——常数；

　　　　Q——液体流量；

　　　　H——压头高度；

　　　　n——旋转频率；

　　　　Z——叶片数；

　　　　S——相对于旋转轴子午线截面中心，平均流线的静力矩；

　　　　b——叶片高度。

液体中自析分散的气泡最初都很微小，但随着气体分子的不断扩散和继续析出将逐渐变大直至达到平衡。溶解气体的自析动力学过程如图 9-4 所示。

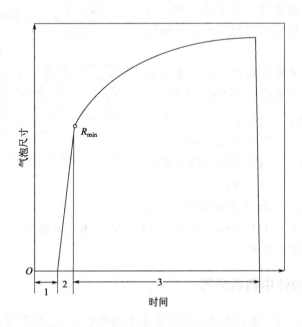

图 9-4　溶液中气泡自析分散的动力学过程

图 9-4 中第一段表示在很短的一瞬间内由于突然降低压力，液体中溶解的气体因处于过饱和状态，气体分子开始聚集；第二段表示气体分子在很短时间内已聚集到一定程度，发生分子合并形成所谓"气泡胚"析出；第三段表示气体分子继续不断地向气泡胚扩散，使气泡逐渐变大直至平衡。

形成稳定的分散气泡半径 $R_{\min}$ 可用式(9-6) 计算：

$$R_{\min} = \frac{2\gamma_{gl}}{K(C-C_1)} = \frac{2\gamma_{gl}}{P-P_1} \tag{9-6}$$

式中　γ_{gl}——液-气界面张力，N/m；

　　　　K——亨利方程常数；

　　$C-C_1$——溶液被气体过饱和的程度；

　　$P-P_1$——压力降（在溶液开始被气体饱和的条件下）。

由此可见，溶液的气体过饱和程度越大，其表面张力越小，从溶液中萌发的稳定气泡越小，析出气泡的数量越多。在添加起泡剂的液体中，气泡半径可小至 $8\sim15\mu m$。

单位液体体积中析出的气泡数，可用式(9-7) 计算：

$$n = \frac{b_1 D}{R_{\min}^4} \times \left(\frac{8\pi\gamma_{gl}}{kT}\right)^{\frac{1}{2}} \tag{9-7}$$

式中　b_1——系数；

　　　D——类似于扩散系数，m^2/s；

　　$R_{\min}$——分散气泡半径，m；

　　γ_{gl}——液-气界面张力，N/m；

　　　k——玻尔兹曼常数，$1.38\times10^{-23}J/K$；

　　　T——热力学温度，K。

将式(9-6) 代入式(9-7) 中，则得：

$$n = \left[\frac{K(C-C_1)}{2\gamma_{gl}}\right]^4 \times \left(\frac{8\pi\gamma_{gl}}{kT}\right)^{\frac{1}{2}} \tag{9-8}$$

由式(9-8) 可见，气体溶于液体的过饱和度越大，表面张力越小，气泡自溶液中析出的数量越大。

9.1.4　沸腾过程气泡的生长与分散

沸腾过程发生在固-液界面，当气泡在加热表面的汽化核心生长，达到一定尺寸之后，在浮力、表面张力及黏性力等多种力的共同作用下，脱离加热表面进入液体。

9.1.4.1 气泡生长规律描述

(1) 气泡生长的基本规律

在气泡生长的初期，气泡的生长主要由气泡内外的压力差控制，这时的气泡生长规律可以由 Royleigh 方程描述[4]：

$$R = \sqrt{\frac{3}{2}\frac{\Delta P}{\rho_1}} \times \tau \tag{9-9}$$

在气泡生长后期，气泡的生长取决于过热液体向气-液分界面的传热。假定热温降发生在包围气泡的薄液层内，这样求出的气泡生长规律为：

$$R(\tau) = 2C_s\sqrt{a_1\tau} \tag{9-10}$$

其中，$C_s = Ja\sqrt{\frac{3}{\pi}}\phi^{1/2}$，$\phi = \left[1 + \frac{1}{2}\left(\frac{\pi}{6Ja}\right)^{2/3} + \frac{\pi}{6Ja}\right]$。

式中，R 为气泡的半径，ΔP 为气泡内外压差，ρ_1 为液体的密度，τ 为气泡的生长时间，C_s 为气泡生长常数，a_1 为液体的热扩散系数，Ja 为雅可比数，ϕ 为高压下气泡生长的修正系数。

Mikic 等人得到了气泡生长规律的表述形式[5]：

$$R^+ = \frac{2}{3}\left[(\tau^+ + 1)^{3/2} - \tau^{+3/2} - 1\right] \tag{9-11}$$

式中的无量纲半径和无量纲时间分别定义为：

$$\tau^+ = (A/B)^2\tau \tag{9-12}$$

$$R^+ = \frac{AR}{B^2} \tag{9-13}$$

这里常数 A、B 按下式计算：

$$A = \sqrt{\frac{2\rho_v\Delta T_s H_{fg}}{3\rho_1 T_s}}; \quad B = Ja\sqrt{\frac{12}{\pi}}a_1$$

式中，ρ_v 为气体的密度，T_s 为液体的饱和温度，ΔT_s 为沸腾表面的过热度，H_{fg} 为液体的蒸发潜热。

(2) 气泡脱离直径与生长时间的关系

杨春信等人[6]研究了气泡生长脱离的特征长度、特征时间和特征速度表征气泡生长的动态过程：

$$L_0 = \frac{\phi B^2}{A}\tau_0 = \phi\left(\frac{B}{A}\right)^2 \tag{9-14}$$

根据特征时间和特征尺度，将气泡脱离直径和生长时间分别表示为以下量纲形式：

$$D_b^+ = \frac{D_b}{L_0} = \frac{AD_b}{\phi B^2}; \quad \tau_g^+ = \frac{1}{\phi}\left(\frac{A}{B}\right)^2 \tau_g \tag{9-15}$$

式中，D_b 为气泡的脱离直径，L_0 为特征长度，A、B 为常数，τ_g^+ 为气泡的无因次生长时间，ϕ 为高压下气泡生长的修正系数，D_b^+ 为气泡的无因次脱离直径。

以此，可以将不同实验条件下得到的实验结果用无量纲的形式表示出来，D_b^+ 和 τ_g^+ 呈现出很好的相关性，如式(9-16)：

$$D_b^+ = C\tau (\tau_g^+)^{2/3} \tag{9-16}$$

式中，τ_g^+ 为气泡的无因次生长时间，C 为拟合常数，τ 为特征时间，D_b^+ 为气泡的无因次脱离直径。

在得到表征气泡生长过程的特征时间和特征尺度之后，可以进一步应用对流换热与沸腾换热的类比方法推导计算当量气泡脱离直径关系式：

$$D_b^+ \psi = \frac{3}{2C_b}\left(\frac{\pi}{12}\right)^m Ja^{1-2m} Pr_1^{m-n} \tag{9-17}$$

式中，ψ 为修正因子，定义为 $\psi = \dfrac{c^2}{\phi^{m-1}[f(c)]^{2/3}}$；$C_b$ 为常数；Ja 为雅可比数；Pr_1 为液体的普朗特数；$f(c)$ 为气泡的体积因子；c 为气泡的形状因子；ϕ 为高压下气泡生长的修正系数。

图 9-5 给出了修正因子 ψ 与雅可比数 Ja 的变化关系。

（3）气泡脱离直径与 Ja 数的变化

图 9-6 为乙烷气泡脱离直径随着 Ja 数的变化图。从图 9-6 中可以看出，随着 Ja 数的增大，气泡脱离直径具有不断增大的趋势，在同一个压力下此趋势更加明显。在不同的压力下，工质达到沸腾所需的过热度不一样，高压工况下达到沸腾的 Ja 数更小。气泡脱离直径随着 Ja 数的变化并不是单调递增的关系，影响气泡脱离直径的是一个耦合参数，除了过热度，还涉及工质不同的物性参数、表面粗糙度等。沸腾是一种相变换热的形式，气泡的生长与其相变的能量有着密切的关系，而 Ja 数是液体相变时液体显热与潜热的一种度量。通过对气泡的受力及能量守恒分析，推导出 Ja 数在气泡的脱离直径关联式中占有主导位置，很多研究者从中进行拟合，从而得到适用于不同工质与工况的各种半经验关联式。

（4）几个重要的气泡脱离直径计算式

近几十年的气泡动力学的发展中，气泡脱离直径一直是沸腾机理研究的重

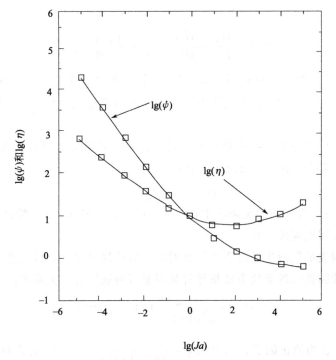

图 9-5　修正因子 ψ 与雅可比数 Ja 的关系[6]

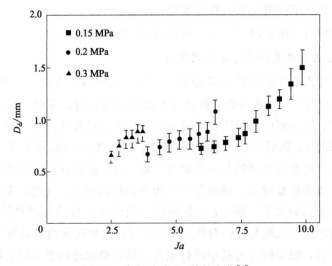

图 9-6　直径随着 Ja 数的变化[7]

要问题。研究者们在各种模型假设的条件下，结合实验数据，提出的几种重要的气泡脱离直径计算式，见表 9-1。

表 9-1 沸腾过程中几个重要的气泡脱离直径计算式

参考文献	气泡脱离直径计算式
Cole and Shulman(1966)[8]	$D_d = \dfrac{1000}{P} \sqrt{\dfrac{\sigma}{g\,(\rho_1 - \rho_v)}}$
Cole(1967)[9]	$D_d = 0.04 Ja \sqrt{\dfrac{\sigma}{g\,(\rho_1 - \rho_v)}}$
Cole and Rohsenow(1966)[10]	$D_d = C \sqrt{\dfrac{\sigma}{g\,(\rho_1 - \rho_v)}} Ja^{c5/4}$ 水时,$C = 1.5 \times 10^{-4}$;非水时,$C = 4.65 \times 10^{-4}$
Kutateladze and Gogonin(1979)[11]	$D_d = 0.25\,(1 + 10^5 K_1)^{1/2} \sqrt{\dfrac{\sigma}{g\,(\rho_1 - \rho_v)}}$ $K_1 < 0.06$,其中,$K_1 = \left(\dfrac{Ja}{Pr_1}\right)^2 (Ar)^{-1}$
Jensen and Memmel(1986)[12]	$D_d = 0.19\,(1.8 + 10^5 K_1)^{2/3} \sqrt{\dfrac{\sigma}{g\,(\rho_1 - \rho_v)}}$
Kim and Kim(2006)[13]	$D_d = 0.1649 Ja 0.7 \sqrt{\dfrac{\sigma}{g\,(\rho_1 - \rho_v)}}$

符号说明:

Ar—阿基米德数,$Ar = \left[g\rho_1\,(\rho_1 - \rho_v)\,/\mu_1^2 \right] / \left[\sigma/g\,(\rho_1 - \rho_v) \right]^{3/2}$;$C$—Cole 和 Rohsenow (1969) 公式中的一个参数;g—重力加速度,m/s^2;Ja—雅可比数,$Ja = \rho_1 c_{p1} \Delta T / (\rho_v h_{lv})$;$K_1$—Jensen 和 Memmel (1986) 公式定义的无量纲数,$K_1 = (Ja/Pr_1)^2 (Ar)^{-1}$;$P$—压强,MPa;$Pr$—普朗特数,$Pr = \mu c_p / \lambda$;$\rho$—密度,$kg/m^3$;$\sigma$—表面张力,N/m;$\mu$—动力黏度系数,Pa·s;$c_p$—比热容,J/ (kg·K);$\Delta T$—过热度,K;$h_{lv}$—潜热,J/kg;$\lambda$—热导率,W/ (m·K)。

下角标:

l—液相;v—气相。

9.1.4.2 气泡生长过程

根据沸腾过程中的气泡生成及分散行为特性,气泡生长过程大致分为生长、脱离和上升三个过程。

(1) 气泡生长

沸腾过程中气泡生长具有很大的随机性和不确定性,其生长与变化趋势具有一致性。姚远等人根据对三个典型生长气泡的弦长及拱高测量数据,通过几何关系式计算出气泡直径。气泡直径、弦长及拱高随时间变化的曲线如图 9-7 所示。从图中可见,乙烷气泡直径在整个生长周期中呈上升趋势,前期增速快,后期趋于平缓,存在一定的等待周期。气泡生长周期分为三个阶段。①第一阶段为快速生长期,气泡在孔缝或凹坑中生长,球心角保持不变,半径沿壁面增大，直至可视，可视部分呈扁平状。此时为气泡的生长初期，气泡直径、弦长及拱高都快速增长。② 第二阶段为慢速生长期，气泡突破孔缝或凹坑的禁锢，在加热面上继续生长，体积持续增加。此时为气泡的生长中期，气泡直径、弦长及拱高持续增长，增速减缓。③ 第三阶段为稳定生长期，气泡呈半球状，弦长达到峰值，直径趋于稳定，气泡扩张基本完成。此时气泡从半球到球形，直径基本不再变化，弦长减小，拱高增加，体积增加。气泡生长存在明显的分段特性，气泡生长曲线与时间的幂函数吻合度较高，气泡直径为时间的幂函数。

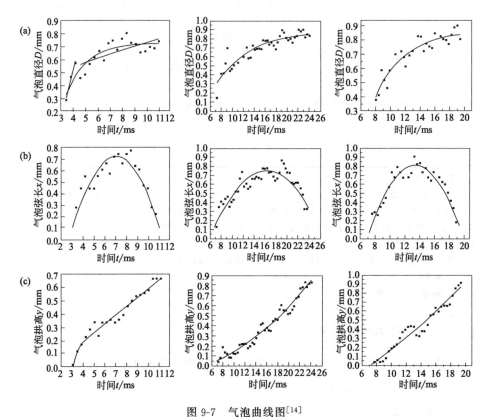

图 9-7　气泡曲线图[14]

(a) 气泡直径与时间变化曲线；(b) 气泡弦长与时间变化曲线；(c) 气泡拱高与时间变化曲线

(2) 气泡脱离

图 9-8 是不同热流密度下的乙烷气泡图像。由图 9-8 可见，加热壁面越靠近中心，气泡越小而稀疏 [如图 9-8(a)]；越远离中心，气泡越大而密集 [如图 9-8(c) 所示]。说明热流密度越大，气泡脱离直径越大，脱离频率也越大；

反之，气泡脱离直径小，脱离频率也小。

图 9-8 不同热流密度下的乙烷气泡图像[14]

(a) $q=14.65\ kW/m^2$；(b) $q=43.51\ kW/m^2$；(c) $q=80.79\ kW/m^2$

Hamzekhani 等人研究发现，水和乙醇中的气泡基本呈球形；姚远等人对乙烷的研究显示出不同的特性，其气泡脱离形状随热流密度的变化而改变。研究表明，气泡在脱离时有三种近似的脱离形状，在热流密度较低时，气泡呈明显的球形，气泡直径小，受力均匀，气-液界面波动小，呈对称状；当热流密度增加，气泡呈长轴在垂直方向的椭球形，此时浮力占主导地位，气泡被拉长，沸腾接触角增加；热流密度进一步增加，气泡呈不规则形状，较大的过热度促使液体大量蒸发进入气泡，气泡体积快速增加，在浮力作用下形成头重脚轻的形状，沸腾接触角进一步增加。

刁彦华等人发现，在低热流密度下，气泡生长清晰明显；高热流密度下，气泡行为呈现不规律性。沸腾气泡间的相互干涉影响沸腾气泡的脱离直径及频率，其中气泡合并是造成液体扰动的重要原因之一。①合并影响增长周期和等待周期，不同成核点气泡之间的抽吸现象，延长了新一轮气泡的等待周期，因此增加了气泡生长周期的不确定性。②加热壁面存在水平滑移。这是由于两个气泡间距小，表面张力不足导致界面合并，同时，惯性力的差异使其中一个气泡远离原成核点。③气泡合并在壁面留下小尾巴，形成沸腾池"挂杯"现象，合并的两个气泡在脱离过程中被拉长，形成细长颈部，液相应力作用使气泡从颈部截断，上半部分继续上升，下半部分滞留在加热壁面，作为下一轮生长周期的初始气泡。这是由于表面张力不足引起的气泡断裂，会影响气泡生长周期。

（3）气泡上升[14]

Magnaudet 等人观测到水中气泡轨迹为之字形或螺旋形。姚远等人观察到乙烷运动轨迹则较为简单。在低热流密度下，小气泡运动轨迹基本呈直线上升；在较高热流密度时，由于气泡运动对液体扰动影响，大气泡上升轨迹具有非对称性。气泡在上升过程中呈现向中心聚拢的趋势，气泡运动关于整个沸腾池中轴线对称，这是由于中轴线气泡小空间大，远离中轴线气泡大空间小，周边气泡的挤压扰动等气泡之间的相互作用所引起的。

大气泡同时存在不规则变形和气液界面振荡，这与气泡所受浮力、表面张力以及黏性阻力的合力有关。脱离瞬间气泡多呈球形，相对比较饱满，由于气泡此时没有明显位移，受力相对比较均匀，因此形状较为规整；脱离后气泡很快变得扁平，呈水平方向发展的椭球形，因为气泡脱离后，在浮力作用下加速上升，液体阻力导致气泡上接触面积增加；气泡继续上升恢复到球形，此时黏性阻力随着气泡上升速度的增加而增加，逐渐与浮力达到一个相对平衡状态。

沸腾是在原来静止的液体中发生的沸腾现象，气泡动能相对较小，流速低，因此主要表现出泡状流和段塞流两种流型。泡状流型依赖于气泡扰动的液相流速较低，随着热流密度增加，气相流速从零缓慢增加，分散为众多不连续的小气泡；段塞流型，热流密度进一步增大，气相流量持续增加，气泡间相互碰撞与合并的频率增加，小气泡合并成较大的帽形泡，几乎覆盖住整个加热壁面。热流越大，气泡的轨迹变化和附加运动对液体的扰动作用越强。

9.2 气泡的浮升速度

由于气体的密度小，气泡在液体中是一个极不稳定的状态，必须发生浮升运动，这种运动的轨迹是复杂的。目前尚无比较完整的理论分析。对直径小于 0.4mm 的气泡，在水中浮升速度可用式（9-18）计算：

$$v = \frac{1}{9} \times \frac{R^2 g (\rho - \rho_1)}{\mu} \tag{9-18}$$

式中　v——气泡在水中的浮升速度，m/s；

　　　R——气泡半径，m；

　　　g——重力加速度，9.81m/s^2；

　　ρ 和 ρ_1——水和气体的密度，kg/m^3；

　　　μ——水的黏度，Pa·s。

单个气泡在水中的浮升速度与气泡大小的关系如图 9-9 所示。

如果向水中添加起泡剂，可显著降低气泡的浮升速度。从表 9-2 可以看出，添加起泡剂可使气泡浮升速度降低 43%～53%。

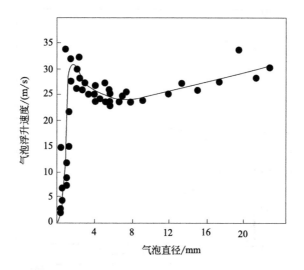

图 9-9 不同尺寸单个气泡在水中的浮升速度

表 9-2 起泡剂对气泡浮升速度的影响

气泡直径/mm	浮升速度 /(cm/s)			按等量球体计算的速度/(cm/s)
	无药剂	加松油 20g/m³	加萜烯醇 20g/m³	
0.96	19.80	11.26	11.05	11.67
1.54	30.20	14.35	14.05	17.10

9.3 气泡表面的电性

　　水中产生的气泡常常带有负电性，添加电解质，可改变气泡电性，甚至在某些情况下会改变其符号。具有表面活性的有机物，除离子型以外，都较显著地影响气泡表面的表面电位。图 9-10 给出了几种溶液的表面电位与浓度的关系。有机物醇类、胺类、酯类、酚类及脂肪酸等都显示较大的正电位，而卤化有机物，特别是卤化脂肪酸等常显示出负电位。

　　在无机电解质或表面活性剂溶液中，对气泡动电位的研究结果表明，在多数情况下气泡的动电位为负值。但是，对阳离子型表面活性剂（如月桂胺）来说，溶液浓度超过 1×10^{-5} mol/L，或者 5×10^{-6} mol/L，同时有 1×10^{-6} mol/L KCl 共存时，气泡的动电位为正值（表 9-3）。这是由于阳离子表面活性剂在气泡表面的吸附所致。

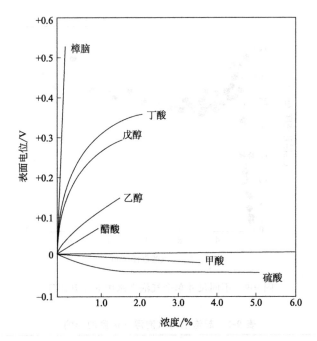

图 9-10 在几种溶液中气泡的表面电位

表 9-3 月桂胺溶液中气泡的动电位

实验条件/(mol/L)	不同 pH 值的 ζ 电位/mV			
	4	6	8	10
10^{-6} DCA		-5		
10^{-5} DCA	$+30$	$+30$	$+35$	$+10$
5×10^{-5} DCA		$+60$		
5×10^{-6} DCA,1×10^{-6}KCl		$+40$		
5×10^{-6} DCA,1×10^{-5}KCl		$+34$		
5×10^{-6} DCA,1×10^{-4}KCl		$+41$		

9.4 气泡的相互兼并

气泡相互兼并是表面自由能降低的自发过程，其兼并程度与单位体积液体中所含气泡的数量密切相关。一般认为，随着充气量的增大，特别是当液体中气泡所占体积（或称气泡的体积浓度）增加到大于 30%～35%时，兼并现象比较频繁，气泡的几何尺寸也将显著增大。

粒度大小不同的气泡，它们之间的接触兼并形态不尽相同。当气泡大小相等时，两气泡间的分隔面呈平面 [图 9-11(a)、图 9-11(e)]。不等时，其间的分隔面呈凸面，而且凸面朝相大气泡一方 [图 9-11(b)～图 9-11(d)]。这是因为小气泡的毛细压大于大气泡的毛细压的缘故。

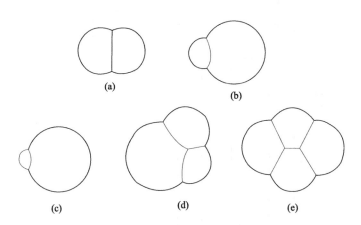

图 9-11 几个气泡相接触时的剖面

(a) 两个半径相等的气泡；(b) 两个半径为 R 和 $R/2$ 的气泡；(c) 两个半径为 R 和 $R/3$ 的气泡；(d) 三个半径不同的气泡；(e) 四个半径相等的气泡

在向液体中导入一定体积的气体使之分散成气泡时，该过程的能量变化可以式(9-19)表示：

$$-dU = P\,dV - \sigma\,dA \tag{9-19}$$

式中 U——体系的位能(自由能或表面能)，J；

P——气体的平均压力，N/m^2；

V——气体的体积，m^3；

A——气-液界面的面积，m^2。

可用式(9-20)近似表示为：

$$-\Delta U = P\,\Delta V - \sigma\,\Delta A \tag{9-20}$$

或

$$\Delta U = \frac{5}{3}\sigma\,\Delta A \tag{9-21}$$

在极限情况下则有：

$$U = \frac{5}{3}\sigma A \tag{9-22}$$

式(9-22)表示形成泡沫时，其势能与新生成的气-液界面的面积成正比。

图 9-12 给出一定量气体分散成几个单气泡或具有双壁复合气泡时的相对势能变化。

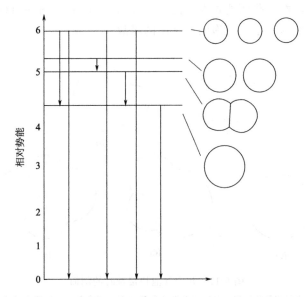

图 9-12　一定量气体分散为几个单气泡或具有双壁复合气泡的相对势能变化

为了使体系处于稳定状态，气泡分散体系由高能级过渡到低能级，符合热力学第二定律的自发过程。气泡兼并的结果是大大减少气泡的表面积，增大气泡的不稳定性，最终导致气泡破灭。所以，气泡的过分兼并对工艺过程是不利的，为此，通常采取防止或减轻气泡兼并的措施。

9.5　气泡的抗兼并途径

强化气-液分散，减轻气泡相互兼并的途径主要有添加起泡剂和提高机械搅拌强度两种。

9.5.1　添加起泡剂

起泡剂分子在气-液界面吸附后可显著改善气体在液体中的分散性能，减小气泡直径，防止相互兼并作用，如图 9-13 所示。添加适量起泡剂是减少和防止气泡相互兼并，促进气-液分散的主要途径。

萨格特等通过实验测定了从邻近的喷嘴产生的两个气泡的兼并时间与醇浓度的函数关系（图 9-14），研究结果表明，用 $C_6H_{13}OH$ 时，甚至极低的浓度

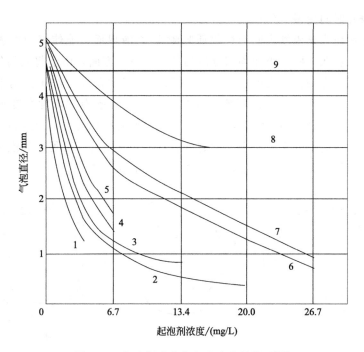

图 9-13 起泡剂浓度与气泡大小的关系[15]

1—辛醇；2—萜品醇；3—松油；4—己醇；5—戊醇；6—甲醇；7—月桂醇；8—油酸；9—黄药

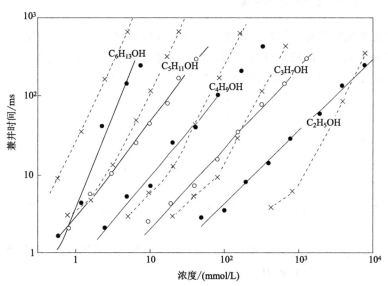

图 9-14 实验的与计算的兼并时间与五种醇浓度对数关系图[16]

●—实验值；×—理论值

就能使兼并时间变慢（延长）。

　　起泡剂作为异极性表面活性物质吸附于气-液界面，能使气泡的表面能降低，形成不易兼并的、小而均匀分散的气泡。另一方面，由于起泡剂分子的吸附，增大了气泡的机械强度。如图 9-15 所示，气泡在外力挤压作用下发生局部变形时，变形部分的表面积增大［图 9-15(b)］，起泡剂浓度在变形瞬间有所降低，致使表面张力增大，出现阻止气泡变形的反作用力。当外力不大或不复存在时，气泡则有恢复原来球状的可能［图 9-15(c)］。可见，起泡剂的吸附赋予了气泡的机械强度和弹性，阻止气泡的变形和兼并。

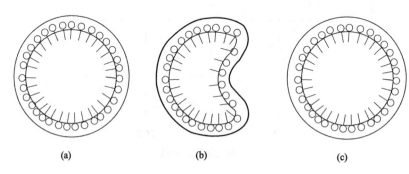

图 9-15　起泡剂增大气泡弹性的作用机理[17]

9.5.2　提高机械搅拌强度

　　加强机械搅拌可以提高气泡的分散度和几何尺寸的均匀性。这时，虽然气泡相互碰撞和兼并的机会有所增加，但比对分散度的提高要小得多。

　　Vermeulen 等人[18]对四叶片桨建立了如下关系式：

$$\frac{N^{1.5}d_{\text{sauter}}D\rho_{\text{c}}^{0.5}\mu_{\text{d}}^{0.75}}{\sigma\mu_{\text{c}}^{0.25}f_{\phi}}=4.3\times10^{-3} \tag{9-23}$$

故总表面积为：

$$S=\frac{1400N^{1.4}D\rho_{\text{c}}^{0.5}\mu_{\text{d}}^{0.75}\phi}{\gamma\mu_{\text{c}}^{0.25}f_{\phi}} \tag{9-24}$$

式中　N——达到指定的气泡直径 d_{sauter} 或总表面积 S 所需要的叶轮转速；

　　　μ、ρ——黏度和密度，其下标 c 表示连续相，下标 d 表示分散相；

　　　　γ——界面张力；

　　　f_{ϕ}——体积分数为 ϕ 时的 d_{sauter} 值与 $\phi=0.1$ 时 d_{sauter} 值之比。

f_{ϕ} 值可由图 9-16 给出。

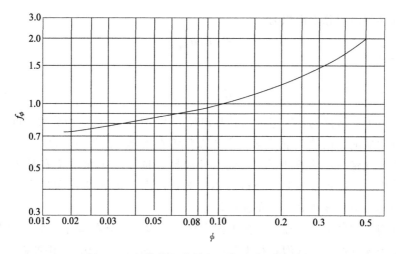

图 9-16　气体体积分数 ϕ 对气泡直径的影响

9.6　气泡在液体中的分散程度

气体在液体中的溶解速度与其分散程度关系很大，分散程度越高，溶解速度越大。气体在液体中的分散程度可用气泡的平均直径、气体的滞留量或比表面表示，这三个参数之间有一定的相互关系，但在不同场合，采用不同的参数对实验数据进行关联。

9.6.1　气泡的 Sauter 平均直径

如果气体分散为球形气泡，则平均气泡直径为：

$$d_{\text{sauter}} = \frac{\sum nd^3}{\sum nd^2} \tag{9-25}$$

式中　n——气泡个数；

　　　d——单个气泡的直径。

9.6.2　比表面

比表面是单位体积分散体系中的气泡表面积。若分散体系的总体积为 1，则气泡的体积就为 ϕ；若气泡数目为 n，气泡都是直径为 d_{sauter} 的球形，其总体积为：

$$\phi = \frac{n\pi d_{\text{sauter}}^3}{6} \tag{9-26}$$

球形气泡的总表面积为：

$$S = n\pi d^2_{\text{sauter}} \tag{9-27}$$

于是：

$$d^3_{\text{sauter}} = \frac{6\phi}{S} \tag{9-28}$$

液体中气泡群的粒度组成及其几何尺寸大小反映着气泡的分散程度，它决定着气泡所能提供的气-液总表面积以及气泡在液体中的浮升速度。

在充气量一定的条件下，气泡的几何尺寸越大，气-液界面积越小，气体在液体中的分散程度越差，分散越不均匀；反之，气-液界面积越大，气泡在液体中的分散程度越高，分布越均匀。

气泡的粒度组成，在很大范围内变化。气泡粒度分布特性如图 9-17 所示。在纯水中充气产生的气泡直径上限可达 5mm，而加入 20mg/L 松油起泡剂后，气泡则减小至约 0.4mm，平均粒径大约为 0.9mm。

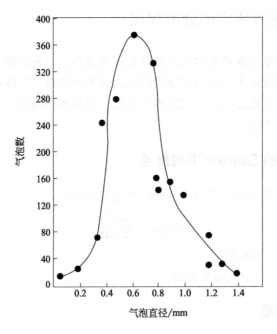

图 9-17　机械搅拌的气泡粒度分布[17]

在有适量起泡剂存在的条件下，从溶液中自析分散气泡的尺寸介于 0.1~0.3mm。在压缩空气通过多孔介质所形成的气泡，其平均直径介于 2~3mm。

参考文献

［1］ Gaudin A M. Flotation［M］. Second Edition, 1957.

［2］ Глембодкий В А, КлАССИН В, Плаксин Н. Флотадия, Москва, 1961.

［3］ Глембодкий В А, КлАССИН В. Флотационые Методыобогащении, 1981.

［4］ 施明恒, 甘蔗平, 马重芳. 沸腾与凝结［M］. 北京: 高等教育出版社, 1992: 303.

［5］ Mikic B B, Rohsenow W M, Griffith P. On Bubbiegrowth Rates［J］. International Journal of Heat and Mass Transfer, 1970, 3（4）: 657-666.

［6］ 杨春信, 呈至立, 袁修干, 等. 核态池沸腾中气泡生长和脱离的动力学特征——气泡的脱离直径与脱离频率［J］. 热能动力工程, 1999, 14（83）: 330-333.

［7］ 陈汉桤, 姚远, 公茂琼, 等. 乙烷池内核态沸腾气泡脱离直径［J］. 化工学报, 2018, 69（4）: 1419-1427.

［8］ Cole R, Shulman H. Bubble Departure Diameters at Subatmospheric Pressures［C］. Chemical Engineers Progress Symposium Series, 1966: 6-16.

［9］ Cole R. Bubble Frequencies and Departure Volumes at Subatmospheric Pressures［J］. Aiche Journal, 1967, 13（4）: 779-783.

［10］ Cole R, Rohsenow W. Correlation of Bubble Departure Diameters for Boiling of Saturated Liquids［C］. Chem. Eng. Prog. Symp. Ser, 1969: 211-213.

［11］ Kutateladze S, Gogonin I. Growth Rate and Detachment Diameter of a Vapor Bubble in Free Convection Boiling of a Saturated Liquid［J］. Teplofizika Vysokikh Temperatur, 1979, 17: 792-797.

［12］ Jensen M K, Memmel G J. Evaluation of Bubble Departure Diameter Correlations［C］. Proceedings of the Eighth International Heat Transfer Conference, 1986: 1907-1912.

［13］ Kim J, Kim M H. On the Departure Behaviors of Bubble at Nucleate Pool Boiling［J］. International Journal of Multiphase Flow, 2006, 32（10）: 1269-1286.

［14］ 姚远, 公茂琼, 陈汉桤, 等. 乙烷核态池沸腾中的气泡生长、脱离和上升［J］. 科学通报, 2018, 63（3）: 356-364.

［15］ 卢寿慈, 翁达. 界面分选原理与应用［M］. 北京: 冶金工业出版社, 1992.

［16］ Sagert N H, Quinn M J. Bubble Coalescence in Aqueous Solutions of N-alcohols, in Foams［M］. New York: Academic Press, 1976: 147-162.

［17］ Miagkova T M. The Effect of Frothers on the Dispersion of Air and Effectiveness of Flotation［M］. Leningrad: Leningrad Mining Institute, 1955.

［18］ Vermeulen T. Interface-Area in Liquid-Liquid and Gas-Liquid Agitation［J］. Cep, 1955, 51（2）: 85.

10

分散设备

根据颗粒在不同介质中分散，可将分散设备分为湿式分散设备和干式分散设备两大类。其中，用于悬浮液分散的为湿式分散设备，用于干粉分散的为干式分散设备。

颗粒的分散、混合与均化在颗粒技术中有三个目的。其一是使团聚颗粒体碎解和分散，尽力使团聚颗粒达到单颗粒分散；其二是在颗粒制备过程中由于各部分或前后生产的产品的成分或粒度不均匀，而在使用时需要性能均一的颗粒材料，为了消除各部分性能上的差异，需要对每一次的颗粒材料进行分散、混合与均化处理；其三是有些颗粒材料需要进行改性处理，为了保证改性处理的均一性，也需要进行分散、混合与均化处理。分散设备种类繁多，原理各异，这些分散设备在化工、水泥工业等领域的有关书籍中都有介绍。以下仅对新近开发出的，在颗粒分散、混合和均化方面使用效果较好的几种机型进行介绍。

10.1 湿式分散设备

颗粒被部分浸湿后，用机械的力量可使剩余的团聚碎解。浸湿过程中的搅拌能增加团聚的碎解程度，从而也就加快了整个分散过程。

10.1.1 超声波分散机

超声空化阈值和超声波的频率有密切关系。频率越高，空化阈越高。换句话说，频率越高，在液体中要产生空化所需要的声强或声功率也越大；频率低，空化容易产生，同时在低频情况下，液体受到的压缩和稀疏作用有更长的时间间隔，使气泡在崩溃前能生长到较大的尺寸，增大空化强度，有利于分散作用。目前超声波分散机的工作频率根据分散对象，大致分为三个频段：低频超声分散（20～50kHz）、高频超声分散（50～200kHz）和兆赫超声分散

（700kHz～1MHz 以上）。典型超声分散机见表 10-1。

表 10-1　典型超声分散机

设备名称	规格/mm	超声功率/W
HF-50B 超声分散器	0～1500	100～1800
ZQK-2 二槽系列超声波分散机	325×60×280	1500～1800
GX 系列三槽式超声波气相清洗机		1500～1800
ZQ 系列小型超声波分散机	295×230×100	250～300
IW-24028B	650×600×550	2400
TEO-4042R	450×330×400	2100

　　超声分散机由超声发生器和压电超声换能器组成。可用于超声乳化、强化处理，包括超声乳化、分散、破碎和强化化学反应等。超声分散机在液体中能产生高声强并引起强烈的空化现象和效应，因而可大大加速上述各项乳化、强化工艺过程，提高生产效率和改善产品质量。超声分散机操作简单、实用性强，既可用于实验室小样试验处理，也可配套辅助设备用于工业生产。超声分散机可广泛用于化工过程（乳化、凝聚、萃取、粉碎、聚合、降解等）的强化处理。

10.1.2　机械搅拌分散机

　　工业应用的机械搅拌分散设备有高转速定子旋盘式分散机和搅拌型分散机。它们主要利用冲击和剪切作用实现团聚体的碎解，如刀片分散机及辊式分散机等。机械分散是指用机械力把颗粒团聚打散。这是一种应用最广泛的分散方法。机械分散的必要条件是机械力（指流体的剪切力及压应力）应大于颗粒间的黏着力。通常机械力是由高速旋转的叶轮及冲击作用引起的强湍流运动而造成的。这一方法主要是通过改进分散设备来提高分散效率。常见的机械搅拌分散设备见表 10-2 和表 10-3。

表 10-2　常见的机械搅拌分散设备类型[1]

设备形式	分类
上动式搅拌分散器	螺旋桨式叶轮 涡轮式叶轮 振荡式叶轮
下动式搅拌分散器	定子-转子式
行星变换罐	单臂式 双臂式 互齿合式

续表

设备形式	分类
万能式混合器	Z 式叶片 分散叶片 重型

表 10-3　典型机械搅拌分散机

设备名称	规格/(r/min)	功率/W	体积范围
GF1 高速分散机	2800～28000	360	
T50 分散机	4000～1000	1100/700	0.25～30L
F25A 型高剪切分散乳化机	0～28000	500/350	0.2～5L
MS-1 型高剪切分散乳化机	600～6000	500	0.3～10L
FM 实验室型高剪切分散乳化机	300～11000	300	0.1～5L
FA90-1.5 间歇式高剪切分散乳化机	600～3600	1500	5～50L
GEIO4 高速分散机	0～8000	400	3L
KD370 涂料快速分散实验机	630	370	
F6/10 手持式超细匀浆机	5000～35000	145	0.2～150mL

10.1.3　磨机设备

工业应用的磨机设备可分为筒式磨机、辊磨机和搅拌磨。它们主要利用磨介与物料做多维循环运动和自转运动，从而在磨机内不断地相互置换位置而产生激烈的碰撞和剪切运动，这种冲击和剪切作用实现团聚体的碎解和分散。常见的磨机类型见表 10-4。图 10-1 给出了几种磨机的适用范围。

表 10-4　常见的磨机分散设备[1]

设备形式	分类
球磨、砾磨和珠磨	振荡式 行星式 立式 卧式
胶体磨	单一表面 多表面
辊磨	两辊式 三辊式
搅拌磨(Attritors)	立式 卧式

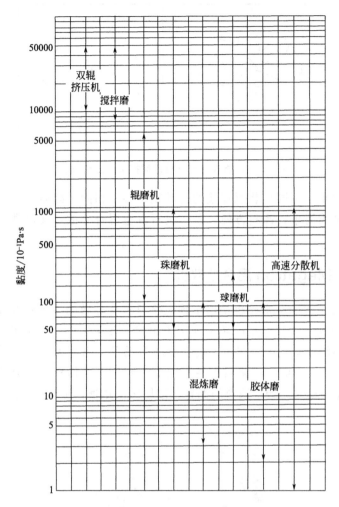

图 10-1 不同磨机适宜的体系黏度区域[2]

10.1.4 万能式混合分散机

万能式混合分散机是用于多组分颗粒混合改性以及高黏度颗粒浆料混合分散的一种有效设备。该装置由混合容器及特殊形状的搅拌桨组成，搅拌桨由电机带动，可做旋转、上升、下降以及位移等多种运动，因此混合分散效果好，无死角和积料等。典型的万能式混合分散机不同搅拌桨的运动轨迹如图 10-2 所示。

该机的特点是搅拌桨可根据需要任意更换成不同形状，以达到所需要的

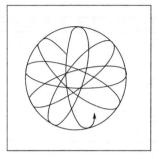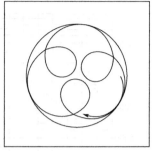

图 10-2　万能式混合分散机搅拌桨的运动轨迹[3]

分散混合效果。不同形状搅拌桨的运动轨迹各不相同，因而分散混合效果不同。该机结构简单，卸料方便，既可进行真空混合分散，又可进行加压混合分散。

10.1.5　Megatron 混合分散机

Megatron 混合分散机也是用于颗粒浆料混合分散的一种较好设备，其结构如图 10-3 所示。该机是由转子和定子组成，转子在内圈，定子在外圈，转子和定子都装有篮式齿。在转子高速旋转带动下，内圈做高速旋转并产生负压，使浆料从中心吸入。浆料在转子离心力作用下，物料被充分混合分散均化。该机主要适用于颗粒浆料的混合分散均化，并兼有粉碎功能。

图 10-3　Megatron 混合分散机结构[3]

10.1.6 Polytron 篮式混合分散机

Polytron 篮式混合分散机是由 Kinematica AG 公司研制的一种新型混合分散机。该机主要用于超细颗粒的浆料混合分散。该机搅拌篮的内部结构如图 10-4 所示。

图 10-4　Polytron 篮式混合分散机搅拌篮的内部结构及工作原理[3]

该机的工作原理是在高速旋转搅拌轴的带动下，安装于搅拌轴下端的搅拌篮作高速旋转，使篮筐（搅拌齿）产生强大的离心力场，使篮筐中心形成负压区，则浆料被自动吸入篮筐的中心区，吸入中心区的浆料在转子离心力的作用下通过篮筐齿间缝隙，在齿的高速撞击下被分散、混合，并被甩向四周。浆料经多次循环后被充分混合分散。该机的装配及混合分散原理如图 10-5 所示。

10.1.7 Beadless 分散机[4]

Beadless 分散机是由 Enomura M 和 Araki K 研制的一种新型湿式分散机。该机用于超细颗粒的浆料混合分散。Beadless 分散机内部构造及装置如图 10-6 和图 10-7 所示。

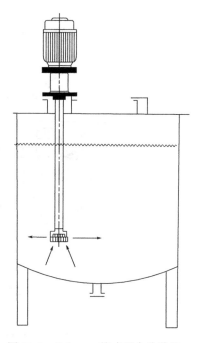

图 10-5　Polytron 篮式混合分散机装配及混合分散原理

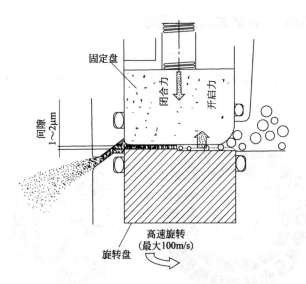

图 10-6　Beadless 分散机内部构造

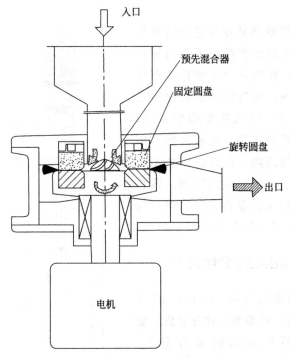

图 10-7　Beadless 分散机示意

Beadless 分散机由两个相对的环轮状圆盘构成,其中一个具有螺旋结构(放射状),是由高速旋转轴带动转动,另一个环轮圆盘在轴向固定,并且沿轴向可动。当被分散流体通过分散腔时,在剪切力场的作用下团聚颗粒被碎解、分散为一次颗粒。同时分散工作区域的导入部装有新型搅拌装置,可预先对被处理物料机械分散,大大改善了 Beadless 分散机的分散效果。

10.2 干式分散设备

10.2.1 搅拌型分散机

增田弘昭等人[5]研制的搅拌型分散机(Mixer-type Disperser)如图 10-8 (a) 所示,它由涡轮、传动部件、分散筒、给料管以及排料管构成。在分散筒内,涡轮高速转动产生高速旋回气流,并在气流中心形成负压区,自动吸入的颗粒被旋回气流所分散。该分散机具有良好的分散效果,可用涡轮转速控制空气排出量,排出的分散颗粒的分散性随气流转速及颗粒给入量而变化。

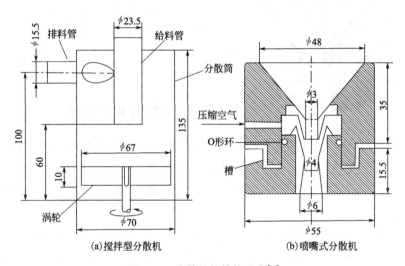

(a)搅拌型分散机　　　　　(b)喷嘴式分散机

图 10-8　分散机的结构示意[5]

10.2.2 喷嘴式分散机

Yamada Y. M. 等人研制的喷嘴式分散机(Nozzle-jet-type Disperser)由装有颗粒给料口(二次气体吸入口)的上环和装有排料口的下环构成 [图10-8(b)]。

上环和下环为拧入式的，通过两环形成环状的一次空气流道（环状喷嘴），并由压缩机鼓入压缩空气，发生高速气流。颗粒和二次空气从给料口自动吸入，同时使分散颗粒从下方排料口排出，它有较好分散效果。

10.2.3 NMG 高速搅拌混合机

NMG 高速搅拌混合机是日本奈良机械制作所研制的一种分散和混合相结合的机型。该机由内筒体、夹套、上盖及搅拌叶片组成。搅拌叶片安装于内筒体底部的搅拌轴上，搅拌轴由筒体下部的电机带动高速旋转。高速旋转的搅拌轴带动叶片做高速旋转运动，使内筒体内的颗粒上下翻滚和旋转运动，因而使颗粒充分分散和混合。NMG 高速搅拌混合机的外形如图 10-9 所示。

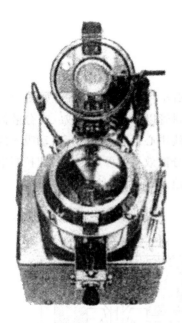

图 10-9　NMG 高速搅拌
混合机外形

该机国内外已有许多厂家生产，并广泛用于碳酸钙、氧化硅（白炭黑）、二氧化钛及塑料工业的分散、混合和改性处理。

该机主要用于干料的分散、混合和均化。某些特殊情况下也用于浆料的分散、混合和均化处理。

10.2.4 CMW 型混合机

CMW 型混合机是日本明和工业株式会社研制的一种新型高效混合机。该机是一种公转和自转相结合，同时辊筒腔内装有高速搅拌叶片的新型混合机。

辊筒混合器是最早用于分散、混合的装置，辊筒混合器通常是将颗粒装于辊筒内，依靠辊筒的公转运动和自转运动来使颗粒分散、混合均匀。当辊筒内装有高速搅拌的叶片时，由于叶片的高速搅拌，剪切作用增强，筒内物料的分散、混合及剪切翻滚效果进一步加强；当上述多种运动及剪切作用组合于一体时，物料在辊筒内做多维运动，分散和混合效果极好，如图 10-10 所示。

该机与奈良机械制作所的 NMG 高速搅拌混合机相比，引入了公转和自转运动，而且搅拌叶片为多维重叠式，因而混合分散效果好，对被分散混合的颗粒还有很强的补充粉碎细化作用。

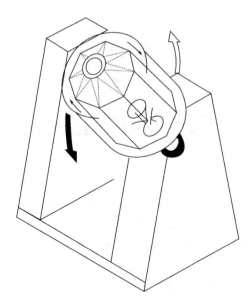

图 10-10　物料在 CMW 型混合机内的运动图解

10.2.5　气流分散混合器

在分散混合技术中，最常用的另一类混合分散方法是以气体为动力源使颗粒体进行混合分散的方法。该方法的原理及装置与沸腾连续干燥的原理及装置十分相似。该装置由一箱体组成，箱体下部有一气流入口，一端上方是被分散的物料入口。另一端下方是分散好的物料出口。分散时，被分散的物料从入口处加入分散箱体内，使物料在箱体内沸腾式跳跃分散混合均匀，当物料分散混合均匀后从出口排出分散箱体。该装置既可连续操作，又可间断操作。连续操作适用于大规模工业化生产。

参考文献

[1]　卢寿慈. 粉体加工技术［M］. 北京：中国轻工业出版社，1998.

[2]　森山登. 分散·凝集の化学（日）［M］. 产业图书株式会社，Sbooks，1995.

[3]　李凤生. 超细粉体技术［M］. 北京：国防工业出版社，2000.

[4]　夏村真一，张晓峰，荒木和也. 色材［J］. 2004，77（3）：116-120.

[5]　增田弘昭，川口哲司，后藤邦彰. 粉体流量及转子转速对搅拌式分散机的分散性能影响［J］. 粉体工学会志（日），1990，27(8)：515-519.

11

颗粒分散的应用

随着人们对分散技术在科学研究及生产实践中重要性认识的深入，分散技术的应用日益广泛，几乎遍及化工、冶金、医药、涂料、造纸、食品、建筑及高技术新材料等领域。下面简要介绍颗粒分散在几个主要工业领域的应用。

11.1 在粉体工程中的应用[1,2]

粉体工程是以粉末和颗粒状物质为研究对象，研究其性质及加工技术的学科。通常情况下，团聚是粉体的固有特征，超细粉体的团聚更为明显。因此，导致粉体制备、混匀、贮存和输送等加工工序无法正常运作，并降低材料的性能。例如，在粉体制备与分级、超微粉体材料的合成以及粉体的粒度测试中分散技术是至关重要的。下面分别简要介绍分散技术在粉体工程中的应用。

11.1.1 在超细粉碎分级中的应用

超细粉碎过程中，随着粉碎时间的增长，颗粒的粒度逐渐变小，超细颗粒黏附团聚（形成二次或三次颗粒）的趋势也逐渐增大。经过一定时间粉碎后，超细粉碎过程处于粉碎⇔团聚的动态平衡，在这种状态下，物料的粉碎趋于缓慢，即使延长粉碎时间也难以使粒度继续减小，甚至导致粉体的表观粒度变粗。对于精细分级来说，待分级物料只有预先进行良好分散，才能实现有效的分级。因此，无论是超细粉碎还是精细分级过程，颗粒的良好分散是提高工艺效率至关重要的先决条件。

在湿式超细粉碎或分级工艺中，除了采用机械分散作用或超声波分散外，主要采用添加适当的分散剂来改善工艺效率。分散剂的作用主要是通过调节浆料的流变学性质和颗粒表面的电位等，降低浆料的黏度，改善了颗粒在磨机中的分散以及研磨介质的研磨作用，促进颗粒的粉碎，从而提高浆料的流动性，阻止颗粒间的吸附黏结或团聚。

图 11-1 是硅酸二钙和水泥熟料细磨时分散剂对研磨效果的影响。显然，分散剂可使硅酸二钙及熟料的比表面积增大，同时随研磨时间的增加，这种作用效果更趋明显[3]。表 11-1 给出了一些湿磨分散剂对粉碎的作用。干式研磨分散剂应用效果见表 11-2。

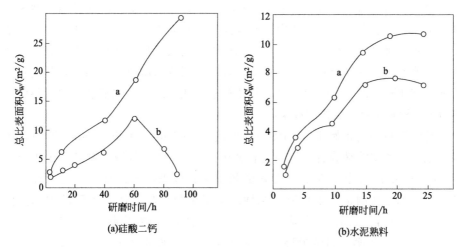

图 11-1　分散剂对硅酸二钙和水泥熟料研磨效果的影响
a—添加分散剂；b—未添加分散剂

表 11-1　湿磨分散剂的作用效果[4]

物料	研磨介质	分散剂	作用效果
石英	水	Flotigam P（0.03%）	表面积增加 120%
铝土矿	水	有机硅（0.005%）	研磨时间减少 3/4
石灰石	水	Flotigam P（0.03%）	表面积增加 70%
铁随岩	水	XF-4272（0.02%）	325 目产品产量增加 11%
铁随岩	水	XF-4272（0.06%）	325 目产品产量增加 18%
石英	水	$AlCl_3$（0.75mol/L）	新表面积提高 25%
锆英石	水	三乙醇胺（0.2%）	研磨时间减少 3/4
石英	乙醇		能耗降低 50%

表 11-2　干式研磨分散剂的作用效果[4]

物料	分散剂	作用效果
水泥熟料	二乙或三乙醇胺（0.1%）	研磨速度提高 22%～29%
	丙二醇（0.05%）	研磨能耗降低 10%
	有机硅（0.05%）	研磨时间减少 70%
	乙二醇	产率提高 25%～50%

分散剂的作用是提高粉碎分级工艺的效率，降低产品能耗。也就是说，在产量一定的条件下，生产出更细的产品，或是在产品细度一定的条件下显著提高产量。

11.1.2 在超细颗粒制备中的应用

粒径在 $10^{-9} \sim 10^{-7}$ m 范围内的固体粒子称为超细颗粒（ultrafine particle），在材料行业称为超细粉体（ultrafine powders，缩写为 UFP），也可称为纳米材料。由于粒径很小，在晶体结构、表面特性和电子结构等方面和块状物质磨细不同，从而使超细颗粒在某些性质上如磁性、光吸收性、热传导性、表面张力和熔点等不同于块状物质。十多年来，对超细颗粒的研究十分活跃，其制备技术的研究和开发利用已成为各国高科技竞争的热点之一，在某些特殊材料的应用方面已取得了令人鼓舞的成果[5]。

超细颗粒的制备始于 20 世纪 60 年代。1982 年，自 Boutonnet 等[6]首次成功地用肼的水溶液或者氢气在含有金属盐的 W/O 微乳液中制备出了单分散（粒径 3～5nm）的铂、钯、铑和铱的超细颗粒以来，相继有人采用惰性气体蒸发原位加压法制备出了具有三维性的纳米微粒，具有清洁界面的纳米晶体 Pd、Cu、Fe 等。1987 年美国 Argon 实验室用同样的方法制备出了纳米 TiO_2 多晶体。1990 年第一届纳米科学技术会议正式将纳米材料作为材料科学的一个新的分支。这标志着材料科学已进入一个新的层次，从此人们将认识延伸到了过去不被人们注意的纳米尺度。

超细颗粒的制备方法目前主要有三种分类[7]。第一种是根据制备原料状态分为固体法、液体法及气体法。第二种按反应物状态分为干法和湿法。第三种可分为物理法、化学法和综合法。目前，多采用第三种分类方法。其中，化学法包括水热法、水解法、熔融法等；物理法包括冷凝法、爆炸法、溅射法、等离子法、电火花法、机械研磨法等；综合法包括等离子加强化学沉淀法（PECVD）、激光诱导化学沉淀法（LICVD）等方法。

近年来，虽然有关超细颗粒及超微复合材料制备方法报道较多，但能实用化批量生产的方法则很少。现将主要的几种超细颗粒及超细复合材料制备方法分别列于表 11-3 和表 11-4 中。

表 11-3 超细颗粒的制备方法

制备方法	制备材料	粒径尺寸/nm	备注
惰性气体蒸发与等离子体聚合技术结合法	Au	1.4～5	紫外吸收光谱蓝移，对 5nm 金粒子，$\lambda_{max}=578nm$；对 2nm 金粒子，$\lambda_{max}=532nm$；蓝移明显，而尺寸至 1.4nm 时，则观察不到明显的吸收峰

续表

制备方法	制备材料	粒径尺寸/nm	备注
离子注入法	α-Fe	25	在 SiO_2 中制备，用强制的方法注入离子，使两种不固溶的元素镶嵌在一起，然后经高温退火，使其中的注入元素偏析出来。因注入离子的深度只有几十纳米，从而构筑成纳米材料
非均相共蒸馏法	ZrO_2	2～10	阐明防止硬团聚形成机理
电弧等离子体法	Fe（Ti，Ni，Cu，Zn，Ag，In，CeNi，CeTi）	40（40，40，50，200，80）	储氢材料
真空电弧等离子体射流蒸发法	Fe（Si，Ni，Mo，TiAl，$Ti_3Al_2Si_3N_4$）	5～50	
激光热气化法	TiO_2	6～20	锐钛矿型
激光诱导法	α-Si_3N_4 SiC	100～500 40	制得高纯度晶须
CO_2 激光晶相制粉法	γ-Fe_2O_3 Fe_3O_4（无定形） γ-Fe Fe_2O_3 Fe_xO_y	12.5～100 5～12 20～40 2～10 10～60	主要晶型 γ 型
阴极氧化水解法	TiO_2	1～2	TiO_2 纳米层
凝胶爆炸快速分解法	ZrO_2	9.2～26.5	
湿化学法	$LaAlO_3$	＜100	比表面积大，表面粗糙
胶体化学法	ZrO_2 α-FeO（OH）	6 ＜16	非晶态
反相胶束微乳液法	Ag_2S	3.2～5.8	反相胶束（NaAOT-AgAOT-H_2O-异辛烷）中水含量控制 Ag_2S 尺寸
微乳液反应法	α-AlOOH Cr_2O_3	6 3～5	正己烷-Triton-100-H_2O 体系 硬脂酸-十二烷基苯磺酸钠-水体系
溶胶-凝胶法	$NiMn_2O_4$	50	升高温度，粒度增加
	$PbTiO_3$	51.2	
	$Pb_{1-x}La_xTi_3$	18～20	

续表

制备方法	制备材料	粒径尺寸/nm	备注
溶胶-凝胶法	LaFeO$_3$	12~75	
	SnO$_2$	2~3	气敏材料
	LaFeO$_3$	40~50	气敏元件，对乙醇具有选择性
	α-Si$_3$N$_4$		溶胶-凝胶碳热氮化法
	β-SiC	100~200	采用硅溶胶、炭黑作原料，成本低，工艺简单
	PbTiO$_3$ BaTiO$_3$ Pb（Zr，Ti）O$_3$	<50	单相四方钙钛矿型
	La$_{0.85}$Pb$_{0.35}$ Sr$_{1.91}$Ca$_2$ Cu$_{3.1}$O$_y$	50	高温陶瓷超导体

表 11-4 超细复合材料的制备方法

纳米材料	复合方法	概要与备注
SiC/AlN	0—0	溶胶-凝胶法，粉末烧结活性较 SiC 高
SiC/Si$_3$N$_4$	0—0	热化学气相法，颗粒呈球形
ZrO$_2$/（Y$_2$O$_3$，CeO$_2$）		共沉淀法，复合材料改善了材料性能而克服了在低温时材料性能的低劣性
TiO$_2$/Al$_2$O$_3$	0—0	流态化 CVD 水解法，研究包覆过程，同时存在成核和成膜。成核包覆使复合粒子比表面积增加，成膜包覆使复合粒子比表面积减小
SiC/Si$_3$N$_4$	0—0	气压烧结法，电镜分析表明，存在纳米-纳米和亚微米-微米两种结构
ZnS/SiO$_2$	0—0	溶胶-凝胶法，材料具有强的非线性光学效应
CdS/PbS	0—0	聚乙烯吡咯烷酮作稳定剂控制颗粒尺寸，CdS/PbS 半导体纳米粒子是涂层，直径尺寸 6~8nm
TiO$_2$/SnO$_2$	0—0	SnO$_2$ 胶体在酸性不稳定，但用 TiO$_2$ 包覆后酸性介质稳定，而且复合的 TiO$_2$/SnO$_2$ 纳米粒子光致变色及光催化活性提高
Cu/Ag	0—0	置换反应法，结构为包覆结构
Cu/Ti	0—0	气相冷凝法与非晶晶化法
CuCl/PVA 膜	0—2	研究 UV-Vis 吸收光谱
TiO$_2$/SnO$_2$	0—2	蒸发法，在 SnO$_2$ 基体上有氧存在时，蒸发 Ti 制备，通过 Ti—O—Si 键交联，形成 TiO$_2$/SnO$_2$
Q-CdS/二硫酚、金	0—2	Q 粒子能带隙比主体大，起始电位比主体 CdS 负

续表

纳米材料	复合方法	概要与备注
Fe_2O_3/碱土金属	0—3	共沉淀法
CuO/SiO_2	0—3	溶胶-凝胶法，三阶非线性极化率比纯基底材料 SiO_2 增强约 50 倍
Ag/SiO_2	0—3	溶胶-凝胶法，用作多孔玻璃
CdS/玻璃	0—3	溶胶-凝胶法，三阶非线性极化率为 $10^{-9} \sim 10^{-8}$ csu
CdS/玻璃	0—3	溶胶-凝胶法，探讨晶粒 CdS 尺寸影响
Q-CdS/Nafion	0—3	离子交换/蒸汽相浸入法制备
Q-CdS/Nafion	0—3	离子交换/蒸汽相浸入法，具有共振三阶非线性光学性质
Fe/Si/B（Cu，Mo）	0—3	非晶晶化法，显微硬度随晶粒长大而下降
InGaAs/InP	层状	气体分子束外延生长法，这些量子线表现强烈低温发光
CdS/PbS	层状	CdS/PbS 激发能隙不依赖颗粒尺寸，但强烈依赖于涂层纳米粒子的核/层比
Al/（Fe-Mo-Si-B）	多层	高压使晶粒细化
Fe-Cu-Nb-Si-B	多层	Cu 降低 Fe 基非晶合金的晶化激活能，促进晶化成核，Nb 则使晶化激活能提高，阻碍 α-Fe 固溶体长大
Ca-A 沸石/SiO_2/Au	多层	沸石间阳离子与水溶液中其它阳离子如 Na^+ 可逆交换

由于超细颗粒具有强烈的不稳定性，在放置或热处理时会发生自发凝聚或团聚。人们一直从理论上探讨这一过程并设法想消除这一团聚现象，以获得理想的纳米材料。根据热力学原理，超细颗粒的团聚现象系体系自由焓降低的一种自发趋势。对液相沉淀法制备 ZrO_2 超细颗粒过程的团聚机理研究表明，胶体分散性能对超细颗粒粒径和团聚状态起着决定作用，残余离子如 NH_4^+、Cl^- 会使干凝胶中非架桥羧基数量增加，产生颗粒长大和硬团聚体，提高改善胶体的均匀性和分散性，可有效地控制粉体的团聚状态。采用聚乙烯吡咯烷酮（PVA）能有效地阻止化学还原法制备的超细银颗粒团聚，并能决定银晶粒尺寸，可得到接近单分散的颗粒。这是由于 PVA 首先与银离子形成配位键，配位键促进银颗粒成核，形成大量小晶核使银颗粒平均粒径减小，而 PVA 吸附在银颗粒表面形成了空间位阻作用阻止了颗粒的团聚。

目前，化学法采用添加稳定分散剂来控制制备体系的分散性、超细颗粒的粒径和稳定性。这些分散剂大多为有机高分子分散剂，如苯乙烯-顺丁烯二酸酐共聚物、聚磷酸钠、聚乙烯醇、聚乙二醇、聚乙烯吡咯烷酮或反相胶束，也有使用六偏磷酸钠作为分散剂。

另外，制备方法本身也对超细颗粒团聚性能影响极大，应设法采用适宜的合成方法来降低颗粒的团聚行为，如爆炸法制备超细颗粒就具有明显降低颗粒团聚行为的优点。

笔者对颗粒在液相及空气中的分散行为与分散途径方面进行了系统研究，详细阐述了天然亲水和疏水颗粒在不同极性介质（水、乙醇及煤油）中的分散行为特征，在不同介质环境中的共性、个性及本质。研究表明，颗粒在水、乙醇及煤油中的分散行为遵循极性相似相容原则，即分散颗粒表面与液相介质的极性相似时，颗粒的分散性好，反之，分散性就差。与水和煤油相比，在乙醇中亲疏水性的概念看似失去了作用。另外，对超细粉体的抗团聚分散提出了新方法，即静电抗团聚分散法和复合抗团聚分散法，研究证明，静电法是一种有效的粉体抗团聚分散方法，它对超细颗粒具有显著的抗团聚分散作用。在干燥空气中，静电抗团聚的极限粒径是颗粒性质和电场强度的函数，与电场强度的平方成反比关系。复合抗团聚分散是强化粉体在空气中分散作用的有效途径。复合抗团聚分散法是集表面改性-静电技术两者优点于一体的高效分散方法，因此它更适用于要求分散性高，且静电抗团聚分散法难以有效实现充分分散的场合。

总之，如何保证超细颗粒在制备、贮存和随后的加工过程中抗团聚分散而不团聚"长大"，是超细颗粒技术，特别是纳米技术未来发展和应用的关键。

11.1.3 在颗粒粒度测试中的应用

粒度和粒度组成是粉体的重要物理特性参数，直接影响产品的工艺性能和使用性能，在各行各业中受到广泛的重视。

根据工作原理，可把粒度分析方法分为直接法和间接法两大类。直接法是直接对颗粒的几何尺寸进行测定的方法；间接法则是根据与颗粒大小有关的性质的测定数据，用公式或经验公式计算求得粒度。这些方法在实践中不断得到改进和完善。表 11-5 列出了测量颗粒粒度的主要方法，其中包括筛分法、沉淀法、激光法和小孔通过法等。

表 11-5 粒度测量的方法[2]

方法分类	测量装置	测量结果
直接观察法	放大投影器、图像分析仪（与光学显微镜或电子显微镜相连）	粒度分布、形状参数
筛分法	电磁振动式、声波振动式	粒度分布的直线图

方法分类		测量装置	测量结果
沉降法	重力	比重计、比重天平、沉降天平、光透过式、X 射线透过式	粒度分布
	离心力	光透过式、X 射线透过式	粒度分布
激光法	光衍射	激光粒度仪	粒度分布
	光子相干	光子相干粒度仪	粒度分布
小孔透过法		库尔特粒度仪	粒度分布个数计量
流体透过法		气体透过粒度仪	表面积、平均粒度
吸附法		BET 吸附仪	表面积、平均粒度

粒度测量时，颗粒分散是寻找一次颗粒分布状态的重要条件。如果物料没有充分分散，即使用很精密的仪器，也得不到精确的测量结果。目前，在颗粒粒度测定中主要采用超声分散、机械搅拌和添加分散剂方法来实现待测分散体系的分散，分散效果对测定结果影响很大。

谭立新等[8]研究了粒度测量时颗粒分散对测量结果的影响，见表 11-6。显然，加入分散剂后用超声波分散 10min 后测得的 Sb_2O_3 颗粒的 d_{50} 值与未加分散剂超声波分散 40min 后的 d_{50} 值接近。即加入分散剂后超声波分散 10min 就能得到未加分散剂时超声波分散 40min 的效果。如果不加分散剂，这种物料按常规分散时间则无法得到充分分散的测量效果，测得的 d_{50} 值会偏大。

表 11-6　加入分散剂前后测得的 Sb_2O_3 粉体的 d_{50} 值

超声波分散时间	10min	20min	30min	40min
加分散剂后 $d_{50}/\mu m$	0.97	0.78	0.79	0.79
未加分散剂时 $d_{50}/\mu m$	1.74	1.49	1.16	0.91

图 11-2 为放置时间与测试粒径的关系。如图 11-2 可见，分散好的颗粒悬

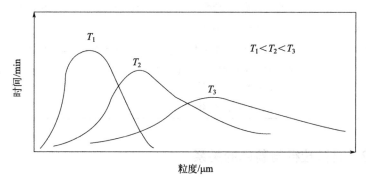

图 11-2　悬浮液放置时间与测试粒度的关系

浮液要立即进行测试，不可放置太长时间，否则分散了的颗粒会再次团聚，严重影响测定结果的准确性。

11.2　颜料在工业中的应用

在涂料、油漆、油墨印花、塑料、橡胶的着色和某些染料的印染工业中，所用的颜料、染料必须在分散介质中具有良好的润湿性能和分散性能。颜料颗粒大小及粒度分布直接影响产品的贮存稳定性、涂层（成膜）的质量以及着色的颜色和性能。尤其在涂料生产中不可缺少的是有机颜料的有效分散过程，它不仅是简单的分散工艺，还包括改变颜料颗粒的表面物理状态，使颜料颗粒均匀地分散在介质中并具有良好的贮存稳定性，防止在使用前重新团聚或沉淀等[9]。

11.2.1　颜料的种类及用途

颜料按其作用的不同可分为活性颜料和体积颜料（惰性颜料）两类。活性颜料中有着色颜料、功能颜料等，着色颜料包括白色颜料、黑色颜料和彩色颜料。按颜料的来源可分为天然颜料和合成颜料两类。从化学成分则可分为无机颜料和有机颜料两大类[10]。主要颜料见表 11-7。

表 11-7　颜料的类型及主要品种

类型	主要品种
白色颜料	二氧化钛、铅白、氧化锌（锌白）、锌钡白
黑色颜料	石墨、铁黑、炭黑、苯胺黑
彩色颜料	铁黄、铁红、铁黑、铬黄、铬绿、铁蓝、联苯胺黄、耐光黄、镍偶氮黄、酞菁蓝、酞菁绿、大红粉
惰性颜料	钡白、碳酸钙、硅酸钙、瓷土、云母、氢氧化铝、滑石粉、硅石
金属颜料	锌粉、铝粉、黄铜粉
珠光颜料	二氧化钛包覆的鳞片状云母、鱼鳞、碱式碳酸铅、氧氯化铋
发光颜料	掺杂有活性剂的硫化锌或硫化镉，如 ZnS/Cu、ZnS/Ag；掺有铑或钍等放射性元素的硫化物等
防腐蚀颜料	红丹、云母片、玻璃鳞片等

11.2.2　颜料粒径与着色的关系

颜料的分散性及分散程度（粒径大小与分布）不仅影响着着色物的外观颜

色，而且还将影响着色均匀性。表 11-8 列出了不同颜色的着色物体与颜料颗粒大小的关系。

表 11-8　颜料的粒径与着色物体颜色的关系[11-13]

着色物体颜色	颜料分散性	
	良好（粒径小）	差（粒径大）
白色	带蓝光	黄光
黄色	绿光	红光
红色	黄光	蓝光
蓝色	鲜明绿光	黄光
绿色	黄光	橄榄色
黑色	乌黑度高	褐色

从表 10-8 可见，颗粒的分散性直接关系到颜料的应用效果。通常颜料的着色强度与分子结构有关，而且当其粒径越小，暴露的外表面积越大时，其着色强度也越高。为了使有机颜料产品具有较理想的应用性能，研究在分散介质中颜料颗粒的润湿特性、合理地提高分散体系的稳定性等已为众多研究者所重视。

11.2.3　颜料的分散过程

颜料的分散有三个过程：润湿、分散和稳定。

11.2.3.1　润湿

颜料表面的水分、空气为溶剂所置换称为润湿。溶剂型漆的润湿问题不大，因为溶剂的表面张力一般总是低于颜料的表面张力的。但是，润湿要有一个过程，特别是因为颜料是一个团聚体，溶剂需要浸入颜料的空隙。在水溶性漆中，由于水的表面张力较高，对有机颜料的润湿便有困难，需要添加分散剂以降低水的表面张力。

11.2.3.2　研磨与分散

在颜料的制备过程中，颜料的颗粒大小是按规定要求控制的，但是，由于颗粒间的范德华力作用，颜料颗粒间会相互团聚形成团聚体，因此需将它们重新分散开来（图 11-3），这需要给予一定的剪切力或撞击力。颜料的研磨作用主要是剪切力作用。

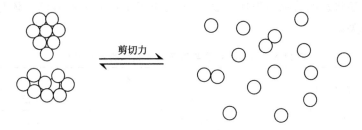

图 11-3　颜料的分散

11.2.3.3　稳定

颜料分散以后，仍有相互团聚的倾向，为此需要将已分散了的颜料颗粒稳定化，也就是保护起来，否则，由于团聚会引起遮盖力、着色力等的下降，甚至结团。颜料颗粒的稳定主要可以通过静电排斥作用及空间位阻作用两种形式实现。

一种稳定的颜料分散体系，应该在存放时不致发生下列三种现象：

① 颜料发生沉淀；

② 颜料发生过分的团聚，以致损害流变性和漆膜的表观；

③ 由于颜料与分散介质间的物理化学作用导致分散体系的黏度增加。

11.2.4　颜料分散的界面调控[14]

无论对颜料颗粒的润湿过程、分散过程还是在贮存、使用过程中分散的稳定性，分散剂的作用都是至关重要的。分散剂分子中具有疏水基（亲油基团）和亲水基（疏油基团），在水溶液中浓度很低时以分子状态分散，而达到临界浓度时，数十或数百个分子聚集以胶束形式存在，并在界面上定向排列，降低了界面张力。分散剂对颜料的分散过程主要作用是改善颜料颗粒的表面润湿和聚集体的碎解，使分散体系更趋于稳定，保证颜料分散体系充分的着色性能。为了达到比较理想的效果必须根据颜料、分散介质、分散剂性能，确定添加分散剂的类型与用量。

根据分散介质的不同可分为水和非水溶剂两大类，作为涂料多为非水溶剂，但由于有机溶剂的挥发、污染环境，近年来以水作为分散介质而制成的水性涂料迅速发展。按照被分散的颜料又可分为亲水性和亲油性两类。

亲水性颜料，如无机颜料 TiO_2、$ZnCrO_4$、群青及偶氮或三芳甲烷色淀类，在水中的分散，由于被分散物质本身极性较强，比较容易为极性水介质润湿，有时可以不加分散剂。但是如果添加某些水溶性阴离子型分散剂，如分散剂 NNO 等萘磺酸缩合物、乙烯与顺丁烯二酸聚合物、木质素磺酸盐、羧甲基纤维素、海藻酸盐等，可以进一步提高其分散性。阴离子型分散剂在水中离解为带负电荷离子，其亲油基可吸附在颜料颗粒表面上，而亲水基（—COO$^-$、—SO$_3^-$ 等）分散在水相中，颜料颗粒表面具有一定的负电荷。因此，产生了电荷排斥力而使之稳定。

亲油性颜料在水介质中分散时，如酞菁类、稠环酮系颜料等，本身不易被分散介质润湿，所以必须添加亲油性比较大的分散剂或非离子型分散剂。非离子型分散剂不受 pH 值和其它类型分散剂存在的影响。最常用的是烷基酚、脂肪醇与环氧乙烷或聚氧乙烯反应的产物，如十六烷醇与 9 个分子的环氧乙烷反应生成的 C$_{16}$H$_{33}$(OCH$_2$CH$_2$)$_9$OH。聚氧乙烯链的增长可使其水溶性增大，并能在水介质中分子定向地吸附在亲油性颜料颗粒表面上，另一端亲水性的聚氧乙烯链与介质溶剂化，水化层包围着每个颜料颗粒，起着一个相当于缓冲保护的作用，依据排斥力的作用而使分散体系稳定，如图 11-4 所示。

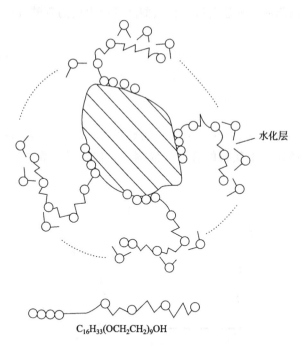

图 11-4　烷基酚、脂肪醇聚氧乙烯醚在颜料颗粒表面上的吸附

通常使用的非离子型分散剂，如脂肪醇环氧乙烷加成物的硫酸酯盐、脂肪胺的环氧乙烷加成物以及失水山梨醇酯型非离子型分散剂、司盘（Span）与环氧乙烷加成物吐温（Tween）等。

为了改善铜酞菁的分散性能及在水中的分散稳定性，曾研究了添加 5%～10%的铜酞菁磺酰胺衍生物 $CuPc-SO_2NHR$ 以及阴离子型与非离子型分散剂复合匹配对铜酞菁颜料进行表面处理，试验结果表明，其在水中的分散性较未处理的试样有明显的提高。

颜料在非水有机溶剂中的分散，尤其是在低极性芳烃或脂肪烃中制备高浓度颜料分散体系必须考虑颜料与溶剂的关系。选择适当的分散剂吸附在分散的颜料上，溶剂化的脂肪链可以起到空间位阻作用而使其稳定分散。比较简单的脂肪链如 $C_{16}H_{33}$—、$C_{18}H_{37}$—基在烃类溶剂中已有较好的作用，有时则需要更长的聚合链。而且至少有一个锚（anchor）式基团有效地吸附在颜料颗粒表面上，该基团应该是对颜料颗粒有较强的亲合力，而对介质有较低的亲合力。例如，TiO_2 容易分散在醇酸树脂的石油溶剂中，因为颜料表面为极性，分散介质为低极性的，添加长碳链分散剂分子中羧基衍生物作为锚，而脂肪链扩展到烃类溶剂中起空间位阻作用。

也可以采用脂肪胺或脂肪醇与异氰酸酯反应生成的双酰胺衍生物。

$$2C_{18}H_{37}NH_2 \ + \ OCN-\!\!\!\!\bigcirc\!\!\!\!-NCO \longrightarrow C_{18}H_{37}NHCOHN-\!\!\!\!\bigcirc\!\!\!\!-NHCONHC_{18}H_{37} \tag{11-1}$$

如果用多聚胺代替十八胺，可以制得碳链更长的衍生物。该类衍生物是用于分散在脂肪烃介质中颜料的有效分散剂，它们在颜料颗粒上的吸附模型如图 11-5所示。

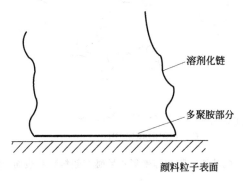

图 11-5　多聚胺在颜料颗粒表面上的吸附形式[15]

近年来，研究了低聚合度的高分子分散剂在颜料分散过程中的应用。其特点是低发泡性，稳定性高，在有机溶剂中有较高的溶解度。代表性的衍生物如：

$$\left[\begin{array}{c} -CH-CH_2-CH-CH- \\ \mid \qquad\qquad \mid \quad \mid \\ OR \qquad\quad CO \ CO \\ \qquad\qquad \mid \quad \mid \\ \qquad\qquad OX \ OY \end{array}\right]_n$$

其中，R 为 $C_2 \sim C_{16}$，X 或 Y 为 Na、C_2H_5，n 为 4～13 或更高。

通常聚合度 $n=6 \sim 12$，X＝H，R＝C_{10} 的低聚合物可以定向地吸附在颜料颗粒表面上，在颗粒表面上形成高分子分散剂的吸附层，阻止颜料颗粒之间的团聚作用，使颜料颗粒具有良好的稳定性，例如采用 C_2D—Na40（皂化度为 40%）：

$$\left[\begin{array}{c} \qquad\qquad\qquad\qquad COOC_2H_5 \\ \qquad\qquad\qquad\qquad\quad \mid \\ -CH-CH_2-CH-CH- \\ \mid \qquad\qquad\quad \mid \\ OC_2H_5 \qquad COOC_2H_5(Na) \end{array}\right]_4$$

用其处理过的酞菁颜料在水中的分散率如图 11-6 所示。

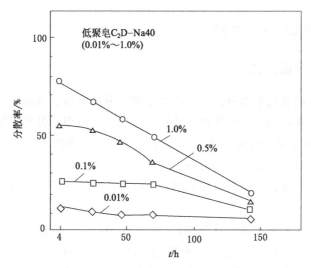

图 11-6 C_2D—Na40 处理的酞菁颜料在水中的分散率[16]

高分子分散剂的浓度：0.01%、0.1%、0.5%、1.0%

阴离子型和非离子型分散剂混合使用往往取得更佳的效果，其原因之一也可用图 11-7 表示。如果全用阴离子型分散剂，在颜料颗粒表面上的同性电荷有一定的排斥力，若用适当的非离子型分散剂，可使同性电荷分离，而使保护层更加稳定。

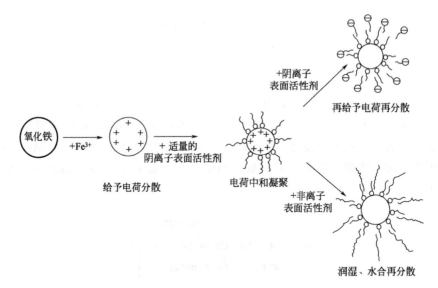

图 11-7 分散剂对颜料颗粒的稳定作用

11.2.5 颜料的分散工艺[17]

11.2.5.1 分散工艺

颜料在分散介质中的分散工艺主要是依据分散质量、制备分散体系的成本以及被分散的颜料剂型（粉体或膏状物）而定。如应用于黏胶纤维原浆着色的颜料，为了使其顺利地通过直径 $60\mu m$ 的抽丝孔，颜料颗粒应是 $1\mu m$ 左右；而对于其它一些应用情况，过高的分散度是不必要的，因为颜料颗粒越细，表面能越高，更易促使颗粒的团聚，通常是颜料颗粒适中，但要求颗粒大小的分布比较集中。

使用颜料的膏状物制备分散质量优良的分散体系，所选用的分散工艺应能使优良的团聚体尽可能迅速而又经济地被碎解，其碎解效率、碎解速度，在很大程度上取决于颜料膏状物的性质（软或硬）与设备的效率。如果不是用优良干粉，而是由湿滤饼制备的膏状物，其颜料含量为 $15\%\sim40\%$，物料不十分黏稠，则应该选用适合低黏度的立式或卧式球磨机，不宜采用多辊磨和捏合机。反之，从颜料干粉制得的十分黏稠的膏状物则不适于采用球磨机。

球磨机已在涂料、油墨工业中应用多年，尤其适用于低黏度的物料，如溶剂型油墨，它是获得高质量水溶性颜料分散体系的有效方法之一。球磨工艺是借助于研磨介质的滚动产生撞击和强烈的剪切力使颜料颗粒分散。在保证研磨介质能较自由地滑动与翻动的条件下，适当提高物料黏度，装料时，研磨介质与颜料之比值、研磨时间及转数应根据被碎解物料性质及要求的分散度而决定。球磨机工艺具有成本低、操作方便等优点，但其缺点是分批操作，设备清洗较难。

研磨低黏度物料还可以采用其它类型的设备，如 Kady 磨，它是一种具有特殊的转子、定子的高速振动磨，可以对被碎解的颜料颗粒施加相当大的剪切力；另外，也可使用高压喷射泵设备，它是由三个活塞泵组成，将低黏度的颜料浆状物以很高压力（70MPa）对着特殊高硬度的分散阀金属表面喷射，此时颜料的团聚体借助于在分散阀表面之间的强剪切力而被碎解。当然，对于黏度较低的颜料分散体系的分散也可以考虑采用胶体磨、锥体磨和高速搅拌磨等设备[14]。

用于油漆、油墨工业上的高黏度颜料膏状物，不能用含水量较大的颜料滤饼来制备，必须是用颜料干粉加入适量的水及适当的分散剂来制得黏稠膏状物；或者采用高效的压滤机，增加过滤时的压力，获得含固量高的滤饼；或者采用含固量较低的滤饼，在搅拌下加热脱水制得高含固量的滤饼。通常依据被碎解的膏状物性能，选用多辊磨、捏合机及螺杆传动类型的混合分散设备。

三辊磨机是油墨工业中最基本的分散设备，尤其适用于黏稠物料。分散过程中膏状物以薄膜形式从一个辊子转移到另一个辊子，相邻的两个辊子由于相对转数不同，对颜料颗粒施加压力、剪切力，从而导致团聚体碎解。其研磨效率与物料的黏性有关，与三辊磨的辊速比、辊间压力也有关系。

对于黏度更高的颜料膏状物，更为有效的分散设备是选用捏合机（Double Z-lade Kneading Machine）。膏状物在混合过程中受到两个叶片之间以及捏合臂与机体壁之间的剪切力作用而碎解。重要的是物料必须有很高的黏度，否则不能达到正常的分散目的。此工艺的缺点之一是在过短的加工时间内不易保证物料全部团聚体均达到预期的分散目的。捏合机不仅用于一般的分散工艺，更多地用于颜料的挤水转相及某些颜料的后处理过程。

11.2.5.2 分散过程的特点

（1）印刷油墨

印刷油墨的流动性对印刷机的印刷效果具有显著的影响。平板油墨的表观黏度为 200～500Pa·s，在制备过程中主要使用三辊磨机。虽然原料主要使用的是冲洗颜料，但是与粉末原料相比，微细颗粒被分散了，同时可以得到透明度和彩色度好的显像剂。凹印油墨的表观黏度小于 30Pa·s，在预先搅拌后，可用混炼机混炼，而胶体磨不需预先搅拌即可使颜料颗粒在很短时间内充分分散，它适用于小批量生产。

（2）涂料

由于涂膜比印刷油墨的膜厚，所以其分散度不像印刷油墨那样要求高，它的制备工艺比较简单。主要使用混炼机，在小批量或特殊涂料生产中使用胶体磨。

（3）化妆品

颜料分散体系的化妆品主要是指口红、脸黛、额红等化妆用品，除了在涂料及印刷油墨中所要求的分散度和流变特性外，还要求有独特的化妆特性。通常使用的分散机是球磨机、胶体磨和滚动粉碎机，也可使用捏合机。

（4）塑料和橡胶

将干颜料、高浓度的颜色配料（分散在热可塑性树脂中 20%～60% 的高浓度颜料）及染料浆直接分散在基体材料时，因为处理温度在 120～280℃，所以要求颜料具有一定的耐热性。分散机可使用双轴混炼挤出机、混料碾压机、捏和机和混合器等，这种混炼方式具有充分利用流体的剪切效果的特点。

11.3 在磁性涂料中的应用

在新材料、颗粒设计以及功能性复合材料的研究开发中，颗粒的分散性能决定着复合材料的性能。例如，软盘和录像磁带的特征是高清晰度和高密度记录。将磁记录微粒高密度充填在涂膜上时，涂膜的平滑度是非常重要的。但是，难以将表面积大、团聚性能强的微粒充分分散在黏合剂中形成优良的功能性涂膜。解决这一问题的方法有二：其一是在分散前进行强烈的混合，混合工序主要是将黏合剂包覆在磁记录微粒表面，分散工序的目的是制备高分散磁性涂料；其二是由于磁记录微粒是亲水性颗粒，与疏水性的黏合剂难以均匀混合，所以进行微粒表面疏水化改性，在磁记录微粒高浓度悬浮体的分散中一般都采用介质搅拌磨。

11.3.1 颗粒分散的操作条件

11.3.1.1 磁记录材料及介质搅拌磨

磁记录用微细颗粒是金属粉和炭黑，平均粒径为 $0.05\mu m$，其中金属粉的

长轴 $0.2\mu m$，轴比约 10。混炼和分散工序中分别使用行星式混炼机（图 11-8）

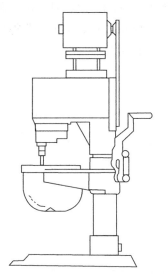

图 11-8 表面改性、混炼和稀释
分散中使用的混炼机示意

和介质搅拌磨（图 11-9）。介质搅拌磨的容积约为 $2.5\times10^{-4}m^3$，在磨机内装有四个直径为 $6.8\times10^{-2}m$ 的搅拌圆盘。介质搅拌磨的操作条件为：研磨介质的直径 1mm，充填率为 46.3%，搅拌速度为 $\nu=14.2m/s$。每到一定时间，从循环管口抽取已分散好的浆状磁性涂料，然后将涂料涂布在附件上，在保干器中用干燥的方法成膜。

11.3.1.2 分散状态与操作条件

微细颗粒的分散性能受介质搅拌磨操作条件的影响。在不同研磨介质充填率（R）的条件下，光泽度（G）与平均分散时间（t_e）的关系如图 11-10 所示。光泽度越大，微细颗粒的分散性能越好。

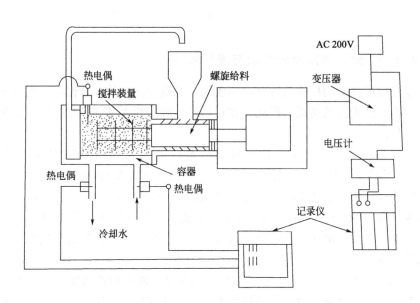

图 11-9 介质搅拌磨示意

由图 11-10 可见，充填率 $R=0$，即在没有研磨介质的情况下，光泽度 G 不随分散时间的增长而改变。其原因在于这时的搅拌剪切力不能打碎金属粉的团聚体，而没有分散效果。相反，在研磨介质充填率较高时，微细颗粒分散性好，光泽度大，形成的磁性涂膜也好。充填率 $R=46.3\%$ 左右时，由于研磨介质之间的相互碰撞等撞击、剪切和摩擦力对微细颗粒的有效作用，获得分散性能优良的磁性涂料，从而可以制备光泽度高的磁性涂膜。

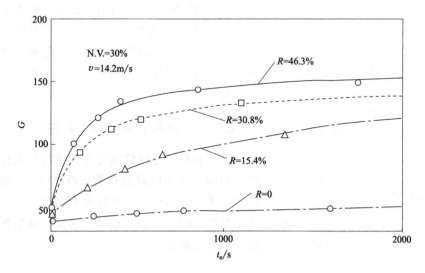

图 11-10　光泽度 G 与平均分散时间 t_e 的关系

11.3.1.3　分散时间及分散功与操作条件

在确定搅拌磨的操作条件时，不仅须考虑磁性涂料的分散性能，而且还应综合评价分散所需的功耗。因此，在这里以分散功耗为基础确定搅拌磨的最佳操作条件。

平均分散时间 Δt_e 及分散功耗 ΔE 与研磨介质的充填率 R 的关系如图 11-11 所示。这里 Δt_e 是光泽度 G 从 70 升到 120 所需的时间，ΔE 是在 Δt_e 时间内的分散功。由图 11-11 可见，ΔE 和 Δt_e 随着研磨介质的充填率 R 增加而减少，当 R 大于 30% 时，ΔE 趋于一定值。充填率增大，可以缩短分散时间，显著降低分散的功耗。特别是当 $R=30\%\sim46.3\%$ 时，研磨介质的运动对分散具有显著作用。

图 11-12 是 Δt_e 及 ΔE 与搅拌速度 v 的关系。随着搅拌速度 v 的增加，平均分散时间 Δt_e 显著缩短，搅拌速度大，分散速度就快。因此，为了在较短时间内使微细颗粒充分分散，应考虑采用增大搅拌速度的分散操作方法。另外，当 v 小于 10.7m/s 时，ΔE 几乎成一定值，当 $v=10.7\sim14.2\text{m/s}$，ΔE 急剧增大。所以，在使用该搅拌磨时，将搅拌速度控制在 10.7m/s 以上，进行分

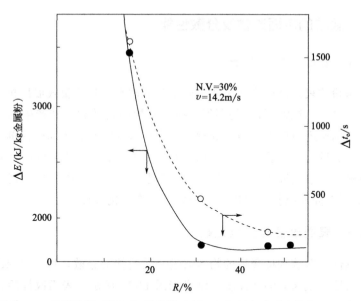

图 11-11　平均分散时间 Δt_e 及分散功耗 ΔE 与研磨介质充填率 R 的关系

散操作，虽然分散时间缩短了，但是分散功耗太大。从这一结果可以看出，为了加快分散速度，搅拌速度越快越好，如果考虑分散功耗，则应确定一个适宜的搅拌速度。

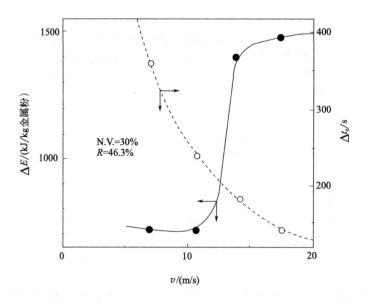

图 11-12　平均分散时间 Δt_e 及分散功耗 ΔE 与搅拌速度 v 的关系

11.3.2 颗粒的表面改性及分散性能

11.3.2.1 表面改性的方法

在金属粉的表面改性中使用四种硅烷类偶联剂，用行星式混炼机进行表面改性（图 11-8）。这种混炼法是利用了搅拌叶片的自转和滚转产生的剪切和挤压作用对金属粉进行硅烷化表面处理。首先将微细颗粒、表面改性剂和溶剂放入搅拌槽，然后进行混炼操作（表面改性过程）；在表面处理后的浆料中再加入黏合剂树脂和溶剂混炼（混炼过程）；在混炼后的物料中添加溶剂等（稀释过程），最后在介质搅拌磨中进行充分分散（涂料化过程）。

11.3.2.2 表面改性与分散性能

表面改性、混炼和稀释后的物料通过介质搅拌磨分散，将获得的磁性涂料涂膜化，而后测定涂膜的光泽度，结果如图 11-13 所示。表面改性后，在较短分散时间内，就可获得较高的光泽度，分散时间延长，光泽度 G 保持一较高定值。这种现象以表面改性剂 C 和 D 尤为显著。因为使用了表面改性剂，微粒表面被黏合剂充分包覆，形成疏水化表面，从而改善了微粒表面的润湿性和黏合剂溶液的渗透性，提高分散性能。

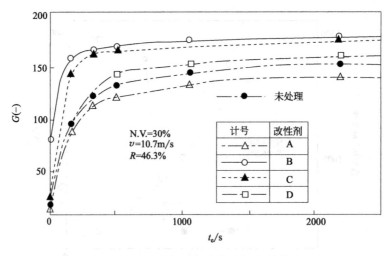

图 11-13 光泽度 G 与分散时间 t_e 的关系

表面改性与未进行表面改性对涂膜表面的分散性能的影响可用扫描电子显微镜（SEM）观察。但是用 SEM 得到的一般形貌来定量地分析微观的分散性能，还需对涂膜表面粗糙度进行研究。图 11-14 给出了磁性涂膜表面状态的测定结果，可以看出，表面改性团聚体变少了，磁性薄膜层的平滑度得到提高，表征涂膜平均凹凸度的 $Ra=10.3nm$。而使用未表面处理的金属粉制成的涂膜表面的凹凸度 $Ra=15.7nm$。因此，采用表面改性的金属粉可以制备高分散的磁性涂料，同时可制成磁性涂膜的平滑磁带。

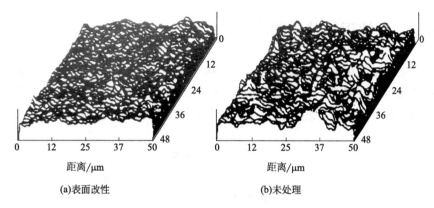

(a)表面改性　　　　　　　　　　(b)未处理

图 11-14　磁性涂膜表面状态的比较

11.3.2.3　矫顽力与分散性能

涂布磁性涂料的涂膜，在 0.22T 的磁场作用下进行磁取向，测得金属磁带的矫顽力 H_c，如图 11-15 所示。在 $t_e=2200s$ 的条件下，经过表面改性剂

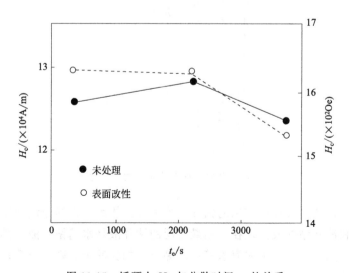

图 11-15　矫顽力 H_c 与分散时间 t_e 的关系

D 改性的金属粉比没有处理过的矫顽力 H_c 要好得多，而且磁性涂膜的光泽度 G 为 240（磁取向后），未处理的光泽度 G 只是 15。另外，在长时间分散后（$t_e=4000s$），制成的磁性涂膜的矫顽力与表面改性关系不大，这时涂膜表面的光泽度也低。也就是说，连续长时间分散对金属微粒一部分给予剪切作用而妨碍了磁取向，导致矫顽力下降。

11.4　在油田钻井中的应用

在油田钻井中使用的循环流体，俗称泥浆，其循环过程如图 11-16 所示。钻井液的主要功能是：①冷却钻头和钻杆；②形成泥饼，保护井壁；③循环岩屑和加重剂；④清洗井底等。钻井液在钻井过程中是至关重要的。

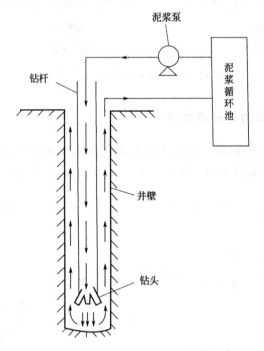

图 11-16　钻井过程中钻井液循环示意[18]

目前，在钻井过程中使用的钻井液均为分散体系。根据分散介质可分为水基钻井液和油基钻井液。现在应用最广泛的钻井液是水基钻井液，其主要成分有：①水，如淡水、盐水或海水等；②黏土，如膨润土、高岭土等；③化学处理剂，如分散剂等。

11.4.1 钻井液的分散稳定性

钻井液必须具有良好的分散稳定性，才能保证安全钻井。影响钻井液分散稳定性的因素很多，主要有以下几个方面。

11.4.1.1 黏土颗粒的表面电位

黏土颗粒分散在水中均带有负电荷，电荷密度越高，表面电位越大，颗粒间的排斥作用越强，分散体系越稳定。影响黏土颗粒表面电位的主要因素有：pH 值、可交换阳离子和吸附阴离子化学处理剂等。各种黏土颗粒的表面电位随 pH 值的变化如图 11-17 所示。不同黏土颗粒均存在一个最佳的 pH 值区域，蒙脱石的最佳 pH 值为 7.5～9.5，伊利石为 8～10.5，高岭土为 11 左右。另外，可交换阳离子对黏土颗粒表面电位的影响也较大。随可交换阳离子价数升高，其表面电位降低；价数相同时，随离子半径增大，其表面电位降低。在提高膨润土的分散性时，通常加入适量的 Na_2CO_3 来提高膨润土表面电位，增强其分散体系的稳定性。

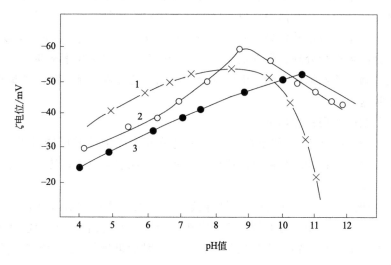

图 11-17　黏土颗粒表面电位与 pH 值的关系[19]

1—蒙脱石；2—伊利石；3—高岭土

11.4.1.2 黏土颗粒间的结构

膨润土为片状颗粒，苯醚带负电荷而断裂面（边侧）上带少量正电荷，由于静电吸引在一定条件下可形成端面接触的空间网状结构，它可提高体系的稳定性。

11.4.1.3 聚合物的保护作用

聚合物钻井液中，聚合物的加入量超过临界絮凝浓度时，颗粒表面吸附层的空间位阻作用可提高钻井液的稳定性。目前油田使用的浓度在 $1\sim4kg/L$ 左右。

11.4.1.4 正电溶胶的稳定作用

近年来，发展起来的 MMH 钻井液具有独特的稳定机理。该体系所添加的化学处理剂是胶粒荷正电的 MMH 正电溶胶，加入黏土与水分散体系后，由于 MMH 胶粒具有很高的苯醚电荷密度，对水的极化能力很强，因而在黏土颗粒和 MMH 胶体颗粒之间的水被极化形成极化水链，形成空间网状结构，使整个体系保持良好的稳定性。

11.4.2 分散剂及其作用机理

钻井液中的结构主要由黏土颗粒与黏土颗粒、黏土颗粒与聚合物以及聚合物与聚合物之间的相互作用组成。当黏土颗粒过多或钻井钻到盐层时，由于结构变强，大量自由水被包裹起来，从而使剪切力增大、黏度增高，难以流动，必须加分散剂进行处理。目前通常使用的分散剂有铁铬木质素磺酸盐、磺甲基化栲胶、磺化苯乙烯顺丁烯二酸酐共聚物、乙酸乙酯顺丁烯二酸酐共聚物和聚丙烯酰胺盐等。

分散剂的作用机理如下。

① 分散剂可吸附在黏土颗粒的带正电荷的边缘上使其反转成带负电荷，形成厚的水化层；同时分散剂的吸附还可提高颗粒表面电位，使颗粒间的相互排斥作用增强。

② 当低分子聚合物稀释剂与钻井液的主体聚合物形成氢键络合物时，因与黏土争夺吸附基团，可有效地拆散黏土与聚合物间的结构，同时能使聚合物形态收缩，减弱聚合物分子间的相互作用，降黏效果显著。这为新型高效分散剂的研究提供了依据。

11.5 在矿物工程中的应用

在矿物加工中，矿浆中矿物组成极为复杂，粒级分布范围一般很宽，互相凝聚现象不可避免。另外，矿浆中含有多种金属离子起压缩双电层、降低矿物颗粒表面电位绝对值的作用，使互凝现象进一步加剧。互凝是一种非选择性团聚，又是矿泥罩盖的主要原因，因此是微细矿粒有效分选的一大障碍。在实际生产中，即使将矿石磨细到矿物充分单体解离后，如果这些矿粒在矿浆中互凝而引起非选择性团聚，同样得不到预期的效果，细磨就失去了实际意义。

为了有效地实现微细矿粒的分选，就必须首先克服矿粒间的互凝现象。因此，矿浆的预先分散，使矿粒处于稳定的分散状态，是实现微细矿粒有效分选的先决条件。特别是选择性絮凝、团聚分选工艺对矿浆的预先分散要求更为严格，在一定程度上，其分选效果取决于预先分散的好坏。然而，与分散的重要性相比，在矿物加工领域内对分散的研究及理解却显得不够。目前，人们已对分散理论体系的完善以及分散剂的加入对后续工序的影响产生了浓厚的兴趣，并做了一些新的尝试。

Krishnan S. V. 和 Iwasaki I. 研究了水玻璃和矿浆中的 Ca^{2+} 和 Mg^{2+} 对针铁矿-石英悬浮液选择性絮凝与分散的影响。研究表明，用淀粉为絮凝剂，当仅添加 $1 \times 10^{-3} mol/L$ Mg^{2+} 而不加水玻璃时，导致矿浆选择性絮凝；如果加入适量的水玻璃，可使石英良好分散，并与针铁矿获得有效的选择性絮凝；进一步增加水玻璃用量时，则会使矿浆完全分散。添加 Ca^{2+} 时，也有类似的情况。这是因为，在矿浆中少量 Ca^{2+} 和 Mg^{2+} 及适量的水玻璃存在时，Ca^{2+} 和 Mg^{2+} 在针铁矿表面的吸附为淀粉提供了吸着点，增加了淀粉在针铁矿表面的吸附，并能中和矿粒表面的电荷而使矿粒絮凝。当水玻璃的用量过量时，由于水玻璃对两种矿物都有强烈的分散作用，而使淀粉的絮凝作用失去了效应。

Attia 研究了六偏磷酸钠和 Dispex N40（一种低分子量聚丙烯酸钠）为分散剂，螯合絮凝剂聚丙烯酰胺-乙二醛-双羟基缩苯胺（PAMG）为选择性絮凝剂，从方解石、石英、长石、白云石的混合物中絮凝孔雀石和硅孔雀石。研究表明，在高 pH 值（10.5～11）的条件下，可获得高铜品位的絮凝物。

卢寿慈等人在研究不同分散剂对矿物互凝的分散作用时发现（图 11-18），水玻璃、六偏磷酸钠、单宁、木质素磺酸钙四种药剂对石英-菱镁矿、石英-赤铁矿、石英-金红石三种组合矿物均有显著的可互凝作用。当用量足够时，可使矿粒悬浮体达到稳定的分散状态。

图 11-19 是六偏磷酸钠对菱锰矿-石英、菱锰矿-方解石组合矿物的分散效果[21]。同样可见类似的分散效果。大量的试验证明，适当地使用分散剂能使

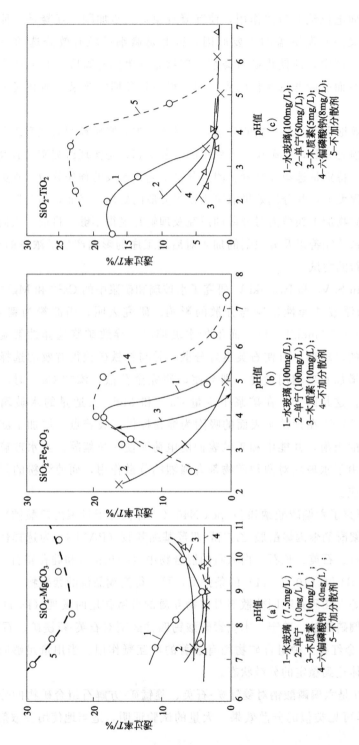

图11-18 几种分散剂对矿物组合的可互凝效果[20]

矿粒悬浮体达到很好的分散状态，完全可避免互凝作用和矿泥罩盖对微细矿粒
分选的不良影响。

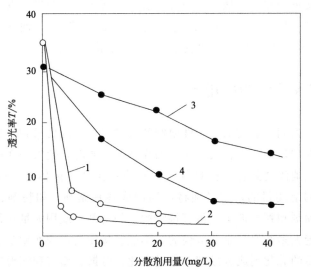

图 11-19 单宁及六偏磷酸钠对菱锰矿-石英和菱锰矿-方解石的抗互凝作用的效果

1—菱锰矿-石英，单宁；2—菱锰矿-方解石，六偏磷酸钠；

3—菱锰矿-方解石，单宁；4—菱锰矿-方解石，六偏磷酸钠

方启学[22]等人对微细粒弱磁性铁矿分散与复合团聚理论及分选工艺做过
系统研究。由图 11-20 可知，对于赤铁矿、石英混合矿的选择性复合团聚分选

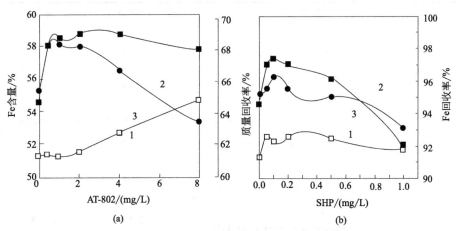

图 11-20 分散剂对选择性复合团聚分选的影响

NaOH：7.5mg/L；AT-5：0.75mg/L；磁种：5%；磁场：0.005T

1—粗精矿铁品位；2—铁回收率；3—粗精矿产率

工艺，一定用量范围内添加 AT-802 和 SHP，在不破坏选择性复合团聚作用的同时，实现了混合矿悬浮体的充分高效分散，悬浮体复合团聚前的沉降率为58%左右，接近理想的分散值，较好地实现了无害高效分散，获得了粗精矿含铁 53.2%、铁回收率 99.01% 的分选指标。最终获得含铁 66.03%、含磷0.023%、含 SiO_2 4.42%、铁回收率 77.13% 的优质铁精矿。

11.6 在农药中的应用[23]

近年来，人们对农药的安全性限制和对增强药效的要求越来越高，希望将少量原药能够均匀地喷洒在大面积的农作物上，同时，使农药在植物上充分润湿铺展，有效地渗透到害虫栖息处，并黏附在虫体、菌体上，以充分发挥药效。为了达到上述目的，就必须将原药制成各种制剂，如粉剂、乳剂、胶悬剂、可润湿粉剂和颗粒剂等，再直接喷洒（如粉剂）或用大量水稀释后喷洒使用。但是，绝大多数原药是油溶性的，不能直接使用，因而制备各种制剂时都需加入一定量的乳化剂或分散剂，通过乳化、分散、增溶和润滑等作用，使原药在加水稀释时能均匀地分散在水中。

11.6.1 农药的分类

农药制剂的分散体系、外观及稀释后的分散形态，见表 11-9。

表 11-9 剂型的分类与分散形态

剂型		外观	分散形态
均匀分散体系的药剂	乳化分散剂 （emulsion in water＝EW）	乳白色液体	乳状液
	溶剂 （悬浮剂，suspension concentrate＝SC）	不透明液体	悬浮液
	浓悬浮剂（suspo emulsion＝SE）	不透明液体	乳状液和悬浮液
有关分散药剂	水合剂（wettable powder＝WP）	粉状固体	悬浮液
	颗粒水合剂 （water dispersible granule＝WDG）	颗粒状固体	悬浮液
	乳化油 （emulsifiable concentrate＝EC）	透明液体	乳状液
其它	粉剂（dust）	粉状固体	直接散布
	粒剂（granule）	颗粒状固体	直接散布

11.6.2 分散体系的稳定性

为了保持分散体系的长时间稳定分散，必须用机械的方法使药剂的团聚体碎解分散成为一次性颗粒，同时使其保持稳定分散状态。虽然有各种方法可使分散体系保持稳定状态，但是，目前最主要的方法是通过分散剂实现分散稳定性。分散剂的分散作用见表 11-10。

表 11-10　分散剂的作用

分散稳定性的主要因素	解决方法	可用的分散剂	代表性分散剂
粉体的润湿	在颗粒表面上形成吸附膜，使其表面亲水化或疏水化	具有几种较短的疏水基或支链疏水基，亲水基位于疏水基上或拥有几个锚	烷基苯磺酸盐；二烃基磺基钙铝酸盐；二烃基萘磺酸盐
粉体的荷电	通过静电排斥作用阻止颗粒间的团聚	阴离子型分散剂	萘磺酸盐的甲醛缩合物；木质素磺酸盐；EO 混合苯乙烯苯基乙醚硫酸盐
空间位阻	在颗粒表面形成吸附层，同时在其外侧形成水化层	非离子型分散剂	壬基苯酚的 EO 混合物；PO/EO 共聚物

11.6.3 农药的分散制剂

将原药溶解在与水难以混合的有机溶剂中，加入乳化分散剂，用乳化机把油相分散成为细小的液滴，形成稳定的乳状液。通常，乳状液的粒径为 $1\mu m$ 左右。粒径与乳状液外观见表 11-11。

表 11-11　乳状液的大小及其外观

粒径/μm	外观
1 以上	乳白色
0.1～1	青白色
0.05～0.1	有透明感的灰色
0.05 以下	透明

乳化分散方法有许多种，但是在农药领域把分散剂溶解于水中，而后再加

入含原药的油相的 W/O 乳化方法和把分散剂直接加入含原药的油相中，再加入水中的 O/W 的乳化方法是常用的乳化分散方法。乳化装置主要有高速搅拌机，但最近开发研制成功了超声波均化器，它能使乳化颗粒粒径达到 $0.1\sim0.2\mu m$。

一般情况下，乳状液的分散稳定化，即防止油水分离的措施有如下几种：减小油相与水相的密度差、提高连续相的黏度、降低界面张力、形成双电层和给予空间位阻作用。实现这些过程就必须通过添加适当分散剂的方法来完成。

选择乳化分散剂简便的方法是 HLB 法。HLB 值是乳化分散剂分子亲水亲油性的一种相对强度的数值量度。HLB 值越小，表示分子的亲油性越强，是形成 W/O 型乳状液的分散剂；HLB 值越大，则亲水性越强，是易形成 O/W 型乳状液的分散剂。

除了直接散布的磺基和粒剂外，一般情况下，在低浓度的乳化分散体系中，最低可稀释 500 倍以上。重要的是在稀释使用时只用较弱的搅拌强度就可快速均匀分散。表 11-12 列出了一些常用剂型的生产方法及其主要物性。

表 11-12　常用剂型的生产方法及其主要物性

药剂名称	生产方法	主要生产设备	必要的物性
乳化分散剂	把原药混合于加了乳化分散剂的有机介质中，并将其溶解	混合机	在水中稀释时完全乳化 乳化稳定性好
水合剂	把固体原药和矿物载体乳化分散剂等混合，然后干式粉碎	混合机 气流粉碎机	在水中稀释时完全乳化 乳化稳定性好
颗粒水合剂	将水合剂造粒成颗粒状 造粒方法： 喷射干燥 搅拌造粒 挤出造粒	（喷射造粒） 湿式粉碎机 喷雾干燥机 （搅拌造粒） 搅拌造粒机 （挤出造粒） 挤出机 搅拌机	在水中稀释时直接碎解分散 分散稳定性好

11.7　在混凝土工程中的应用

混凝土材料是当今世界上使用量最大、应用范围最广的建筑材料，已普遍用于高层建筑、超高层建筑、大坝、桥梁、道路建设和海洋资源开发等几乎所有土木建筑工程中。水泥作为混凝土最为重要的组成部分之一，在混凝土技术中起着不可或缺的作用。

水泥的主要成分是硅酸三钙（$3CaO \cdot SiO_2$）、硅酸二钙（$2CaO \cdot SiO_2$）、铝酸三钙（$3CaO \cdot Al_2O_3$）和铁铝酸四钙（$4CaO \cdot Al_2O_3 \cdot Fe_2O_3$），另外，还可能含有石膏、碱金属类硫酸盐、氧化镁和游离氧化钙等。水泥使用的工艺过程一般可分为水化配成水泥浆、浇注、固化三个阶段。水泥浆的流动性、稳定性对工艺操作和固化后水泥质量至关重要。

11.7.1 水泥的水化作用

水泥的水化过程非常复杂，水化作用机理还不清楚。水化反应的主要形式如下：

$$3CaO \cdot SiO_2 + 2H_2O \longrightarrow 2CaO \cdot SiO_2 \cdot H_2O + Ca(OH)_2$$

$$2CaO \cdot SiO_2 + H_2O \longrightarrow 2CaO \cdot SiO_2 \cdot H_2O$$

$$3CaO \cdot Al_2O_3 + 6H_2O \longrightarrow 3CaO \cdot Al_2O_3 \cdot 6H_2O$$

$$4CaO \cdot Al_2O_3 \cdot Fe_2O_3 + 7H_2O \longrightarrow 3CaO \cdot Al_2O_3 \cdot 6H_2O + CaO \cdot Fe_2O_3 \cdot H_2O$$

水泥浆液相凝聚固化过程可分为三个阶段。

11.7.1.1 胶溶期

水泥遇水后，颗粒表面发生相溶解和水化反应，水化产物浓度迅速增加，达到饱和状态时，部分水化产物以胶态颗粒或小晶体析出，形成胶体分散悬浮体系。

11.7.1.2 凝结期

水化作用由颗粒表面向深部扩散，胶体颗粒大量增加，颗粒间开始相互联结，逐渐絮凝成凝胶结构，水泥浆失去流动性。

11.7.1.3 硬化期

水化过程进一步发展，这时大量晶体出现并相互联结，使胶体紧密，结构强度明显增加，逐渐硬化成微晶结构的水泥石固体。在水泥浆凝聚固化过程中，可通过控制水化过程中胶粒的生成速度和胶粒间联结的速率及方式来改变固化时间和水泥质量，使之满足工程要求。

11.7.2　水泥浆的流动性和分散稳定性

水泥浆在一定时间内应有良好的流动性或可泵性，稠度不发生明显变化，能顺利完成浇注过程，随后应迅速固化，在短时间内形成一定的强度。水泥浆的流动行为一般可用宾汉模式和幂律模式来描述，但它更适合带屈服值的幂律模式：

$$\tau = \tau_0 + KDn \tag{11-2}$$

式中，τ 是切应力，τ_0 是屈服值，D 是切变速率，K 是稠度系数，n 为流性指标。

依据 τ_0、K 和 n 三个流变参数调整水泥浆的流变性能更准确。

图 11-21 是水泥浆的流动性和分散稳定性与灰水比的关系。由图 11-21 可见，灰水比高，流动性差，但分散稳定性好，抗压强度也高；灰水比低，流动性好，而分散稳定性差，易析水，抗压强度也低。水泥浆颗粒细，可提高分散稳定性和抗压强度，但是影响其流动性。在实际应用中，应综合考虑流动性、分散稳定性和抗压强度，选择合理的灰水比范围。

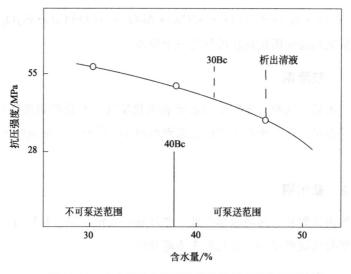

图 11-21　含水量对水泥浆性能及抗压强度的影响

Bc 为稠度单位

11.7.3　外加剂

为了调整水泥浆的流变性、分散稳定性、稠化时间等性能，需添加一些外加剂，如分散剂、保凝剂等。下面简要介绍几种有代表性的分散剂和保凝剂。

11.7.3.1 高性能分散剂

分散剂是混凝土外加剂中最重要的一类，分散剂对水泥颗粒不仅具有湿润和润滑作用，同时对水泥颗粒具有强烈的分散作用，使水泥浆体的凝聚结构被破坏，成为一种分散结构，从而把水泥浆体凝聚结构中被水泥颗粒包围的游离水释放出来，在不增加用水量的情况下使混凝土拌合物的和易性提高。随着混凝土技术的发展，分散剂已成为配制高强混凝土（HSC）和高性能混凝土（HPC）的一个十分重要的技术手段，它的发展对 HSC 和 HPC 的发展和应用起到了积极的推动作用。

常用的分散剂有木质素磺酸盐类及其改性物（LS）、磺化聚烷基芳基甲醛缩合物（NS）、磺化三聚氰胺甲醛树脂（MS）、糖钙和腐殖酸类分散剂、氨基磺酸系（AS）和聚羧酸系（PC）分散剂和阴离子型共聚物分散剂。

（1）木质素磺酸盐类及其改性物（LS）

LS 类分散剂大多为造纸厂的副产品，它以亚硫酸盐纸浆或碱法造纸废液经发酵除糖、浓缩和磺化等工序而制得。通常情况下，添加量在 0.25% 以下，掺和量过大，会导致混凝土长期不凝结硬化及混凝土含气量大、内部结构疏松等。它被作为普通减水剂使用。

（2）磺化聚烷基芳基甲醛缩合物（NS）

该类分散剂用萘或甲基萘为原料，经磺化、水解、缩合、中和而制得，有高浓型（Na_2SO_4 含量小于 5%）和低浓型（Na_2SO_4 含量小于 25%）两种，其减水率大，引气量低，适用于配制高强、超高强、大流动性、泵送混凝土。由于成本较为适中，性能良好，在工程中应用最为广泛。

（3）磺化三聚氰胺甲醛树脂（MS）

MS 属低引气型，无缓凝作用。它的合成是将三聚氰胺与甲醛反应，制成三羟甲基三聚氰胺，然后用亚硫酸氢钠磺化。因其生产成本高，在国内应用远不及萘系分散剂普遍。

（4）糖钙和腐殖酸类分散剂

糖钙分散剂是利用制糖生产过程中提炼食糖后剩下的残液，经过石灰中和处理而制成。其掺量也必须严格控制，超剂量使用会导致混凝土长时间不凝结硬化，一般掺量在 0.25% 以下。

腐殖酸类分散剂是一类阴离子分散剂，简单地将腐殖酸用作减水剂效果较差，经磺化或用硝酸氧解能改善其分散性能。

（5）氨基磺酸系（AS）和聚羧酸系（PC）分散剂

AS、PC 和 NS 是国外具有代表性的外加剂，相比较而言，掺加 AS 和 PC 类分散剂的混凝土拌合物的坍落度损失小。目前，国内对于 PC 类外加剂的研究非常活跃。

（6）阴离子型共聚物分散剂

笔者等研制了一类阴离子型三元共聚物 NDJ。NDJ 的减水率高，掺用 NDJ 的混凝土强度性能优越，适于配制高强、超高强混凝土，大流动度的泵送混凝土，钢筋与预应力钢筋混凝土，高性能混凝土，等。

图 11-22 给出了几种分散剂对水泥浆的分散作用。水泥浆的分散性可用屈服值表示，屈服值越大，分散性越好。分散剂的添加量小于 0.25% 时，对水泥浆几乎没有分散作用，只有木质素磺酸盐有一定的分散作用。但是，当分散剂的用量达到 0.5% 以上时，分散作用随着分散剂官能团的不同具有显著差异，β-萘磺酸盐高聚物显示出优良的分散性能，而木质素磺酸盐的分散性能

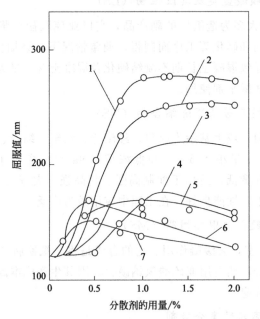

图 11-22 代表性水泥浆分散剂的分散性能

1—β-萘磺酸盐高聚物；2—杂酚油磺酸盐聚合物；3—β-萘磺酸盐低聚物；

4—蜜胺甲醛树脂磺酸盐；5—葡萄糖酸钙；

6—木质素磺酸盐；7—聚氧乙烯壬基苯醚

很差。

11.7.3.2　高效保塑分散剂

国内生产的分散剂以 NS 类和 LS 类居多，NS 类分散剂在工程中被大量使用。但使用 NS 类分散剂存在着坍落度损失过快的现象，并且随温度的升高，损失更加严重。研究表明，高效分散剂对新拌混凝土坍落度损失的影响按从大到小的顺序排列如下：

甲基萘系＞蜜胺树脂系＞萘系＞氨基磺酸系＞聚羧酸系

在混凝土分散剂应用中，坍落度经时损失快是一个令人关注的问题，采用分散剂与缓凝剂复合或使用 C_3A 含量较低的水泥和低温拌合浇注等方法虽然能使坍落度损失有所减缓，但未从根本上解决问题。研制开发能有效控制坍落度损失的新型高效分散剂已成为水泥分散剂新品开发中的一个重要课题。

实际中常用的高效保塑分散剂见表 11-13。

表 11-13　几种常用的高效保塑分散剂

分散剂成分	高效保塑分散剂
萘磺酸盐甲醛缩合物	萘磺酸盐甲醛缩合物＋特殊木质素磺酸盐
	萘磺酸盐甲醛缩合物＋缓失性高分子
蜜胺甲醛磺酸盐甲醛缩合物	蜜胺甲醛磺酸盐甲醛缩合物＋低减剂
多羧酸化合物： 烯烃与马来酸共聚物 丙烯酸与丙烯酸乙酯（多羧酸乙醚）	多羧酸化合物
	多羧酸化合物＋架桥物质
芳香族氨基磺酸聚合物	芳香族氨基磺酸聚合物

11.8　在环保行业中的应用

11.8.1　在水处理中的应用

目前，水污染问题仍未有彻底的解决办法。活性染料在水体中的稳定性导致染料废水处理困难，水体中有毒金属严重影响人体健康，同时还存在水体富营养化、农药残留等一系列水污染问题。因此，本节主要讨论利用二氧化钛纳米颗粒、天然矿物黏土、有机改性黏土固载微生物等技术，为水处理提供思路。

(1) 纳米二氧化钛悬浊液光催化

二氧化钛（TiO_2）化学性质稳定，廉价易得，催化性好，氧化能力强，可完全降解有机污染物，被视为一种较好的环境友好型光催化剂。近年来 TiO_2 纳米颗粒复合物在水处理中得到广泛的研究及应用。

王钊等利用水热合成法制备了 PbO/TiO_2 和 Sb_2O_3/TiO_2 光催化剂，用于降解水体中二苯甲酮-3（BP-3），并对初始 pH 值、初始浓度、催化剂用量等相关降解参数进行了优化。研究表明，PbO 和 Sb_2O_3 相对于 TiO_2 的物质的量比变化，显著影响光催化剂的表面积、结构和带隙，进而影响光催化剂的降解效率。通过气相色谱-质谱联用（GC-MS）分析，BP-3 光催化降解过程中生成了 2,3,3-三甲基-2-丁醇和 5-羟基-7-甲氧基-2-甲基-3-苯基-4-铬酮副产物。

Rahimi B. 等采用二氧化钛悬浮催化剂、紫外光 C 灯和钒酸铋在发光二极管灯的可见光照射下，研究了偶氮染料酸橙 10 的光催化降解，采用响应面法对酸橙 10 染料的光降解进行优化。选择二氧化钛和钒酸铋的较佳操作参数时，酸橙 10 的去除率分别为 100% 和 36.93%。紫外/二氧化钛体系的去除率较高，采用共沉淀法合成的钒酸铋对酸橙 10 的去除率较低，钒酸铋与二氧化钛联用对酸橙 10 染料具有较好的光催化活性。

郑德帅等采用溶胶-凝胶法制备的新型 $Eu\text{-}TiO_2$ 纳米复合材料，用于降解染料废水中的罗丹明 B（RhB）。X 射线衍射（XRD）、拉曼光谱、透射电子显微镜（TEM）显示 $Eu\text{-}TiO_2$ 纳米复合材料呈锐钛矿相和球形，UV-vis 漫反射光谱和低温 N_2 吸附（BET）表明 $Eu\text{-}TiO_2$ 具有窄带隙（2.98eV）和高比表面积（$112.1m^2/g$）。制备的 $Eu\text{-}TiO_2$ 对 RhB 的光催化活性高于 $P25\text{-}TiO_2$。高光催化性能可归因于有效的 Eu 负载，有利于可见光的吸收和光生电荷的分离。

(2) 天然矿物黏土、有机改性黏土吸附

Imam D. M. 采用黏土和腐殖酸黏土材料从水溶液中吸附 Ce（III）和 Zr（IV），研究结果表明，黏土或黏土质材料具有良好的吸附性能，是一种经济、高效的吸附材料，对微量镧系元素的放射性同位素和 Zr 具有良好的净化作用。

Tuula Selkälä 利用纳米级纤维素和纳米管高岭土的有序结合，从水溶液中有效地截留和分离阴离子污染物。首先空心纳米管与水性染料溶液相互作用，然后用阳离子柔性纤维素纳米纤维（CNFs）将负载染料的胶体纳米管聚合并与水相分离。在 pH = 7 时，25mg CNFs 与 1g 管状高岭土纳米管

（HNTs）可有效去除 80％染料和大大减低浑浊度，阳离子 CNFs 不仅能使载染黏土颗粒通过快速凝聚从水相中分离出来，还能通过吸附作用参与染料的去除。此外，朱利中研究了柱状膨润土载体对纳米零价铁去除硒（VI）的协同作用，即采用带正电荷的柱状膨润土（Al-bent）作为纳米零价铁的载体（NZVI）用于加速还原去除水中阴离子 Se（VI）。结果表明，带正电荷的铝基树脂作为吸附阴离子硒（VI）的吸附剂，加速了硒（VI）还原为难溶性硒的过程。

（3）固载微生物

刘丽萍研究了生物炭固定化细胞吸附降解水中壬基酚（NP），结果表明，固定在不同生物炭上的微生物具有不同的 NP 去除效果，固定在竹炭（I-BC）上的去除效果最好。Yael Zvulunov 研究了一种用于去除水中甲醛的自再生黏土-聚合物-细菌复合材料，该材料基于蒙脱石黏土、聚乙烯亚胺和甲醛降解的单胞菌，它具有三个功能特征：选择性吸附甲醛，以减少细胞毒性；缓冲溶液允许有效的生物降解；通过缓慢释放甲醛自我清洁，随后附着的细菌降解。这种自我再生的一步法能够有效解决甲醛修复，为相关废水的吸附-降解处理提供了借鉴。此外，温晓芬制备了膨润土衍生介孔材料上的固定化漆酶以去除四环素；于天苗研究黑曲霉 Y3 微球与节杆菌自固定化的生物融合去除水中莠。结果表明，固载微生物对于有机废水的深度处理具有广泛的应用前景。

（4）油水分离[24]

随着工业发展，海洋石油污染、工业漏油事故频发，如何高效地进行油水分离成为亟待解决的问题。超浸润材料作为新兴智能材料，为解决油水分离问题提供了新思路。基于超浸润材料的油水分离材料主要分为两类：①超疏水/超亲油材料；②超亲水/超疏油材料。

Feng L. 等制备了有特氟龙涂层的超疏水/超亲油不锈钢网，首次利用超亲油材料进行了油水分离工作。Zhang J. P. 和 Seeger S. 通过化学气相沉积法制备了超疏水/超亲油聚酯织物，该织物具有高分离效率，并且可以回收再利用。Zhang Y. L. 等制备了疏水亲油的碳纳米管海绵，具有互通的三维网络结构，该海绵具有极高的稳定性，可以克服反复的压迫，表现出高选择性和可回收能力。Sun H. Y. 等制备了碳纤维气凝胶，实现了对油和有机溶剂的高效可循环吸附。通过分子设计，以巯基-双键点击反应制备了含有硫醚链段的桥连倍半硅氧烷前驱体，其凝胶可直接在室温下真空干燥得到优异弹性的气凝胶，这种新型干燥技术极大地简化了气凝胶的制备，经疏水改性后表现出优异的吸油性能，可在几秒内吸附自重十几倍的甲苯，实现快速油水分离。Zhang L. 等将荷叶表面微纳米多尺度结构与贻贝强黏附特性结合，制备出利用聚多巴胺修饰的微粒表面，进一步制得磁性超疏水/超亲油颗粒，实现了油水分离并在磁场控制下对油进行定向输运。

最近，Xue Z. X. 等设计了新型的超亲水/超疏油水凝胶网格涂层，实现了选择性地从油水混合物（汽油、柴油、植物油、原油等）中将水排除，该材料具有循环使用、抗油污染的特性。与常用的超疏水/超亲油材料不同，它实现了油水分离功能材料的新尝试。Gao X. F. 等选择了超亲水/超疏油硝酸纤维素膜（NC），在膜上进行机械打孔，得到了双尺度孔洞 P-NC 膜，这种膜材料实现了高效率的油水分离。Wang G. 等通过纤维素溶解再生以及成孔剂占位的方法制备了多孔纤维素海绵。该材料无需化学修饰即表现出了空气中亲水亲油、水下超疏油的性质，在各类水性溶液中对各种油滴均表现出超疏油的性质。海绵表层的纳米尺度微孔有效地阻止了微小油滴的渗透，而水则可以快速通过海绵实现油水分离。该材料表现出了极高的分离效率以及良好的抗油污污染的性质。

Wang L. 等对多种不互溶液体进行了分离研究，实现了不互溶液体的连续有效分离。表 11-14 列举了几种不互溶的液体。

表 11-14　几种不互溶的液体的分离[25]

	C_3NH	C_6HO	C_3F_3	C_6	C_{12}	C_{16}	C_{18}	C_8F_{13}	$C_{10}F_{17}$	$C_{12}F_{21}$
水	×	√	√	√	√	√	√	√	√	√
甲酰胺	×	×	√	√	√	√	√	√	√	√
二碘甲烷	×	×	√	√	√	√	√	√	√	√
乙二醇	×	×	×	√	√	√	√	√	√	√
二甲基亚砜	×	×	×	√	√	√	√	√	√	√
乙醇胺	×	×	×	√	√	√	√	√	√	√
硝基甲烷	×	×	×	×	√	√	√	√	√	√
乙酰苯	×	×	×	×	×	√	√	√	√	√
二甲基甲酰胺	×	×	×	×	×	×	√	√	√	√
酞酸二丁酯	×	×	×	×	×	×	×	√	√	√
二氯化乙烯	×	×	×	×	×	×	×	×	√	√
乙二醇-甲醚	×	×	×	×	×	×	×	×	√	√
柴油	×	×	×	×	×	×	×	×	√	√
四氯化碳	×	×	×	×	×	×	×	×	√	√

续表

	C_3NH	C_6HO	C_3F_3	C_6	C_{12}	C_{16}	C_{18}	C_8F_{13}	$C_{10}F_{17}$	$C_{12}F_{21}$
氯仿	×	×	×	×	×	×	×	×	√	√
癸烷	×	×	×	×	×	×	×	×	√	√
甲醇	×	×	×	×	×	×	×	×	√	√
乙醇	×	×	×	×	×	×	×	×	√	√
丙酮	×	×	×	×	×	×	×	×	×	×

注：√—超疏；×—超亲。

11.8.2　在土壤修复中的应用

（1）零价纳米铁

零价纳米铁颗粒（nZVI）作为一种性能良好的还原剂和钝化剂，越来越广泛地应用于污染水体和土壤修复领域。郑乾送等通过盆栽实验发现，nZVI能将土壤中的 Cr(Ⅵ) 逐渐还原为 Cr(Ⅲ)，同时有效钝化土壤铬，并抑制青梗菜根部对土壤铬的吸收。周东美采用微/纳米 ZVI(nZVI)、硬脂涂层微/纳米 ZVI(C-nZVI)、工业微米级 ZVI(mZVI) 等不同类型的 ZVI 活化过硫酸盐（PS），来去除污染土壤中的多环芳烃（PAHs）。经过 104 天后，对 PAHs（约 17mg/kg）的去除率分别可以达到82.2％、62.8％和69.1％，同时土壤细菌群落数量也从 250 个减少到 100 个。曹荣莉用羧甲基纤维素钠（CMC）作为稳定剂，采用液相还原法制备的 CMC-nZVI 作为材料研究了土壤修复效果。实验结果表明，CMC 与 FeO 的物质的量比为 0.0186、CMC-nZVI 投加量为 1g/L、pH 值为 6 时，CMC-nZVI 对 Cr(Ⅵ) 浓度为 102mg/kg 的沙质土壤和黏质土壤污染土壤 Cr(Ⅵ) 去除率分别为 91.34％和 85.91％。许淑媛通过液相还原法、载体沉淀法和乳液聚合法在醇水体系中制备了无负载纳米铁、高纯钠基膨润土负载纳米铁、有机膨润土负载纳米铁和包覆型铁。实验表明，在含有高浓度污染土壤中，纳米铁及其改性材料可以在 200h 内将土壤中三氯乙烯（TCE）降解 60％～80％。付欣采用液相还原法制备出铜负载量为 0.5％的零价纳米铁铜双金属（Cu/nZVI）粒子，试验表明，通过 Cu 元素促进脱卤、Cu/nZVI 双金属体系的原电池效应、反应过程中产生的氢气吸附在 Cu 表面并解离成氢原子，三步反应实现土壤中典型卤代阻燃剂污染物 TBBPA 和 TCBPA 的降解。

（2）土壤淋洗

土壤淋洗是一个从污染土壤中去除有机和无机污染物的过程，通过污染土壤和淋洗剂的高效分散接触，包括物理和化学作用，实现污染物质的分离、隔离和无害化转变。淋洗剂和淋洗方式的选择是淋洗技术的主要影响因素。

Zeng Min 等通过实验室浸泡实验研究了 H_3PO_4 和 KH_2PO_4 几种酸和盐对砷污染土壤的萃取修复，发现 H_3PO_4 去除效果最好，砷去除率可达 22.85%，KH_2PO_4 是修复砷良好萃取剂。陈寻峰等通过批量振荡淋洗实验，采用常规淋洗剂复合淋洗，比较淋洗前后土壤形态和不同污染程度土壤的修复效果，探索了复合淋洗的最佳组合。结果表明，采用 4h 0.5mol/L NaOH＋4h 0.1mol/L EDTA 复合二步淋洗时，土壤砷的去除率从 66.7% 提高到 91.8%，砷含量由 186mg/kg 降至 15.2mg/kg，为最佳淋洗组合。Amid P. Khodadoust 等运用质量浓度 5% 非离子表面活性剂 Triton X-100 和 Tween 80 淋洗 PAHs 污染场地土壤，一次性去除率能达 75% 以上。Sofia Jonsson 等采用体积浓度 75% 的乙醇对多氯联苯并二英（PCDDs）和多氯联苯并呋喃（PCDFs）污染场地土壤进行淋洗修复，经优化淋洗条件，发现对于不同质地土壤的污染物最大去除率均能保持在 81%～97%。Yuan C. 和 Weng C.H. 采用质量浓度 0.5% SDS 和 2.0% 亚甲双壬基酚聚氧乙烯醚为淋洗剂，结合电动力学强化淋洗乙苯类污染场地土壤，发现在电动力强化下污染物去除率可达 63%～98%，而单一使用电动力修复污染物去除率仅为 40%，考虑到污染物的去除率和电能投入等运行因素，电动力强化淋洗法是一种经济可靠的修复方法。

11.8.3 在大气污染控制中的应用

（1）纳米二氧化钛悬浊液光催化室内挥发性有机物（VOCs）

纳米二氧化钛是一种普遍使用的光催化剂，纳米二氧化钛光催化技术是目前广泛采用的一项环境净化技术。20 世纪 70 年代，日本 Fujishima 等人发现纳米二氧化钛在紫外线照射下能显示半导体材料的性质。随着室内空气污染日益严重，利用半导体光催化技术降解甲醛逐渐得到了人们的广泛关注，国内外学者进行了大量相关研究。结果表明，以纳米二氧化钛为光催化剂，在紫外辐照条件下，其对空气中常见的烯类、醚类、醛类等挥发性有机污染物的光催化降解效率均超过 80%。

纳米 TiO_2 光催化氧化反应根据反应物的不同而具有不同的反应机理。丁延伟等研究了纳米 TiO_2 光催化氧化降解甲醇、甲醛、甲酸的反应。结果显示纳米 TiO_2 对甲醛等三种有机物的催化氧化产物均为 CO_2 和 H_2O，甲醇在反应过程中先被氧化成甲醛和甲酸最终被彻底氧化分解，甲醛在彻底氧化前先被氧化生成甲酸。这三种有机物的氧化反应均为零反应，反应速率与物质浓度无关。张拦等采用溶胶-凝胶法合成制备了 S、La 掺杂的 S-La-TiO$_2$ 复合材料，发现在 S、La、TiO$_2$ 配比为 1：0.01：1 时对甲醛的催化降解能力最好，降解率可达 60%。张彭义等制备得到的 Au/TiO$_2$ 复合物能够高效去除甲醛（去除率高达 93.6%），同时还能显著分解副产物臭氧（去除率达 32%）。刘海楠等采用溶胶-凝胶法和浸渍法制备了过渡金属掺杂的纳米 TiO$_2$ 分子筛，通过微波辅助光催化氧化降解甲苯。结果表明，复合型 TiO$_2$ 分子筛催化剂微波辅助催化氧化甲苯的最高去除率可达 99%。李蓉等利用溶胶-凝胶法制备的 Fe、N 共掺杂的活性炭为载体的纳米 TiO$_2$ 为催化剂，对气相丙酮进行了光催化降解研究，结果表明，当催化剂用量为 3g、丙酮初始浓度为 39.4mg/L、相对湿度为 63% 时的丙酮降解效果最好。在紫外光照射下反应 155min 的丙酮去除率达 92.6%。

目前在工业废气治理中，纳米 TiO$_2$ 光催化技术常用于气量小、浓度低的有机废气治理及生产中除臭。此外，纳米 TiO$_2$ 光催化技术也常与低温等离子体、活性炭吸附、催化氧化等技术联合使用，如德国 IBL Umweltund Biotechnik Gmbh 公司开发的紫外线-纳米 TiO$_2$ 光催化反应器和其他工艺联用，已成功应用于工业废气处理：喷漆车间废气处理，气量 55000 Nm^3/h，废气中 VOCs 主要为丁酮、苯和甲苯，总有机碳浓度 150mg/Nm^3。随着纳米 TiO$_2$ 光催化技术的不断深入研究，针对工业生产中产生的挥发性有机物（VOCs）降解也开始得到了越来越多的关注，国内外开展了一系列的研究与实验，但目前基本还处于起步阶段。

（2）分散胶体抑尘

分散胶体是胶体颗粒分散在某一连续相中形成的体系。目前，扬尘防护主要有物理和化学两种方法：物理方法，即采用物理方法达到降尘的目的，如洒水、遮篷布和抑尘网的使用等；化学方法是通过喷洒化学试剂，发生化学反应，达到抑尘的目的。通常情况下，主要使用润湿型煤尘抑制剂、黏结型煤尘抑制剂等化学抑尘剂。两者均是在水中添加不同类型的化学试剂，如表面活性剂、稀释过的高分子树脂、水分保持剂等，将各试剂按一定比例配制成抑尘剂，将其喷洒在煤堆表面，进而达到抑尘作用。

将抑尘剂喷洒在煤堆表面后，抑尘剂可以润湿煤尘并通过其黏结作用将分散的煤颗粒团聚一起，形成一层完整的"膜"覆盖在煤堆表面，该覆盖层有防尘、防水和延缓煤质氧化的效果。

11.9 在水煤浆工业中的应用

20 世纪 70 年代的石油危机，给以石油为主要能源燃料的西方工业国家带来很大的冲击。西方各国纷纷寻求以煤代油的策略，开发了油煤浆（COM）、甲醇煤浆（CCS）和水煤浆（CWM）等技术，尤以水煤浆技术最为成功。

水煤浆（Coal Water Mixture，Coal Water Slurry）简称 CWM 或 CWS，是一种新型液体燃料。它是将具有一定粒径分布的煤粉分散于水中制成的高浓度煤-水分散体系。典型的水煤浆由 $60\%\sim75\%$ 的煤、$24\%\sim39\%$ 的水和 $0.1\%\sim1\%$ 的分散剂组成。它的物理性质与石油相似，在运输、储存、泵送等方面以及雾化燃烧和燃烧的调节控制等方面都十分接近石油。燃烧水煤浆可以显著提高煤炭的燃烧效率，减少对环境的污染，并且十分安全。在德士古（Texaco）炉中应用气化煤浆，可以直接生产出以 CO 和 H_2 为主的混合气体，分离后，可用在生产甲醇和合成氨工业中。另外，水煤浆还可以用于生产工业水煤气和城市集中供暖等方面。因此，水煤浆技术从一开始就受到各国的普遍重视，对水煤浆的制备、输送、燃烧等技术进行广泛深入的研究，并取得重大突破。目前，一些西方发达国家已在水煤浆的工业化生产和应用中取得了相当大的进展。

我国 CWM 技术研究始于 1982 年。因为我国是煤炭资源相对丰富，而石油、天然气资源相对贫乏的国家，煤炭在能源构成中一直占据主导地位，在我国研究和推广水煤浆技术对于改善我国的能源结构和环境保护有着十分重要的现实意义。

11.9.1 CWM 的成浆原理

煤是一类有机复合物，水是极性化合物，两者的界面相容性差，通常情况下难以制成稳定分散的 CWM。因此，在 CWM 制备过程中需要添加一定量的具有两亲分子结构的分散剂才能制得浓度高、流动性好的合格 CWM。

煤粒子在水中主要受到以下四种力的作用：重力、浮力、煤-水界面张力和煤粒子间的相互作用力。在使用 CWM 分散剂的情况下，由于 CWM 分散剂被吸附在煤粒子的表面，原先的煤表面被 CWM 分散剂部分或全部覆盖，导致了原先的煤-水界面张力被 CWM 分散剂-水界面张力所取代（图 11-23）。

煤粒子在水中不断地运动。这种运动增加了煤粒子接触，导致煤粒子聚集，最终沉淀。为了制得稳定的 CWM，所选用 CWM 分散剂最好能同时发挥三种作用：①增加煤粒子表面电性（电荷稳定）；②吸附在煤粒子表面，形成空间阻碍（位阻稳定）；③分散在水中避免煤粒子靠近（自由稳定）。

煤粒子在水中受到合力为：

$$\sum F = G - F_1 - F_2 - F_3 \tag{11-3}$$

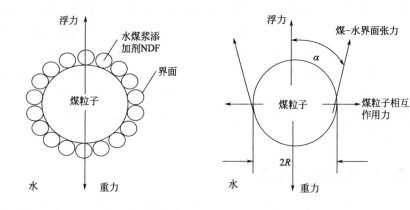

图 11-23　煤粒子在水中的稳定化模型

　　式中，G 为煤粒子所受的重力，F_1 为煤粒子在水中所受的浮力，F_2 为煤粒子之间的相互作用力在垂直方向上的分量，F_3 为煤水界面张力在垂直方向上的分量。

　　假定煤粒子为刚性球体，其吸附分散剂后所受各作用力可由以下方程求得：

$$G = 4\pi R^3 \rho_c g / 3 \tag{11-4}$$

$$F_1 = R^3 \pi (3\cos\alpha - \cos^3\alpha) \rho_w g / 3 \tag{11-5}$$

$$F_2 = KC \tag{11-6}$$

$$F_3 = 2\gamma_{cw} \pi R \cos\alpha \sin\alpha \tag{11-7}$$

式中　R——煤粒子的半径，m；

　　　ρ_c——煤的密度，kg/m^3；

　　　ρ_w——水的密度，kg/m^3；

　　　g——重力加速度常数，$9.81 m/s^2$；

　　　K——相互作用系数，mol/L；

　　　C——CWM 的煤浓度，%；

　　γ_{cw}——煤-水界面张力，N/m；

　　　α——水在煤表面的接触角，(°)。

　　如果煤粒子在水中所受的力达到平衡，即 $\sum F = 0$ 时，煤粒子在水中形成稳定分散状态。其稳定分散模型为：

$$4R^3 \rho_c g - R^3 (3\cos\alpha - \cos^3\alpha) \rho_w g - KC = 6\gamma_{cw} R \cos\alpha \sin\alpha \tag{11-8}$$

　　由式(11-8) 可见，除了 CWM 浓度外，可通过改变煤粒子与水界面的界面张力就可改变煤粒子在水中的分散稳定性。当 CWM 浓度较稀时，煤粒子间的相互作用力较小，可忽略不计；当 CWM 浓度较高时，煤粒子间的相互作用力不可忽略。基于上述界面热力学分析，在选择 CWM 分散剂改善煤和水的界面相容性时，可以通过调节 CWM 分散剂的分子量及其分布和亲水基团的种类、数量、位置来改变煤-水界面张力及其分量，使煤粒子在水中稳定分散而制得稳定的 CWM。在具体实践中，当 CWM 的浓度和分散剂确定后，可根据上述模型，选择适宜的制浆工艺；反之，当制浆工艺确定后，可根据该模型进行 CWM 分散剂的分子设计。

11.9.2 CWM 分散剂选择

高浓度 CWM 的性能指标中，最为重要的是低黏度和良好的分散稳定性。然而，煤属疏水性物质，CWM 又是粗颗粒悬浮体。因此，即使易制浆煤种并有高堆积率的粒度分布，在没有分散剂存在的情况下也难以成浆，见表 11-15。

表 11-15　CWM 性能试验指标

成浆性	堆积率/%	添加剂用量（干煤量）/%	重量浓度/%	表观浓度/($\times 10^{-3}$Pa·s)	静稳定期/d
极易	71.9	0.5	68.05	653	B 级,<17
		无	68.05	软泥	B 级,>1

CWM 分散剂属表面活性剂，有阴离子型和非离子型两大类。阳离子型表面活性剂也可作为 CWM 的分散剂使用，但是由于价格高，煤表面在水中带有微弱的负电荷，加入少量的阳离子型表面活性剂反而易使煤粉絮凝，因而很少使用。与阴离子型表面活性剂相比，非离子型表面活性剂添加量大，制得的水煤浆稳定性好，但价格较高，也很少单独使用，通常是与阴离子型表面活性剂复合使用。

从 20 世纪 60 年代初起，人们就开始了对 CWM 分散剂的合成和研究工作。最早使用的是乙氧基取代的壬基酚和咪唑啉类表面活性剂。到了 20 世纪 70 年代，开始使用低分子量的木质素磺酸钠和萘磺酸-甲醛缩聚物等作为 CWM 分散剂。其中，萘磺酸-甲醛缩聚物因其性能较好、价格便宜而一直被广泛使用。这期间，还出现了一些其它类型的分散剂，如瑞典 Carbogel 公司开发的环氧乙烷环氧丙烷嵌段聚醚，日本研制的聚环戊二烯磺酸盐、（烷基）酚磺酸-甲醛缩合物、聚乙烯多胺烷基环氧化合物等。随着 CWM 技术的不断成熟，对 CWM 品质的要求不断提高，又相继开发出一些性能更好的分散剂，与广泛使用的木质素磺酸盐相比，新开发的分散剂具有更强的分散力和更持久的稳定性。如亚甲基萘磺酸-苯乙烯磺酸-马来酸及其盐、聚苯乙烯磺酸盐、聚（甲基）丙烯酸盐及聚异戊二烯磺酸盐等。表 11-16 列出了几种有代表性的 CWM 分散剂的结构和性能。

表 11-16　几种有代表性的 CWM 分散剂的结构和性能

分散剂类型	典型结构	高浓度特性
萘磺酸盐甲醛缩合物（NSF）	（萘环—CH₂）ₙ，SO₃Na	67
聚苯乙烯磺酸盐（PSS）	（CH₂—CH）ₙ，苯环—SO₃Na	69
聚苯乙烯马来酸磺酸盐共聚物	（CH—CH₂）ₘ（CH—CH）ₙ，苯环—SO₃Na，O=C C=O，Na Na	—
聚（甲基）丙烯酸系共聚物	（CH₂—C(CH₃)）ₘ（CH₂—C(CH₃)）ₙ，C=O，O—(C₂H₄O)₁₈—CH₂—苯环—C₂H₄—SO₃Na	68
聚乙烯双环戊二烯磺酸盐	（双环戊二烯）ₙ，SO₃Na	67～68
聚乙烯二烯磺酸盐共聚物	（CH—CH₂）ₘ（CH—C(CH₃)—CH—CH₂）ₙ，C—CH₃，SO₃Na，CH，SO₃Na	—

11.9.3　CWM 的主要影响因素

11.9.3.1　CWM 的浓度与表观黏度的关系

　　煤阶对 CWM 的流变性具有显著的影响。图 11-24 是 T. Ogura 等人的研究结果。各阶煤在该图中从左到右由低向高排列。由图 11-24 可见，在一定黏度条件下，低阶煤在低浓度（60%～65%）时是假塑流；中阶煤在比较高的浓度范围内（65%～70%）可以保持牛顿流性质，然后随浓度的增大才转变为假塑流或胀塑流；而高阶煤则在很高的浓度范围（70%～75%）以上还保持牛顿流流型。

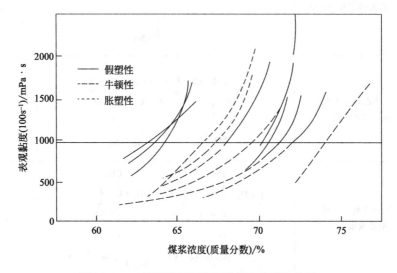

图 11-24　CWM 浓度与表观黏度及流型的关系

　　CWM 的煤浓度是煤的成浆性能的一项重要指标。从图 11-25 可见，当其他条件一定时，不同种类煤制得的 CWM 的最高煤浓度存在明显的差别。憎水性越强、挥发性组分越少、固定碳元素含量越高的煤制得的 CWM 越容易高浓度化，憎水性很强、挥发性组分极少的石油焦制得的水-焦浆，当焦浓度高达 73.74%（质量分数）时，其表观黏度仅有 540mPa·s。

　　导致不同种类煤制得的 CWM 成浆性能差别较大的原因是煤的表面性质不同，造成 CWM 分散剂在煤粒子表面吸附形态不同，最终能发挥的三种作用各不相同。

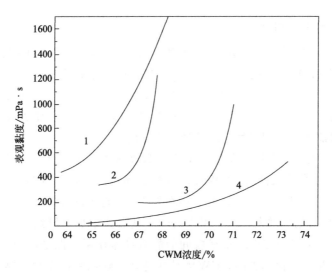

图 11-25　不同煤种 CWM 的表观黏度与浓度的关系
1—黄陵煤；2—神府煤；3—东滩动力煤；4—石油焦

11.9.3.2　分散剂结构对 CWM 流变性的影响

（1）分散剂分子量

CWM 表观黏度是评价 CWM 成浆性能好坏的又一重要指标。其值越低，CWM 成浆性和流动性越好。表 11-17 为 NDF 分子量与 CWM 表观黏度间的关系。分子量太小，NDF 对 CWM 的降黏作用不大，随着分子量增大，NDF 对 CWM 的降黏作用逐渐明显，当 NDF 的分子量在（1~2）万之间时，NDF 对 CWM 的降黏作用最好，分子量进一步增大，CWM 的表观黏度反而增大。众所周知，聚合物重复单元的分子量和数量对聚合物的表面张力具有加和性，当 NDF 的磺化率和羧化率一定时，还可以通过调节 NDF 的分子量，调节其表面张力的色散部分 γ^d，使 NDF 处理煤-水界面张力及其各分量大小适中，保证煤粒子相对稳定地分散在水中。另外，一定的分子量还可以在煤粒子之间提供有效防止聚集的空间障碍。分子量过大或过小，都达不到上述目的。

表 11-17　NDF 分子量与 CWM 表观黏度间的关系

分子量	表观黏度/mPa·s	成浆性能
4000	660	较差
20000	460	好
200000	2900	较好

（2）亲水基团种类和数量

NDF 是一类阴离子型高分子表面活性剂，NDF 中的疏水部分由 —CH$_2$—CH(H)— 长链构成，亲水部分则由磺酸基和羧基构成。可以通过改变 NDF 的分子量调节其疏水性；同样，当分子量一定时，通过改变极性亲水基团的强弱和数量调节其亲水性，达到 NDF 处理煤-水界面张力及其各分量大小适中，保证煤粒子相对稳定地分散在水中的目的。

图 11-26 为 NDF 磺化率与 CWM 表观黏度的关系。当其他条件不变时，NDF 磺化率较高或较低时，CWM 表观黏度都较高，只有当 NDF 磺化率介于 60%～80%之间时，CWM 才具有较好的成浆性能和较低的表观黏度。这是因为随着 NDF 磺化率增大，由于引入的磺酸基数量增加，导致了煤粒子表面负电荷增加，增强了对 CWM 的矿粒间的静电排斥作用。但是，当 NDF 的分子量一定时，并非磺化率越高，CWM 性能越好。磺化率过高时，煤粒子表面含有过多亲水性基团，同样会带来不利的影响。只有 NDF 中的亲水基团和疏水部分比例适中，才能保证 NDF 和煤达到最强的相互作用，在煤表面形成较为牢固的高分子吸附层，保证煤粒子相对稳定地分散在水中。

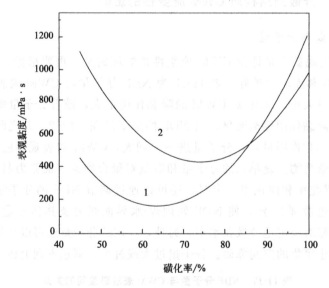

图 11-26 NDF 磺化率与 CWM 表观黏度的关系

1—神府煤；2—东滩煤

图 11-27 为 NDF 中苯乙烯磺酸及其盐的比例与 CWM 表观黏度的关系。随着 NDF 中苯乙烯磺酸及其盐的比例的增大，CWM 表观黏度先降低，再升

高。由于每个马来酸重复单元含两个负电荷，每个苯乙烯磺酸重复单元只含一个负电荷，这说明阴离子型表面活性剂分子量一定时，亲水基团的种类和数量对 CWM 的成浆性能都有作用，其中亲水基团的种类是主要影响因素，同时，亲水基团的数量也起重要的影响作用。当分子量一定时，分子中磺酸基比羧基对于改善 CWM 成浆性作用更大。此外，保证分子中一定数量的亲水基团也是至关重要的。弄清这些影响关系，可以为 CWM 添加剂的分子设计提供重要的理论依据。

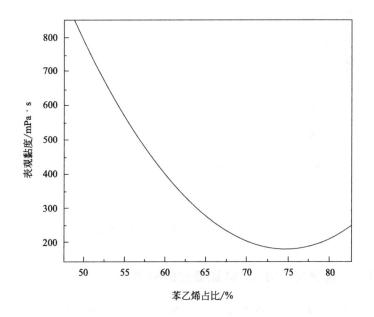

图 11-27　NDF 中苯乙烯磺酸及其盐的比例与 CWM 表观黏度的关系

11.9.3.3　分散剂用量对 CWM 流变性的影响

图 11-28 反映了 NDF 用量和 CWM 表观黏度的关系。随着 NDF 用量的增大，CWM 表观黏度降低，当 NDF 用量增大到一定的数值，即使再增大 NDF 用量，CWM 表观黏度也不再降低。这是因为随着 NDF 用量的增大，起初 NDF 被吸附在煤表面，使得煤表面的负电荷和阻止煤粒子团聚的空间位阻增加，煤粒子间相互排斥力增大，CWM 表观黏度降低；当 NDF 用量继续增加，煤粒子单分子层吸附 NDF 后，多余的 NDF 存在于煤粒子间，发挥对 CWM 自由稳定作用，使 CWM 表观黏度继续下降，并维持在较低的范围内。一旦 CWM 的煤浓度和级配确定，能发挥自由稳定作用的空间也就确

定，即使再增加 NDF 用量，也不能再降低 CWM 的黏度。而且多余的 NDF 被多层吸附在煤表面，呈反向排列，还会减少煤表面的负电荷，影响 CWM 的成浆性能。

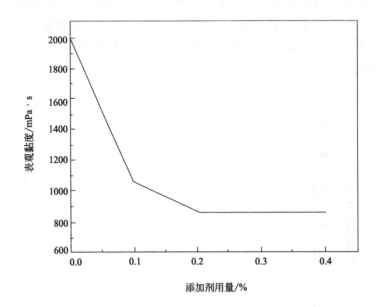

图 11-28　NDF 用量与 CWM 表观黏度的关系

11.9.3.4　金属离子对 CWM 流变性的影响

由于煤形成的地质条件和过程的差异，不同种类的煤所含无机矿物质的种类和含量都有差别，因此在 CWM 的制备和储运中溶出的金属离子组成差别也很大。图 11-29 显示了 Ca^{2+} 和 Na^+ 浓度对 CWM 表观黏度的影响。金属离子的加入都导致 CWM 表观黏度增加，并且随着离子浓度增大，二价金属离子比一价金属离子对 CWM 表观黏度增加的影响大。这是因为电解质不仅影响高分子链在水溶液中的形态，还会和 CWM 分散剂直接反应，导致有效 CWM 分散剂量减少。由于二价金属离子有效核电荷高，离子半径小，更容易扩散到高分子链内部，导致高分子链相互靠近，构象不太舒展；而且，随着金属离子浓度增加，中和了煤表面的负电荷，导致其排斥作用减弱。因此，可以预见，除去 CWM 中的金属离子，特别是高价金属离子，将有利于 CWM 的高浓度化和稳定化。在制浆过程中加入少许 Na_2CO_3，除去 CWM 中的一些高价金属离子，制得的 CWM 的性能明显优于未加 Na_2CO_3 制得的 CWM 的性能。

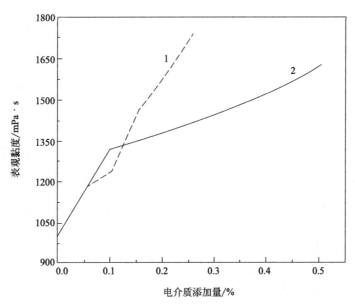

图 11-29 金属离子价态和浓度对 CWM 表观黏度的影响

1—Ca^{2+}；2—Na^+

11.9.3.5 CWM 温度

众所周知，流体的黏度随温度升高而降低。但 CWM 的黏度与温度的关系比较复杂，它和分散剂、浆体受剪切的条件等都有关系，如图 11-30 所示。在 $10 \sim 100 s^{-1}$ 剪切速率条件下，温度低于 60℃时，表观黏度随温度升高而降低，但温度高于 60℃时，在剪切速率为 $100 s^{-1}$ 时则相反。这可能是静剪切应力升高，低剪切速率不足以破坏煤浆结构所致。显然，对 CWM 体系来说，升高温度有利于降低黏度，这不能归因于水介质黏度随温度升高而降低。其中，分散剂的影响也是重要的因素。许多实验证明，升高温度有利于提高分散剂在煤粒子表面上的吸附量，对降低 CWM 的黏度是很有用的。

11.9.3.6 煤粒子级配与成浆性能的关系

不同级配的煤粒子成浆性能也有很大的差异。煤粒子的级配合适，大小粒子形成有效的堆积方式，吸附在煤粒子表面的添加剂可以较好地实现对 CWM 中煤粒子的静电稳定、位阻稳定和自由高分子稳定，不会因粒子之间相互作用过强而影响流动性，也不会因粒子之间的相互作用过弱而不能保持稳定。

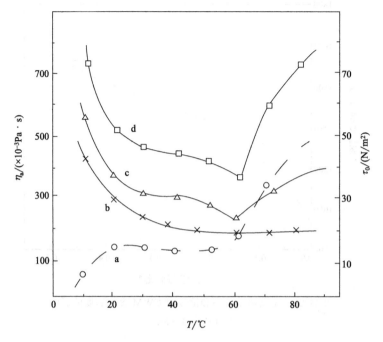

图 11-30　CWM 表观黏度、屈服应力与温度的关系

a—$\tau_0 - T$；b—$\eta_a - T$ 在 $100s^{-1}$；c—$\eta_a - T$ 在 $30s^{-1}$；d—$\eta_a - T$ 在 $10s^{-1}$

（1）CWM 硬沉淀浓度与级配的关系

CWM 在形成硬沉淀过程中，煤粒子之间相互接触形成该粒径分布下的紧密堆积。所以硬沉淀的浓度与该粒径分布下的 CWM 能够达到的最高浓度有直接的关系。图 11-31 为六种不同级配煤粉制得 CWM 的煤粒子粗细比（粗细比定义为：粒径在 $75\mu m$ 以上和 $75\mu m$ 以下的煤粉质量比）与硬沉淀浓度的关系。由图 11-31 可以看出，煤粒子粗细比为 1.55 左右，CWM 硬沉淀的浓度最高。

（2）CWM 的流变性能与级配的关系

CWM 的级配与成浆性能关系密切，在较好的级配条件下，大粒子之间的空隙里可以有效地填充粒径比较小的粒子，使 CWM 体系里的自由水相对增加，从而提高 CWM 的流动性，或提高 CWM 的定黏浓度，有利于形成合格的 CWM。

煤粒子粒径分布峰的宽度是关系到 CWM 成浆性能的一个重要因素，如

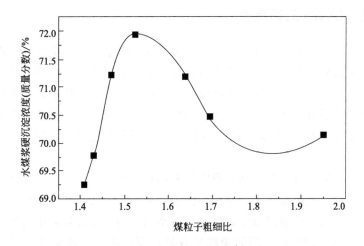

图 11-31 煤粒子粗细比与硬沉淀浓度的关系

图 11-32所示，煤粒子粒径为级配 1 和级配 2 时，虽然其最大分布峰的位置有一定的差异，但其定黏浓度的差别不大（使用 NDF 型水煤浆添加剂，添加率为 5g/kg，定黏浓度分别为 62.40％和 63.00％），而且在放置一天后即出现沉淀。当通过使用特定的工艺制得 CWM 的粒径分布为级配 3 时，相同条件下，其定黏浓度达到 69.24％，可以稳定存放 15 天以上。

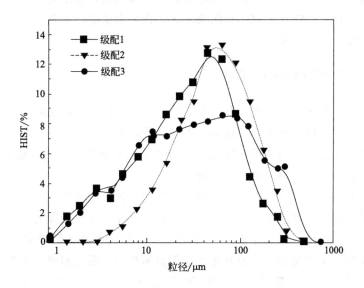

图 11-32 不同粒径峰宽度的煤粒子级配图

11.9.4 CWM 的稳定性

CWM 的稳定性是表示颗粒抗沉降的能力。理想的 CWM 煤粒子都均匀分散，不发生沉淀。事实上，这既不可能也不必要，因为 CWM 是粗颗粒分散悬浮体，重力起主导作用，颗粒不可能不发生沉淀。在悬浮体中，如果颗粒以缓慢的速度协同下沉，在容器底部形成结构疏松的团聚物，即所谓的软沉淀，再通过机械搅拌能恢复原来的均匀分散状态，这样的悬浮体就符合稳定性的要求。

稳定性有静态稳定性、动态稳定性和热稳定性之分。静态稳定性是在无其它外力作用时，颗粒抵抗重力作用的能力。动态稳定性是在外力作用下，如在铁路、卡车、轮船运输过程中，煤浆抗振动的能力，此时煤浆承受着加速度大于 9.8m/s^2 的连续振动，因而颗粒更容易沉降。热稳定性是指不同温度条件下，煤浆的稳定性。一般情况下，温度高时，有用浆体黏度降低，颗粒易沉淀，但是热稳定性在很大程度上和分散剂的耐热性有关。

在大规模工业生产中，CWM 的稳定性比其流动性、浓度更为重要，它不仅决定煤浆能否稳定存放、输送，而且直接关系到水煤浆厂和用户能否正常生产。经存放不发生硬沉淀的 CWM，其稳定性基本就符合要求。不发生硬沉淀的时间（天数或周数）称为稳定期。稳定期的长短根据实际需要而定，如就地制浆，煤浆随制随用，无需长时间存放和长距离输送，稳定期仅要几小时或一二天即可。商品 CWM 不仅要长距离输送，还要有足够的储备量，一般要求具有三个月以上的稳定期。

11.9.5 CWM 的制备工艺

CWM 的制备工艺可分干法和湿法两类。干法制备工艺对原料煤水分有严格限制，选出的精煤或低阶原煤必须先经干燥，把水分降至 2% 以下才能再加工。另外，干法磨矿效率低，能耗大，安全和环境条件都不如湿法制备工艺。因此，多数水煤浆厂均采用湿法制备工艺。

湿法制备工艺按磨矿浓度可分高浓度磨矿工艺、中浓度磨矿工艺和混合型磨矿工艺三种。高浓度磨矿工艺简单，但灵活性差，生产难度大，因而要求操作技术高。中浓度（50% 左右）磨矿工艺，磨机效率高，但磨矿产品必须脱水，再调浆，工艺复杂，然而其生产过程容易控制。混合型磨矿工艺介于前两者之间。这三种方法都得到了广泛应用。三种典型的制浆流程，如图 11-33 所示。

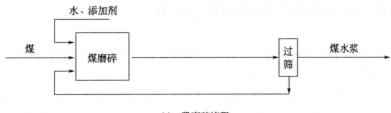

(a)一段磨矿流程

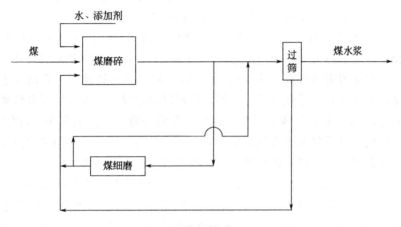

(b)两段磨矿流程

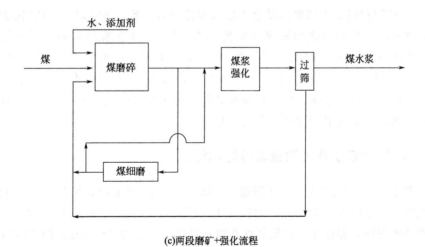

(c)两段磨矿+强化流程

图 11-33 三种典型的 CWM 制浆流程

11.10　在纳米碳酸钙解聚中的应用

纳米碳酸钙（NCC）是指空间的特征维度尺寸在纳米数量级（1～100nm）的碳酸钙颗粒及其集合体（粉体）。NCC 一般由碳化法[26]制备，与普通碳酸钙（重钙和轻钙）相比，NCC 具有更大的比表面积，更多的表面不饱和离子和晶体结构缺陷，甚至表面电子结构也发生了变化，因此 NCC 具有显著的表面效应[27-30]。NCC 是 20 世纪 80 年代发展起来的一种新型功能粉体材料，目前已在化工、轻工和新材料等领域得到广泛应用[31,32]。

NCC 的尺度处在微观和宏观尺度交界的过渡区域，由于比表面积大和表面能较高而处于热力学不稳定状态[33,34]，所以在 NCC 的制备和后处理过程中极易发生粒子团聚而形成二次颗粒[35]。NCC 颗粒表面活性高，表面原子水化成羟基，形成结合，导致团聚。显然，仅通过简单搅拌，难以使团聚解离[36]。正因如此，NCC 往往呈现表观粒径远大于其原初粒径的团聚形态，这使 NCC 在最终使用时减弱甚至失去纳米级颗粒的特有功能。因此，必须采用防止团聚和强力解聚方式，保证分散型颗粒特征和发挥原有优良性能[37,38]。

目前，对 NCC 团聚问题的解决方案一般有原位表面活性剂改性、超声波解聚、强力机械解聚等[39]。由于这些分散手段（如表面改性等）多施加在 NCC 的原位合成阶段，所以往往使 NCC 的性能随之发生改变。而对 NCC 成品也仅做分散处理，缺少对 NCC 开展解聚和解聚-分散一体化方面的研究。

NCC 颗粒间形成团聚的结合力较强和传统的分散处理难以使 NCC 团聚体有效解聚，只有采用强力解聚方式使 NCC 解聚，并在解聚基础上做分散处理，才能最终实现 NCC 的良好分散。基于这一背景，孙思佳和丁浩等[40]以实现 NCC 在水介质中解聚和稳定分散为目标，对 NCC 颗粒的聚集行为和通过高速搅拌、超声波振荡、机械研磨解聚和同时添加分散剂处理实现 NCC 在水中的解聚、分散技术进行如下系统研究。

11.10.1　NCC 颗粒的聚集行为和性质

图 11-34 是 NCC 的 TEM 图像。从图 11-34（a）可看出，NCC 颗粒呈较规则块状，大小约 50～100nm，颗粒间团聚严重，主要以大量 NCC 一次粒子聚集成的团聚体形态存在，团聚体处在微米尺度，大小为 1～2μm。图 11-34（b）为将 NCC 低固含量水悬浮液磁力搅拌 30min 后产物的 TEM 图，搅拌后产物与搅拌前 NCC 原料的粒度分布曲线如图 11-34（c）所示。

对比图 11-34（b）与图 11-34（a）可知，NCC 经磁力搅拌后仍以团聚体状

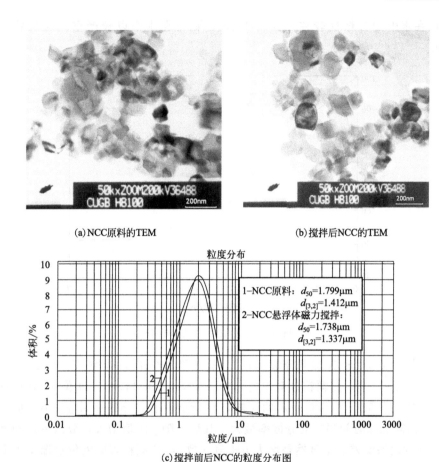

(a) NCC原料的TEM

(b) 搅拌后NCC的TEM

粒度分布

1—NCC原料: d_{50}=1.799μm
　　　　　$d_{[3,2]}$=1.412μm
2—NCC悬浮体磁力搅拌:
　　　　　d_{50}=1.738μm
　　　　　$d_{[3,2]}$=1.337μm

(c) 搅拌前后NCC的粒度分布图

图 11-34　NCC 原料与磁力搅拌后 NCC 的 TEM 及粒度分布图像

态存在，且团聚体大小和状态与 NCC 原料基本相同，说明磁力搅拌因作用力较弱而没能使 NCC 团聚体解聚。从图 11-34(c) 看出，NCC 原料的粒度集中分布在约 2.1μm，其中位径 d_{50}=1.799μm、表面积平均径 $d_{[3,2]}$=1.412μm，整体处于微米级别，远大于图 11-34(a) 中 TEM 所反映的 NCC 一次颗粒粒径，而与其团聚体粒度基本一致，表明 NCC 中的纳米颗粒以较严重的团聚状态存在。NCC 水悬浮液经磁力搅拌器搅拌后，其粒度的集中分布范围略降低至约 1.9~2μm，d_{50}=1.738μm，表面积平均粒径 $d_{[3,2]}$=1.337μm，和 NCC 原样相比基本没变化，二者的粒度分布曲线也基本重合，说明磁力搅拌没能使 NCC 团聚体解聚，与图 11-34(a) 与图 11-34(b) 的对比相同。图 11-35 是 NCC 悬浮液用磁力搅拌器搅拌 30min 后，其颗粒在水中的分散率（F_s），可以看出，NCC 悬浮液经磁力搅拌均匀后静置 4min，其分散率为 50%，说明

NCC 在水中的分散性较差，也表明 NCC 颗粒在水中以较严重的团聚状态存在。

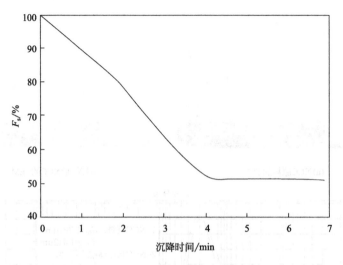

图 11-35　NCC 在水中的分散率

另外，通过调整 NCC 悬浮液 pH 值（盐酸和 NaOH 溶液，浓度 0.01mol/L），考察了 pH 值对 NCC 颗粒分散率的影响，如图 11-36 所示。pH 值对 NCC 颗粒在水中的分散行为具有一定的影响，在所能存在的 pH 条件下，pH 值为 7 时，相同沉降时间颗粒的分散率最大；其后，随 pH 值增大，分散率逐渐减小，分散效果变差。这显然是增大 pH 值导致 NCC 颗粒表面电位逐渐接近零电点，从而使颗粒间的电性排斥作用减弱，进而导致分散性变差的结果。在不同 pH 值条件下 NCC 相同沉降时间的分散率差别不大，说明 pH 值的影响程度较低。NCC 团聚体尺度大，受颗粒电性作用的程度有限和改变 pH 值不能使其解聚。

NCC 的聚集性质——NCC 一次颗粒间以较强的相互作用聚集，且彼此结合牢固。这是因为 NCC 颗粒具有很高的表面能，为使表面能降低，它们彼此间呈强烈的团聚趋势，而颗粒表面强烈的活性及形成的活性基团又导致团聚呈现牢固结合方式。

11.10.2　NCC 颗粒解聚及在水介质中分散

如前所述，组成 NCC 团聚体的纳米粒子间作用力较强，结合牢固，仅通过弱搅拌作用难以解聚和进一步分散。只有对 NCC 水悬浮体施以更大强度、更高能量的机械作用，才能使团聚体解聚。同时，在解聚基础上，还必须通过

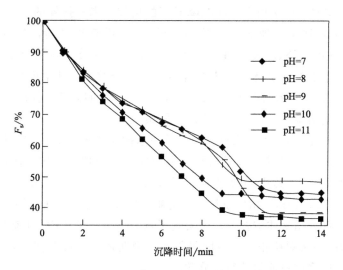

图 11-36   pH 值对 NCC 分散效果的影响

分散剂的作用使颗粒间保持分散以防止再团聚。为此，对 NCC 悬浮液采用较大输入能量的高速搅拌、超声波振荡和研磨等手段使之解聚和在分散剂作用下分散的行为进行了研究。

11.10.2.1   水介质中 NCC 的高速搅拌解聚

将 NCC 原料配成的悬浮液（固含量 10%）置于高速搅拌分散机上，以转速 10000r/min 进行搅拌，图 11-37 是搅拌不同时间的悬浮液分散率随沉降时

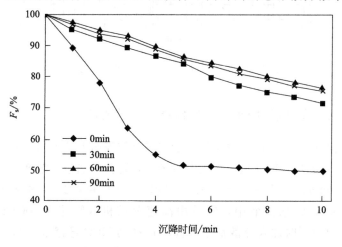

图 11-37   高速搅拌对 NCC 悬浮液分散率的影响

间的变化。如图 11-37 所示，随沉降时间的增加，未经搅拌的 NCC 悬浮液的分散率随沉降时间增加而迅速减小，至 5min 后趋于平衡，分散率达到约 50%。与之相比，NCC 悬浮液经高速搅拌后，其分散率降低幅度显著减小，分散率明显大于相同沉降时间未搅拌悬浮液的分散率，其中搅拌 60min 产物的分散率最大（沉降时间 5min，F_s 大于 85%），说明高速搅拌已导致 NCC 粒度变小，推断团聚体已得到一定程度的解聚。

图 11-38 给出了 NCC 原料悬浮液及高速搅拌 60min 后产物的粒度分布曲线，可以看出，NCC 高速搅拌后粒度分布曲线与搅拌前相比整体左移，说明搅拌后粒度减小，其中粒度集中分布在约 1.7μm，$d_{[3,2]}$ 和 d_{50} 分别降至 1.093μm 和 1.444μm，相比原料有一定幅度减小，说明高速搅拌已导致 NCC 悬浮液中一部分团聚体被打开，即实现了部分解聚。但 NCC 高速搅拌产物与 TEM 显示的一次颗粒相比，粒度仍很粗，说明还有一部分团聚体未被解聚，或已解聚的团聚体没能保持稳定分散。

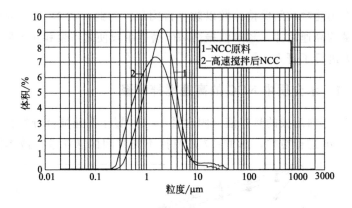

图 11-38 NCC 原料及其高速分散后粒径分布

11.10.2.2 分散剂对 NCC 高速搅拌解聚的影响

分散剂对微细颗粒的分散作用源于它在颗粒表面上的吸附，并由此对颗粒表面特性及颗粒与分散介质间作用产生影响，这些影响包括溶剂化作用、位阻作用和颗粒间排斥作用等。将分散剂 SDBS、LPL 和 CD458 分别加入质量浓度为 10% 的 NCC 悬浮液中，然后用高速分散机（转速 10000r/min）搅拌 60min。通过对同时加入分散剂进行高速搅拌的 NCC 悬浮液进行沉降试验与表征，考察分散剂对 NCC 分散效果的影响和优化使用条件。

（1）SDBS 的影响

图 11-39 给出了 SDBS 加入量与悬浮液分散率的关系。如图 11-39 所示，SDBS 的加入使 NCC 的分散率比未加试剂时大幅度提高，表明颗粒分散作用增强。其中，SDBS 添加量 0.1% 时分散率最大（沉降时间 30min 约为 78%），添加量超过 0.35%，分散率又明显减小，分散效果变差。因此，SDBS 的最佳用量为 0.1%～0.35%。

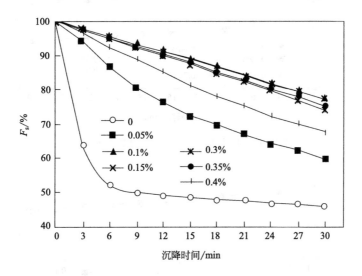

图 11-39　SDBS 加入量对 NCC 分散率的影响

（2）LPL 的影响

图 11-40 是 LPL 加入量对 NCC 悬浮液分散行为的影响，可以看出，NCC 的分散率随 LPL 加入量的增加而显著提高，LPL 对 NCC 具有良好的分散作用，其中 LPL 加入量为 0.06% 时分散效果最好，加入量为 0.06%～0.48% 时分散率保持稳定。当 LPL 加入量大于 0.48%，分散率开始减小。LPL 加入量 0.06%～0.48% 为最佳用量，其中分散率最大为 89.2%。

（3）CD458 的影响

图 11-41 是 CD458 加入量对 NCC 颗粒分散率的影响。如图 11-41 所示，加入 CD458（用量 0.1%～0.5%）后，NCC 的分散率大幅度提高，其中沉降时间 30min 时，分散率从不加分散剂的小于 50% 提高至 94%，CD458 明显强化了颗粒的分散和阻止了二次团聚的形成。

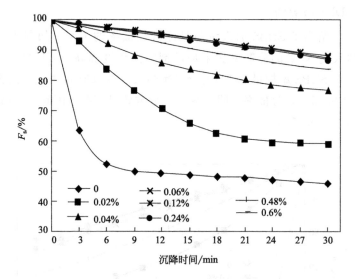

图 11-40 LPL 加入量对 NCC 分散率的影响

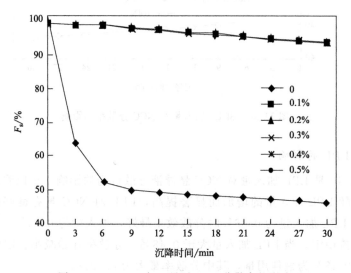

图 11-41 CD458 加入量对 NCC 分散率的影响

（4）三种分散剂对 NCC 分散影响的对比

表 11-18 是分别加入 SDBS、LPL 和 CD458 的 NCC 悬浮液条件下高速搅拌后的粒度测试结果。可以看出，三种分散剂在其适当用量范围内对 NCC 颗粒分散均具有显著效果。相比于 NCC 原料粒径及未加分散剂高速搅拌产物，经高速搅拌解聚且添加分散剂的 NCC 平均粒径显著减小，其中位径 d_{50} 均降

至 400nm 以下，表面积平均径 $d_{[3,2]}$ 降至 350nm 以下，说明其分散性提高，体系稳定性提高。其中，以添加 CD458 作为分散剂的 NCC 中位径和表面积平均径值最小，分散效果最佳，与分散率结果一致。

表 11-18　分散剂对 NCC 粒度和分散率的影响

分散剂及用量	NCC 原料	未加分散剂 高速搅拌	SDBS 0.1%~0.35%	LPL 0.06%~0.48%	CD458 0.1%~0.5%
中位径 d_{50}/nm	1799	1444	399	315	263
表面积平均径 $d_{[3,2]}$/nm	1412	1093	349.1	294.3	216

图 11-42 是 NCC 原料、NCC 悬浮液中添加和未添加 CD458 进行高速搅拌产物的颗粒粒径分布。添加 CD458 高速搅拌的 NCC 粒度分布集中在 $0.2\mu m$ 和 $2\mu m$ 两区域，d_{50} 和 $d_{[3,2]}$ 分别为 263nm 和 216nm，大部分颗粒处在小于 300nm 范围，但仍有部分微米级的大颗粒存在。与未添加分散剂的 NCC 高速搅拌悬浮液相比，其颗粒粒径大幅度减小，CD458 的加入有效阻止了 NCC 中已解聚颗粒的再团聚，从而提高了分散性。NCC 悬浮液中还存在部分微米级大颗粒，说明高速搅拌的解聚并不完全，这可能是 NCC 中有部分团聚体因内部颗粒间存在更强结合而难以被高速搅拌作用克服所致。

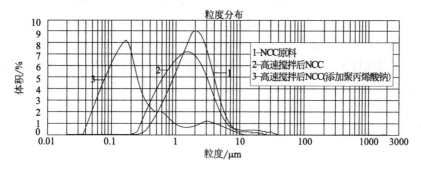

图 11-42　NCC 悬浮液高速搅拌分散前后粒径分布

11.10.2.3　NCC 水悬浮液超声波振荡解聚和分散

虽然对 NCC 悬浮液进行高速搅拌可实现团聚体的部分解聚，但因输入能量所限，其解聚程度和效率仍需进一步提高。由于超声波振荡能产生空化和局部高温、高压或强冲击波等作用[41]，有望大幅度削弱团聚体内纳米颗粒间的作用力，从而实现以更强的外力作用提高团聚体解聚的目的。

图 11-43 是 NCC 悬浮液（固含量 10%，添加 0.1%CD458，pH 为 9）在

超声波细胞粉碎机上振荡不同时间产物的 $d_{[3,2]}$。如图 11-43 所示，经超声波振荡 5min，NCC 的 $d_{[3,2]}$ 从 1.412μm 减小到小于 158nm；振荡 10min，$d_{[3,2]}$ 为 146nm，并达到最小值；振荡时间再增加，$d_{[3,2]}$ 又增大至约 160nm，并保持稳定。显然，超声波振荡已使 NCC 悬浮液中团聚体得到了比高速搅拌更有效的解聚。

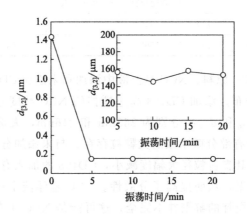

图 11-43　超声波振荡对 NCC 粒度的影响

图 11-44 是 NCC 悬浮液经超声波振荡 10min 产物的粒度分布曲线。显示 NCC 颗粒主要集中在 0.15μm（150nm）区域，在约 3μm 处的弱分布峰代表有少量团聚体未被解聚，其粒度指标为 $d_{[3,2]}$＝146nm，d_{50}＝173nm。将其与图 11-42 对比可见，NCC 悬浮液经超声波振荡，其颗粒粒度不仅比 NCC 原料大大降低，而且也显著低于 NCC 悬浮液高速搅拌后的粒度，表明超声波振荡对 NCC 悬浮液团聚体的解聚程度明显强于高速搅拌解聚，体现了超声波振荡对 NCC 团聚体的强烈解聚效果。

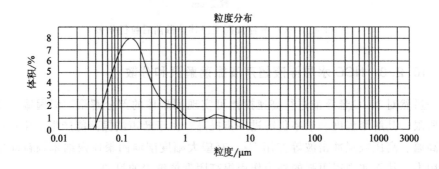

图 11-44　NCC 悬浮液超声波振荡 10min 产物的粒度分布

11.10.2.4 NCC水悬浮液机械研磨解聚和分散

图 11-45 为 NCC 悬浮液（固含量 20%）研磨不同时间后其水悬浮液颗粒分散率的变化。随研磨时间的增加，NCC 的分散率显著增大，在研磨时间 60min 时达到最大值，表明此时 NCC 的分散性最好；当研磨时间继续增加到 90min 时，分散率又开始降低，因此选取研磨时间 60min 为最优条件。研磨时间过长可能会导致已解聚的颗粒因发生相互碰撞而再次团聚。

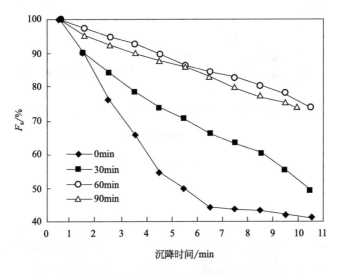

图 11-45 研磨时间对 NCC 分散行为的影响

机械研磨对物料的解聚主要源于研磨介质与物料之间的强烈冲击、摩擦和剪切等作用，因此，反映研磨强度的球料比（介质球质量与物料质量比值）应对 NCC 的分散具有显著影响。将 NCC 悬浮液置于搅拌磨中，在不同球料比下研磨 60min，所得各研磨产物的分散率如图 11-46 所示。从图 11-46 看出，与仅对 NCC 悬浮液搅拌（球料比为 0）相比，研磨产物的分散率明显增大，分散性显著提高。但不同球料比下研磨产物的分散率变化不大，说明球料比彼此间对 NCC 分散的影响较小。

图 11-47 是 NCC 悬浮液研磨 60min（球料比 4:1）产物的粒度测试结果及与 NCC 原料的对比。如图 11-47 所示，研磨产物的粒度曲线比原料明显左移，说明研磨导致颗粒度减小，测试其 $d_{[3,2]}$ 为 0.995mm，d_{50} 为 1.321mm，比 NCC 原样粒径明显减小，但比悬浮液高速搅拌和超声波振荡的解聚和分散效果大得多，说明 NCC 研磨虽可使一部分团聚体被打开，但最终产物的颗粒

粒径仍较大，没能达到纳米级别。因此，水介质中 NCC 合理的解聚和分散方式应为悬浮液高速搅拌和超声波振荡（同时加入分散剂）。

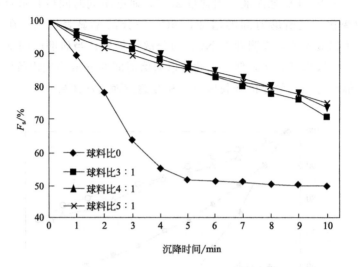

图 11-46　机械强度对 NCC 分散行为的影响

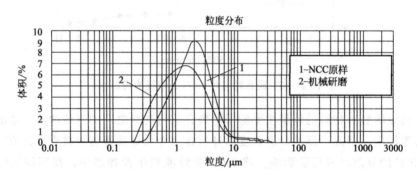

图 11-47　研磨 60min 后 NCC 的粒度分布

11.10.3　NCC 解聚和在水介质中分散行为评判

11.10.3.1　NCC 团聚体解聚产物的透射电镜（TEM）表征

图 11-48 是 NCC 悬浮液分别经高速搅拌和超声波振荡方式解聚、分散后的 TEM 图像。如图 11-48 所示，与原料［图 11-34(a)］相比，NCC 解聚后，其单元颗粒之间连接程度减弱，彼此间距离有一定程度的增大，未呈现明显的

团聚形态。各解聚方式相比，NCC 悬浮体经高速搅拌解聚，其颗粒之间虽接触较为紧密，但总体呈隔离形态［图 11-48（a）］。而在高速搅拌同时加入 CD458，则颗粒间距离增大，颗粒虽然仍被连接成网状或链状，但整体呈松散状态，表明颗粒的分散性得到提高，这显然是解聚后 NCC 颗粒的再团聚被阻止所致［图 11-48（b）］。与之相比，NCC 悬浮体经超声波振荡使解聚作用进一步增强［图 11-48（c）］，不仅颗粒间隔较大，颗粒呈更松散的分布，而且颗粒体之间出现空隙，说明超声波的强机械作用实现了更佳的解聚分散效果。TEM 的表征与分散率和粒度测试结果一致。

 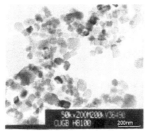 

(a)高速搅拌(60min)　　　　(b)加CD458高速搅拌(60min)　　　　(c)超声波振荡(10min)

图 11-48　NCC 悬浮体解聚分散后的 TEM 图

11.10.3.2　NCC 解聚-分散的对比

① 对 NCC 悬浮液进行磁力搅拌因作用力弱而不能使 NCC 团聚体解聚，所以不能形成颗粒分散效果。

② 对 NCC 悬浮液进行高速搅拌，因作用力强可导致部分团聚体解聚，粒径减小，但解聚后的颗粒没能稳定在纳米级别，部分解聚颗粒又形成了新的团聚体。在 NCC 悬浮液中分别添加 SDBS、LPL 和 CD458 三种分散剂再进行高速搅拌，NCC 的解聚和分散效果显著提高，分散后颗粒可稳定在纳米级别，分散剂的加入阻止了已解聚 NCC 颗粒的再团聚。三种分散剂对比，其分散作用效果由强到弱的顺序为 CD458＞LPL＞SDBS。

③ 除高速搅拌外，对 NCC 悬浮液进行超声波振荡和湿法研磨也具有对团聚体的解聚作用，在同时加入分散剂的前提下，NCC 在水介质中得到了良好分散。三种方法相比，超声波振荡的解聚和分散作用最强，高速搅拌次之，湿法研磨最弱。

参考文献

[1] 任俊，卢寿慈，沈健，等．超细颗粒的静电抗团聚分散［J］．科学通报，2000，45(21)：2286-2292．

[2] 卢寿慈．粉体加工技术［M］．北京：中国轻工业出版社，1998．

[3] 郑水林．超细粉碎［M］．北京：中国建材工业出版社，1999．

[4] 郑水林．超细粉碎原理、工艺设备及应用［M］．北京：中国建筑工业出版社，1993．

[5] Davis S C, Klabunde K J. Unsupported Small Metal Particles-preparation, Reactivity and Characterization［J］. Chem. Rev., 1982, 82（2）: 153-208.

[6] Boutonnet M, Kizling J, Stenius P. The Preparation of Monodisperse Colloidal Metal Particles from Micro-emulsions［J］. Colloids Surf., 1982, 5（3）: 209-225.

[7] 裘式纶，翟庆洲，肖丰收，等．纳米材料研究进展Ⅱ——纳米材料的制备、表征与应用［J］．化学研究与应用，1998，10（4）：331-341．

[8] 谭立新，蔡一湘．超细粉体粒度分析的分散条件比较［J］．中国粉体技术，2000，6（1）：23-25．

[9] Moilliet J, Plant D A. Surface Treatment of Pigments［J］. J. Oil Col. Chem. Assoc., 1969, 52（4）: 289-308.

[10] 洪啸吟，冯汉保．涂料化学［M］．北京：科学出版社，1997．

[11] 周春隆，穆振义．有机颜料化学及工艺学［M］．北京：中国石化出版社，1997．

[12] 周春隆．颜料的润湿、分散及分散稳定性［J］．染料工业，1988（6）：24．

[13] 长冈治．微细子工学（日）［M］．日本粉体工业技术协会，1994．

[14] Birrell P. Modern Aqueous Organic Pigment Dispersions［J］. J. Oil Col. Chem. Assoc., 1964, 47（11）: 879.

[15] Topham A. Dispersing Agents for Pigments in Organic Liquids［J］. Prog. In Org. coating, 1978, 5（3）: 237-243.

[16] 周春隆．有机颜料润湿、分散及分散稳定性［J］．化工进展，1988（4）：12．

[17] Tsutsui K, Ikeda S. 10 Years Progress in the Characterization of State of Dispersion［J］. Prog. In Org. Coating, 1982, 10（3）: 235-250.

[18] 侯万国，孙德军，张春光．应用胶体化学［M］．北京：科学出版社，1998．

[19] 李健鹰．泥浆胶体化学［M］．东营：石油大学出版社，1988．

[20] 卢寿慈，翁达．界面分选原理与应用［M］．北京：冶金工业出版社，1992．

[21] 宋少先，戴宗福，卢寿慈．微细粒矿物悬浮体的聚团与分散［J］．江西冶金，1987，（20）：1．

[22] 方启学．微细粒弱磁性铁矿分散与复合团聚理论及分选工艺研究［D］．长沙：中南工业大学，1996．

[23] 定本胜年．微细子工学（日）［M］．日本粉体工业技术协会，1994．

[24] 王鹏伟，刘明杰，江雷．仿生多尺度超浸润界面材料［J］．物理学报，2016，65（18）：1-23．

[25] WANG L, ZHAO Y, TIAN Y, et al. A General Strategy for the Separation of Immiscible Organic Liquids by Manipulating the Surface Tensions of Nanofibrous Membranes［J］. Angew. Chem. Int. Ed., 2015, 54: 14732-14737.

[26] 王国庆，崔英德．轻质碳酸钙生产工艺［M］．北京：化学工业出版社，1999．

［27］ Aldea S, Snåre M, Eränen K, et al. Crystallization of Nano-Calcium Carbonate: The Influ-ence of Process Parameters [J]. Chemie Ingenieur Technik, 2016, 88（11）: 1609-1616.

［28］ 周作良, 黎先财. 碳酸钙表面改性技术 [J]. 江西化工, 2003（1）: 14-18.

［29］ 陈均志, 赵艳娜. 轻质碳酸钙的表面改性及其界面行为 [J]. 碳酸钙改性, 2004, 23（1）: 14-16.

［30］ 汪晖, 汪国云, 帅颖松, 等. 我国超微细粉体应用市场分析 [J]. 化工进展, 1993（2）: 48-50.

［31］ Suwanprateeb J. Calcium Carbonate Filled Polyethylene: Correlation of Hardness and Yield Stress [J]. Composite Part A-Applied Science and Manufacturing. 2000, 31（4）: 353-359.

［32］ 颜鑫, 刘跃进, 王佩良. 我国超细碳酸钙生产技术现状、应用前景与发展趋势 [J]. 化学工程师, 2002（4）: 42-44.

［33］ 白小东, 肖丁元, 张婷, 等. 纳米碳酸钙改性分散及其在钻井液中的应用研究 [J]. 材料科学与工艺, 2015, 23（1）: 89-94.

［34］ 宗营, 姜旭峰, 郝敬团, 等. 纳米碳酸钙表面改性方法 [J]. 化工时刊, 2015（8）: 29-31.

［35］ 陈大勇, 杨小红, 汪泉. 纳米碳酸钙的制备技术与表面改性方法 [J]. 化学工业与工程技术, 2007, 28（2）: 42-46.

［36］ XIANG L, XIANG Y, WANG Z G, et al. Influence of Chemical Additives on the Formation of Super-fine Calcium Carbonate [J]. Powder Technology, 2002, 126（2）: 129-133.

［37］ 毋伟, 陈建峰, 卢寿慈. 超细粉体表面修饰 [M]. 北京: 化学工业出版社, 2003.

［38］ 陈朝阳, 高辉, 沈兴志, 等. 分散改性剂对轻质碳酸钙的影响 [J]. 煤炭与化工, 2016（11）: 100-103.

［39］ 徐国峰, 王洁欣, 沈志刚, 等. 单分散纳米碳酸钙的制备和表征 [J]. 北京化工大学学报: 自然科学版, 2009, 36（5）: 27-30.

［40］ 孙思佳, 丁浩, 刘坤, 等. 水介质中纳米碳酸钙颗粒的解聚和分散 [J]. 中国粉体技术, 2018, 24（4）: 12-17.

［41］ 盖国胜. 微纳米颗粒复合与功能化设计 [M]. 北京: 清华大学出版社, 2008.

[27] Mhori S, Abe J H, Nedum K, et al. Crystallization of Nano Calcium Carbonate The Influence of Process Parameters [J]. Chem a Ingen at Teenks, 2012, 36(11): 757-762.

Leatra M, 10b Drg en sanr reasal.cs1.2003(1), 14-16.

tes i 5 Tfcht gs ffe Jgt 2 24 JE ?. a c c. et al teal sa. 2004.

12

颗粒分散的评价方法

颗粒的分散性与稳定性通常是指颗粒在气体、液体和固体介质中的分散性与稳定性。颗粒是一个广义概念，包括固体颗粒、液体颗粒（液滴）和气体颗粒（气泡）。本章简要介绍不同颗粒在液体及气体介质中分散稳定性的表征方法和评价问题。

12.1 颗粒在液体中分散的评价方法

颗粒在液体分散体系中的分散与稳定性包括两个方面的内容。

① 颗粒在液相中的沉降速度慢，则可以认为颗粒在液相中的悬浮时间长，分散体系的稳定性好。

② 颗粒在分散体系中，如果粒径不随时间的延长而增大，则可以认为分散体系的分散性好。

颗粒在液体中分散形成的悬浮体系，按其浓度高低，可分为高浓度悬浮液和低浓度悬浮液。颗粒在液体分散体系中分散的评价方法大致分类见表 12-1。

表 12-1 颗粒在液体分散体系分散的评价方法分类

分散性	分散度	分散稳定性
接触角	粒度	屈服值
浸湿热	粒度分布	ζ 电位
亲液度	沉降体积	吸附量
HLB	着色力	沉淀体积
溶解性系数	光泽	沉降形式
沉降体积	流变性	介电常数
吸液量	屈服值	图像分析
液体分数体系的凝聚率	触变因子	分散度分析

分散性	分散度	分散稳定性
颗粒带电量	X 光微量分析器的图像分析	溶剂稀释法
ζ 电位	利用电子显微镜的分散度分析	
沉积物的色相测定	悬浊体积	
	溶剂稀释法	

通常情况下，对低浓度悬浮液来说，体系的分散稳定性最常用的表征方法有浊度法、沉降法、显微镜法和粒度分布测量法等；对高浓度悬浮液而言，最常用的表征方法是黏度测量法或流变法。

12.1.1 沉降法

沉降法是通过测定沉降体积和沉降速度来确定分散体系的分散稳定性。如果沉降体积大，沉降时间短，则分散性差；如果沉降体积小，沉降时间长，则分散性好。由于沉降体积法耗用时间较长，速度较慢，所以一般采用测定沉降速度的方法。现在常采用的测试方法有三种。

① 光子相关谱法，直接测定粒径随时间的变化，如果颗粒的粒径不随时间而变化，则分散体系的稳定性好。

② 光散射和分光光度计吸收测量法测定颗粒的沉降速度。

③ 用电子天平直接测定颗粒的沉降速度。

电子天平测量法是将电子天平浸入分散体系中，并及时将测定过程中沉降重量记录下来，将分散体系中检查域内的颗粒总重量 W_0 与在某一时间沉降在天平盘上的颗粒重量 W 的差值与 W_0 的比值定义为分散率 F_s[1]：

$$F_s = \frac{W_0 - W}{W_0} \times 100\% \qquad (12-1)$$

F_s 值越大，分散效果越好；反之分散效果差。

近来，有人采用颗粒表面的 ζ 电位作为评判颗粒在水中分散稳定性的标准。通常认为分散体系中 ζ 电位绝对值越大，则分散体系越稳定，颗粒的分散性就越好。ζ 电位用电泳仪测定。

12.1.2 浊度法

浊度法是常用的悬浮液分散行为的评价手段。浊度法是沉降分析与光电测定结合的产物，其原理是将一束狭小而平行的水平光柱，在已知深度 h 处通过悬浮液投射到光电元件上。开始时，光柱中的颗粒浓度与悬浮液的初始颗粒浓度相同，颗粒沉降的第一阶段，离开光柱的颗粒数与从上面进入光柱的颗粒数相等，光柱中的颗粒浓度不变，当悬浮液中最大颗粒从液面沉降到 h 处时，再没有此种大小的颗粒进入光柱测定区，因此，通过的光通量开始增加，此后，随着时间的增加，光通量也不断增大，直至达到稳定。

浊度法是采用浊度仪在恒温下测量分散体系的浊度。通常认为，同一种物料在相同浓度条件下，分散体系的浊度越大，则分散体系的分散性和稳定性越好。

12.1.3 显微镜法

将分散前后的颗粒，在相同条件下，按相同的方法制备样品，采用相对应的各种显微镜进行观测、拍照，可比较出分散性的好坏。

12.1.4 粒度分布测量法

在相同预处理条件下，在相同的仪器上测定悬浮液中颗粒的粒度分布。一般来说，分散性越好，颗粒的粒度分布越接近完全分散的粒度分布，相反，分散性越差，颗粒的粒度分布越远离完全分散的粒度分布，向粗粒度方向移动。

12.1.5 流变法

分散体系在流动时，分散介质本身、分散介质和颗粒之间、颗粒间都会产生相互作用，导致分散体系黏度的变化。在某种程度上，分散体系的流变学性质（黏度）可以评价颗粒分散体系的分散性和稳定性。

流变法就是采用黏度计在恒温（通常是 25℃）下测量分散体系的黏度。一般来说，同一种物料在相同浓度条件下，黏度越小，分散体系在流动时克服的阻力越小，说明该分散体系的分散性较好；如果黏度较大，则认为分散体系中颗粒间彼此聚集，使体系的流动受阻，分散性较差。流变法的优点是快速，其缺点是不能直接观察分散体系的状态。

12.1.6 测力法[2]

测力仪（图 12-1）可测量沉降率，即悬浮体系中的固体颗粒沉积。将仪器收集盘浸入液体中，随着时间的增长，固体颗粒不断地沉积在盘中，可记录为重量和时间的关系，以判断沉淀的趋势。更主要的是测量沉淀物特性，试验时可将试样罐放在测力仪的平台上，平台以 15mm/min 的速度向上缓缓移动，这时仪器的探头就逐渐压入沉淀物中，当探头以一定的速度通过一段距离时，TY 记录仪就记录下探头在插入沉淀物时测得阻力及深度，以判断沉淀物的硬度及厚度。根据测量到的穿透力计算试样可被重新分散和搅起的沉淀物特性，表 12-2 数据可供涂料行业参考。

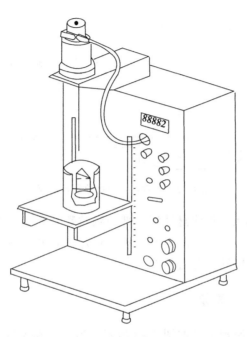

图 12-1　测力仪示意

表 12-2　阻力和沉淀物特性的关系

阻力	沉淀物特性
＜1N	很软,易再分散
1～2N	软,再分散性好
2～4N	较硬,但可以再分散
4～6N	硬,再分散困难
＞6N	很硬,不能再分散

12.1.7　分散稳定性指数法

分散稳定性指数测定法是评价颗粒在液体中分散行为的有效方法之一。分散稳定性指数（X）是指分散悬浮液经处理后自然沉降（无机械搅拌作用）固定时间（一般 30min）时，沉降区域内上部悬浮液（或稀释液）吸光度与下部悬浮液吸光度的比值[3]。图 12-2 是测量分散稳定性指数的示意，分别取分散液上部和下部悬浮液，稀释后测得吸光度分别为 B 和 A，根据下式即可计算出该分散液的 X 值：

$$X = (B/A) \times 100 \tag{12-2}$$

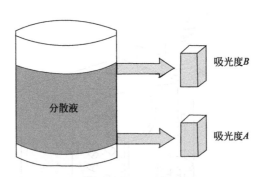

图 12-2 分散稳定性指数测量示意

显然，X 值越大，说明悬浮液上部的颗粒数量和状态越接近下部，即稳定性和分散性都好；反之，X 越小，说明稳定性和分散性均差。分散液的吸光度测量采用紫外可见分光光度计。

12.1.8 紫外透光率法[4-7]

紫外透光率法原理示意如图 12-3 所示。当样品准备好后，静置时间 $t = 0$ 时的透光率值的大小表明颗粒分散性的好坏。颗粒分散越好，粒径越小，颗粒之间的距离越小，光被吸收、散射掉很多，能穿透过去的就较少，则透光率值

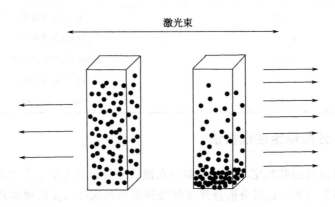

图 12-3 紫外透光率法示意

越小；反之，则越大。因此根据样品透光率随着时间的变化来评价颗粒分散体系的分散稳定性。随着时间的增加，颗粒间的团聚程度的不同，团聚越严重，颗粒的粒径越大，沉降速度越快，上清液中颗粒的浓度减少越快，透光率值增加越快。取一定数量的样品悬浮液 2mL 置于通道长度为 1cm 的比色皿中，立即测定其紫外可见透光率，波长范围为 400～800nm，每隔 25min 测量一次透光率值。

将 400～800nm 波长范围的透光率曲线的面积积分与透光率为 1 的面积积分的比值作为实际的透光率值，如式(12-3)。

$$T = \frac{\int_{400}^{800} T_{\text{real}} \, d\lambda}{\int_{400}^{800} 1 \, d\lambda} \tag{12-3}$$

12.2　颗粒在空气中分散的评价方法

目前，颗粒在空气中分散的评价方法虽然有多种，但这些方法都有一定局限性。例如图像分析法对重叠颗粒无识别能力，分散率法在测定颗粒体的粒度分布时会使颗粒的实际结构特性改变，采用这些方法难以对颗粒体的实际分散性做出较客观准确评价。颗粒力学认为：摩擦性质是解释颗粒体力学行为的基础。颗粒在空气中的分散性评价方法主要有分散率法、黏着力法、图像分析法、分散指数法和分散度法五种。

12.2.1　分散率法

Yamaoto H. 等人把分散率定义为分散颗粒的中位径与一次颗粒的中位径之比。增田弘昭[8]则用一次颗粒的粒度分布与从分散机排出的分散颗粒的粒度分布函数表示分散率 α，即

$$\alpha = \int_0^{D_p^0} y_d \, dD_p + \int_{D_p^0}^x y_0 \, dD_p \tag{12-4}$$

式中，y_0 为一次颗粒的频率分布，y_d 为分散颗粒的频率分布，D_p 为颗粒直径。

颗粒完全分散时，频率分布 y_0 和 y_d 重合，分散率 $\alpha = 100\%$。分散率越高，分散性越好。图 12-4 为 Al_2O_3 颗粒（$d_{50} = 1\mu m$）在气流中分散后，分散度 $\alpha = 69\%$ 时获得的粒度分布实例。图 12-4 中实线表示采用湿式沉降法测定完全分散颗粒的累积和频率粒度分布，点线表示用阶式低速碰撞采样器测定的粉尘雾的粒度分布（累积和频率）。

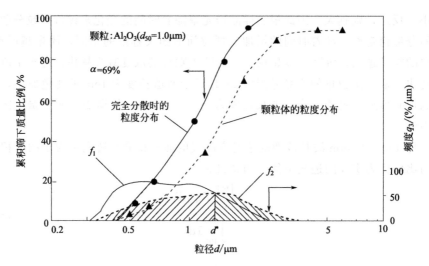

图 12-4　$d_{50}=1\mu m$ 的 Al_2O_3 颗粒分散时的分散率（$\alpha=69\%$）的概念

12.2.2　黏着力法[9]

黏着力法是根据颗粒分散性与颗粒间的黏着力和分散力的关系提出的，黏着力小，颗粒的分散性好，反之，分散性差。

图 12-5 为悬吊式抗张强度破断装置示意。将装置放装在密封箱内，从试料添装到抗张强度破断实验均在相同蒸气气氛下进行。

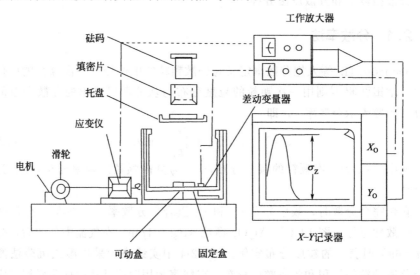

图 12-5　悬吊式抗张强度破断装置示意

测定方法如下：将试料颗粒添装于测量用盒子（两分盒子）中，向水平方向拉动可动盒子，测定颗粒层破断时的应力。可动盒子以 2mm/min 的速度向水平方向拉动，用差动变量器观测盒子的位移。在试料添装时，用 0.7～12kPa 的荷重压实 10min（调整颗粒层的空隙率），取去荷重，再放置 10min 后，刮去盒子上面的凸出物料，然后拉动可动盒子，进行破断实验。

12.2.3　图像分析法[10,11]

图像分析法是近来发展起来的新方法。样品用显微镜放大后，用电视照相机摄影，电视信号通过接口输入数字化微机，微机再根据获得的信号进行分析处理确定分散指标，它可定量地评价颗粒的分散程度。它对重叠颗粒无识别能力，所以对颗粒集合体是无效的。

12.2.4　分散指数法[12]

滑动摩擦锥角是指颗粒的某一单元层面由一对压应力和切应力组成的摩擦力作用，当切应力达到一定值时，颗粒体沿斜面滑落，该斜面与垂直方向的夹角称为滑动摩擦锥角 α（图 12-6）。颗粒从运动状态变为静止状态所形成的这一滑动摩擦锥角与颗粒流动性有直接关系，它是研究颗粒力学和流动性以及颗粒的储存、运输、混合等实际工艺操作和设计中必须掌握的重要参数。该角测定方法简单、便捷，具有重要的实用价值。可用滑动摩擦锥角表征颗粒的分散

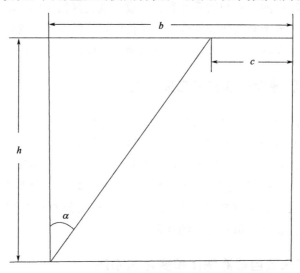

图 12-6　颗粒体滑动摩擦锥角示意

指数。

把在一定条件下处理后的颗粒的滑动摩擦锥角 α 与其自然状态的滑动摩擦锥角 α_0 的比值定义为颗粒的分散指数 f，则分散指数 f 为：

$$f = \frac{\alpha}{\alpha_0} \tag{12-5}$$

在一定条件下，某种颗粒的 α_0 有其确定数值。滑动摩擦锥角 α 越大，颗粒的流动性越好，分散性越好，其分散指数 f 也越大；反之，分散性差，分散指数小。分散指数是衡量颗粒分散性好坏的一个重要标志。

12.2.5　分散度法

分散效果可用颗粒体的分散度表示。其测定方法为：把一定质量（W_0）的颗粒置于分散度测定仪中，使颗粒体自由下落，测定落在正下方表面皿上的颗粒质量（W），则分散度 β 表示为：

$$\beta = \frac{W_0 - W}{W_0} \tag{12-6}$$

分散度越大，抗团聚分散性越强。

12.3　液-液乳化分散的评价方法[13]

由于乳状液中油、水相物质种类、组成、乳化剂的不同，乳状液的分散稳定性差别很大。至今对乳状液的分散稳定性的表征没有统一的普遍方法。根据文献报道和研究实践，乳状液常见的分散稳定性评价方法有以下几种。

12.3.1　乳状液液珠直径分布曲线法

一般乳状液分散相的直径在 $0.1 \sim 100 \mu m$ 之间，大小液珠占的比例可用分布曲线表示，其纵坐标为在各种尺寸范围内液珠占的比例，横坐标为液珠直径。若分布曲线随时间变化明显，曲线高峰向直径大的方向移动，并且宽度增加，表明乳状液不稳定。如果分布曲线显示出小液珠多，分布集中，随时间变化小，则表明乳状液具有较高的分散稳定性。根据分布曲线随时间变化的快慢，可以衡量乳状液分散稳定性的高低。

12.3.2　液珠数目或液珠体积变化速率法

乳状液的破乳通常分为两步，第一步是分散的液珠絮集、沉淀（或上浮），第二步是絮集的液珠聚并成较大的液珠，乳状液中液珠数目随时间增加不断减少。所以乳状液的分散稳定性可用单位体积（或单位质量）分散相的滴数变化来表示。数目变化慢者，乳状液分散稳定；数目变化快者，乳状液不稳定。

上述两种方法适用于分散相体积分数较大，而且外相为无色或浅色透明的稳定乳状液。

12.3.3 光度法

液珠直径大于 $1\mu m$ 的乳状液呈乳白色；直径为 $0.05\sim1\mu m$ 的，则呈蓝白色乳液；直径小于 $0.05\mu m$ 的，为透明溶液。由此可见，乳状液的透明度与分散在其中的液珠大小密切相关。对于分散相粒径较小、分散相体积分数较小的稳定乳状液，可用紫外分光光度计测定分散相的含量。以不同时间单位体积乳状液中分散相含量的变化表示乳状液的分散稳定性，此方法常用于含油污水中油滴稳定性测定。

12.3.4 分相测定法

最普遍情况下，油水乳化体系分为三层：油层、乳化层和水层。乳化层是浓乳化相（W/O 型或 O/W 型）。显微镜观测显示油层中含有极少量的水，乳化层中含有较多的油、水，水层中含有少量的油。但存在 W/O 型乳状液和水两层，或油和 O/W 型乳状液两层的情况也是常见的。这种方法比较适用于不太稳定的乳状液。

12.3.4.1 分水率

对于 W/O 型乳状液，尤其是油相不透明（原油乳状液）时，乳化分散稳定性可用乳状液分水率来表示：

$$分水率=\frac{V_{水层}}{V_0} \tag{12-7}$$

式中，$V_{水层}$ 是某一时刻分离出水层的体积，V_0 是乳状液中水相总体积。

一般情况下，分水率的变化范围是从 0 到 1，当水层中含有乳化的油相分散时，分水率有可能大于 1。静置一定时间分水率大者，乳状液不稳定；分水率小者，乳状液比较稳定。

12.3.4.2 分油率

对于 O/W 型乳状液，当析出油相和 O/W 型乳化相之间的界面比较清晰时，乳状液分散稳定性可用分油率来表示：

$$分油率 = \frac{V_{油层}}{V_0} \qquad (12\text{-}8)$$

式中，$V_{油层}$ 是某一时刻分离出油层的体积，V_0 是乳状液中油相总体积。

分油率的变化范围是从 0 到 1，当油层中含有乳化的水时，分油率有可能大于 1。静置一定时间分油率大者，乳状液不稳定；分油率小者，乳状液比较稳定。

12.3.4.3 乳化率

对于油水乳化体系，当形成油、乳状液、水三层，油层、乳化层之间的界面或乳化层、水层之间的界面比较清晰，乳化分散稳定性可用乳化体系乳化率来表示：

$$乳化率 = \frac{V_{乳}}{V_{总}} \qquad (12\text{-}9)$$

式中，$V_{乳}$ 是乳化层体积，$V_{总}$ 是油水总体积。

乳化率的变化范围是从 0 到 1。在一定时间内乳化率大者，乳状液稳定；乳化率小者，乳状液不稳定。此方法主要用于水、油层中乳化不严重，而乳化层中分散相体积分数较大的情况。

12.3.4.4 浓相体积变化分数法

对于原油乳化试验，由于原油和浓的原油乳状液颜色很深，当油层、乳化层之间的界面不清晰时，可以把油层和乳化层当作浓相，下层是水或稀的O/W 型乳状液当作稀相。乳化体系的分散稳定性可用浓相体积变化分数来表示：

$$浓相体积变化分数 = \frac{V_{浓} - V_{油}}{V_{油}} \qquad (12\text{-}10)$$

式中，$V_{浓}$ 是某一时刻的浓相体积，$V_{油}$ 是乳化前油相体积，即乳化体系中油相总体积。

如果乳化体系是均匀的 O/W 型乳状液，则浓相体积为零，浓相体积变化分数等于 -1。如果乳化完全破坏，浓相体积等于油相体积，浓相体积分数为 0。当稀相中存在乳化时，浓相体积分数在 $-1 \sim 0$ 的范围内。当浓相体积大于乳化前油相体积时，浓相中存在乳化，浓相体积变化分数大于 0。若乳化体系是均匀的 W/O 型乳状液，则浓相体积分数为乳化体系水相体积与油相体积之比。在一定时间内浓相体积变化分数绝对值大者，乳状液稳定；浓相体积变化分数绝对值小者，乳状液不稳定。此方法适于测定不稳定原油乳状液的分散稳定性。

12.4 气-液分散的评价方法[14]

气-液分散效果的评价方法可用"起泡力"和"气泡稳定性"表示。前者是指成泡的难易程度，后者指生成了气泡的持久性，也即气泡的"寿命"的长短，这里讨论的是后者。工业上常用的测量气泡稳定性的方法有振荡法、气流法和搅动法三种。

12.4.1 振荡法

① 振荡法因操作简便被广泛应用于实验室中检测、评价溶液发泡能力。向量筒中装入表面活性剂溶液，剧烈振荡 10s，停止振荡后立即记录下产生泡沫的体积作为溶液起泡性能的量度。记下从停止振荡到泡沫衰减到原来体积的一半所需要的时间 $t/2$，用于表征泡沫的稳定性。

② 在规定温度条件，在标准量筒中装入 50mL 试液，泡沫移液管中也装入 200mL 试液。试验时，使 200mL 试液自标准量筒上部自由流下，冲击底部试液后生成泡沫，以试液流下 5min 后的泡沫高度（mm）作为起泡能力的量度，也可以起始泡沫高度及泡沫破坏一半（即泡沫高度为起始高度的一半）所需的时间表示气泡稳定性。

12.4.2 气流法

气流法是以一定流速的气体透过一玻璃砂滤板，滤板上的量筒内装有一定量的待测溶液，于是在量筒内形成气泡沫（图 12-7），平衡时的气泡高度 h 可以作为气泡的量度。因为 h 是在一定气体流速时气泡生成与破坏处于平衡时的气泡高度，因此它是气泡稳定性与起泡能力两种性能的综合反映。

12.4.3 搅动法

搅动法是搅动液体使之形成气泡。若搅动方式、时间及速度固定，则生成的气泡的体积 V_0 可用来表示液体的气泡性。停止搅动后，记录气泡体积 V 随时间的变化，由 $L_f = \int \frac{V}{V_0} dt$ 即可求出代表气泡寿命的 L_f 值。

该方法比较简单，气泡自插入起泡剂溶液的毛细管中生成，上浮至表面

（图12-8），记录气泡从升至液面到破裂所需的时间，即是该气泡的寿命。由于影响因素很多，且很难控制（如气泡大小、外界扰动等），必须测量多次取其统计平均值，这样得到的结果才有代表性。

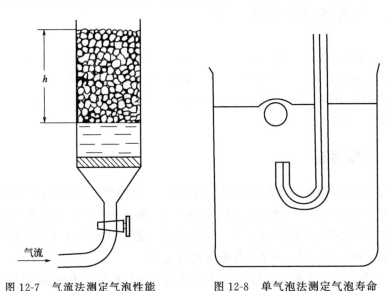

图 12-7　气流法测定气泡性能　　　　图 12-8　单气泡法测定气泡寿命

12.5　气泡脱离直径的测量[15]

由于脱离的气泡并非是一个完整的球状，研究者们提出了等效直径的概念。气泡等效直径为与所测量气泡体积相等的球体的直径，Kim 等[16]将气泡形状假设为对称轴是竖直直线的上下两个椭球体。当气泡脱离时，脱离气泡的形状可以如图 12-9 所示。所以气泡的等效直径计算如下：

$$V_{\text{total}}=V_1+V_2=\frac{4}{3}\pi\left(\frac{D_\text{d}}{2}\right)^3 \tag{12-11}$$

$$V_1=\frac{2}{3}\pi\left(\frac{a}{2}\right)^2 c$$

$$V_2=\frac{2}{3}\pi\left(\frac{a}{2}\right)^2 d$$

$$c+d=b$$

$$D_\text{d}=(a^2 b)^{\frac{1}{3}} \tag{12-12}$$

式中，D_d 为气泡脱离直径，a 为脱离气泡水平轴的长度，b 为脱离气泡竖直轴的长度，c 为脱离气泡上半部分的竖直长度，d 为脱离气泡下半部分的竖直长度。

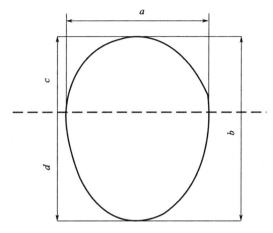

图 12-9　脱离气泡及其形状假设

　　在实验过程，脱离的气泡与拍摄图像参照尺子并不完全在同一平面，造成成像放大率不同，因此需要进行尺子与气泡不在同一平面的不确定度分析。

参考文献

［1］　卢寿慈. 粉体技术手册［M］. 北京：化学工业出版社，2004:310.

［2］　刘国杰. 现代涂料工艺新技术［M］. 北京：中国轻工业出版社，2000.

［3］　丁浩. 粉体表面改性与应用［M］. 北京：清华大学出版社，2013.

［4］　CHENG W T, HSU C W, CHIH Y. Dispersion of Organic Pigments Using Supercritical Carbon Dioxide［J］. Journal of Colloid and Interface Science, 2004, 270（1）：106-112.

［5］　Merrington J, Hodge P, Yeates S. A High-throughput Method for Determining the Stability of Pigment Dispersions［J］. Macromolecular Rapid Communications, 2006, 27（11）：835-840.

［6］　Petritsch K, Graupner W, Leising G, et al. Photoinduced Absorption in a Poly(para-phenylene)-ladder Type Polymer［J］. Synthetic Metals, 1997, 84（1-3）：625-626.

［7］　SUN Z W, LIU J, XU S H. Study on Improving the Turbidity Measurement of the Absolute Coagulation Rate Constant［J］. Langmuir, 2006, 22（11）：4946-4951.

［8］　增田弘昭，后藤邦彰. 干式分散机的性能评价［J］. 粉体工学会志（日），1993, 30（10）：703-708.

［9］　山本英夫，松山达. 微细粒子的附着·分散性［J］. 粉体工学会志（日），1991, 28（3）：188-193.

［10］　小野善夫，寺下敬次郎，宫南启. 采用连续混炼制备功能性复合材料的分散及其评价［J］.

粉体工学会志（日），1993，30（6）：435-441.

[11] 板仓隆行. 粉体的接触电位差的测定及电子写真过程评价的应用 [J]. 粉体工学会志（日），1997，34（7）：556-558.

[12] REN J, LU S C, SHEN J, et al. Research on the Composite Dispersion of Ultra Fine Powder in the Air [J]. Materials Chemistry and Physics, 2001, 69: 204-209.

[13] 郑晓宇，吴肇亮. 油田化学品 [M]. 北京：化学工业出版社，2001.

[14] 周祖康，顾惕人，马季铭. 胶体化学基础 [M]. 北京：北京大学出版社，1991.

[15] 陈汉棋，姚远，公茂琼，等. 乙烷池内核态沸腾气泡脱离直径 [J]. 化工学报,2018, 69（4）：1419-1427.

[16] Kim J, Lee H C, Do O B, et al. Effects of Bubble Shape Assumption on Single Bubble Growth Behavior in Nucleate Pool Boiling [J]. Journal of Flow Visualization and Image Processing, 2004, 11（1）：73-87.